AI+Python
办公自动化

让效率飞起来

王大伟 ◎ 编著

清华大学出版社

北京

内 容 简 介

本书系统全面地讲解了 AI+Python 办公自动化核心知识与实践技能，涵盖从基础语法到高级应用的完整知识体系。本书共 25 章，分为基础篇、实战篇两大模块。基础篇详细解析 Python 环境搭建、数据类型、运算符、流程控制、函数、异常处理等核心语法，结合图书统计、购物结算系统等案例强化理解。实战篇深入讲解文件操作（Word/Excel/PPT/PDF 自动化处理）、图片与音视频处理、虚拟环境管理等实用技术，通过代码示例演示如何高效处理办公场景中的高频任务；同时介绍 AI 工具（如CodeGeeX）、提示工程、定时任务、数据采集等前沿应用，助力读者掌握智能化开发技巧。

书中很多章节以"知识讲解+案例实战"形式呈现，包含环境准备、代码实现、效果演示等步骤，确保读者能通过实际操作掌握核心技术。从 Python 编程入门、办公效率提升，到 AI 工具与自动化开发，本书均提供丰富的实战场景与解决方案，帮助读者快速积累项目经验，提升解决实际问题的能力。

本书可作为 Python 入门学习者、计算机相关专业学生及有办公自动化需求的读者的学习用书，也可作为高校教材、IT 培训资料及从业者的案头参考书。

图书在版编目（CIP）数据

AI+Python 办公自动化，让效率飞起来 / 王大伟编著.
北京：清华大学出版社，2025. 8. -- ISBN 978-7-302-70089-0
Ⅰ. TP317.1
中国国家版本馆 CIP 数据核字第 2025VG4051 号

责任编辑：贾小红
封面设计：刘 超
版式设计：楠竹文化
责任校对：范文芳
责任印制：丛怀宇

出版发行：清华大学出版社
    网 址：https://www.tup.com.cn, https://www.wqxuetang.com
    地 址：北京清华大学学研大厦 A 座   邮 编：100084
    社 总 机：010-83470000   邮 购：010-62786544
    投稿与读者服务：010-62776969，c-service@tup.tsinghua.edu.cn
    质量反馈：010-62772015，zhiliang@tup.tsinghua.edu.cn
印 装 者：涿州汇美亿浓印刷有限公司
经 销：全国新华书店
开 本：185mm×230mm 印 张：19.25 字 数：346 千字
版 次：2025 年 9 月第 1 版 印 次：2025 年 9 月第 1 次印刷
定 价：89.80 元

产品编号：109627-01

前　　言

在数字化办公高速发展的今天，人工智能与 Python 自动化技术的融合已成为提升工作效率的核心驱动力。本书正是顺应这一趋势，聚焦职场高频办公场景，系统讲解如何借助 Python 编程与 AI 工具，掌握文档处理、数据管理、流程自动化等核心技术，让读者从烦琐的重复劳动中解放出来，重塑办公方式。

本书特色与社会价值

1. 特色鲜明，构建多维知识体系

本书打破传统技术书籍的纯理论写作模式，以"AI 工具赋能+Python 实战"为双主线，构建"基础语法→办公场景→AI 应用"的三层知识架构。本书从 Python 环境搭建、数据类型等基础语法，到 Word/Excel/PPT/PDF 自动化处理、图片与音视频批量操作等办公核心技术，再到 CodeGeeX 代码助手、提示工程、定时任务等 AI 工具的应用，逐层深入解析技术原理与实现路径，兼顾系统性与实用性。

2. 场景导向，解决真实办公痛点

本书精选 40 多个典型办公场景，涵盖文档格式转换、数据批量处理、邮件自动化、图表智能生成等高频需求。每个场景配备完整代码示例、效果演示及参数解析，例如通过 xlwings 库实现 Excel 批量转 PDF、利用 python-pptx 自动生成日报与周报模板、借助 PyPDF2 完成 PDF 的合并与拆分等。这种结构化设计使读者能即学即用，快速突破实际工作中的效率瓶颈。

3. 技术前沿，紧跟工具发展趋势

本书深度整合前沿工具与技术，不仅涵盖 openpyxl、python-docx 等传统办公自动化库，更引入 CodeGeeX 智能代码助手、提示工程等 AI 辅助技术，讲解了如何通过自然语言指令生成高效代码，降低编程门槛。同时，本书结合虚拟环境管理、文件批量处理等技术，帮助读者构建规范化、智能化的办公流程。

内容架构与资源配套

1. 两大模块，覆盖全场景需求

本书分为两大模块：基础篇（第 1～10 章）夯实 Python 核心语法与文件操作能力，通过图书统计、购物结算等案例强化逻辑思维；实战篇（第 11～25 章）聚焦 Word/Excel/

PPT/PDF 等办公文档自动化，详解表格处理、图表生成、邮件群发等核心技术，拓展 AI 工具应用，涵盖图片 OCR（光学字符识别）、二维码生成、定时任务调度等前沿技术，助力读者打造智能办公全链路。

2. 资源丰富，助力高效学习

- 配套资源：提供全书源代码、案例数据及工具安装包，扫描书中相应二维码即可下载，支持边学边练。
- 技术支持：为读者搭建专属学习社群，提供实时答疑、代码调试等服务，解决学习过程中遇到的问题。

致读者

本书面向广大职场人士、AI 爱好者、Python 爱好者及高校师生。

- 对于行政、财务、数据分析等岗位从业者，本书可帮助读者快速掌握文档自动化处理技巧，减少 80% 以上的重复劳动。
- 对于编程初学者，本书通过场景化案例降低了学习门槛，建立从"代码认知"到"项目实践"的完整链路。
- 对于高校师生，本书可作为数据分析、办公自动化课程的实践教材，配套的项目源码助力理论与实践的结合。

我们深知技术书籍的价值在于赋能实践，因此本书始终围绕"可落地"目标，确保每个案例均能在真实办公场景中复用。期待读者通过本书掌握 AI 与 Python 的协同办公精髓，在数字化转型中抢占效率先机。

致谢

感谢我的妻子徐安琪在整个写作过程中给予的理解与支持。她以无私的包容承担了家庭琐事，让我能够全身心投入书稿创作；在思路陷入瓶颈时，她的鼓励与陪伴更成为我坚持下去的动力。这份成果也凝聚着她的默默付出。

感谢清华大学出版社编辑团队的专业支持，让本书得以高质量呈现。

技术的进步永无止境，书中难免存在疏漏或有待改进之处，恳请广大读者批评指正。期待与您在智能办公的世界里共同成长，让技术真正成为提升效率的翅膀！

王大伟

2025 年 5 月

目　　录

基础篇　Python 基础与核心编程方向

实战篇　Python 办公自动化与 AI 工具应用

基础篇

Python 基础与核心编程方向

在数字化办公浪潮中，Python 作为高效的编程工具，是打通技术与办公场景的核心桥梁。本书基础篇（第 1～10 章）聚焦 Python 核心语法与底层能力构建，以"基础语法＋场景实践"为导向，帮助读者筑牢编程根基。

本篇从 Python 环境搭建出发，通过图书统计、购物结算系统等典型案例，系统地讲解了数据类型、运算符、流程控制、函数与类等核心知识。例如：通过"图书统计"案例，强化列表与字典的嵌套使用；借助"购物结算系统"案例，帮助读者深入理解运算符优先级与表达式逻辑。同时，本篇结合虚拟环境管理、文件操作等实用技术，引导读者建立规范化的编程思维，为复杂场景的自动化开发奠定基础。

无论是编程小白，还是希望提升逻辑能力的职场人，均可通过本篇掌握 Python 的核心逻辑，学会将日常办公需求转化为代码逻辑，实现从"手动处理"到"代码自动化"的思维跃迁。

第 1 章　Python 及其环境安装

本章将为读者介绍 Python 及其环境安装，为后续学习和开发做好准备。Python 因其简单的语法和广泛的应用领域，成为编程入门和项目开发的理想选择。本章将讲解 Python 的安装方法，包括适合数据科学的 Anaconda 发行版的安装方法，并讲解如何使用 Jupyter Notebook 来提高代码编写效率。

1.1　Python 简介

Python 是一种高级编程语言，由荷兰人 Guido van Rossum 在 1989 年首次开发，并在 1991 年首次发布。Python 因其简单易学的语法和强大的功能，迅速成为全球广受欢迎的编程语言之一。Python 的设计哲学强调代码的可读性和简洁性，使开发者能够用更少的代码实现更多的功能。

Python 主要具备以下特点。

- **简单易学**：Python 的语法接近自然语言，初学者很容易上手。
- **可读性强**：Python 的代码非常清晰、简洁，代码的结构和意义一目了然，有助于提高代码的可维护性和可读性。
- **丰富的标准库**：Python 提供了广泛的标准库和第三方库，支持网络编程、文件处理、数据分析、机器学习等多种任务。
- **跨平台**：Python 可以在 Windows、macOS、Linux 等多种操作系统上运行，具有很强的可移植性。
- **面向对象编程和过程式编程**：Python 同时支持面向对象编程和过程式编程，能够灵活适应不同的编程风格和需求。
- **动态类型语言**：Python 是一种动态类型语言，变量不需要声明类型，数据类型可以在运行时动态改变。
- **开源社区支持**：Python 是开源的，拥有一个非常活跃的开发者社区，用户可以免费使用并参与其开发。

Python 广泛应用于 Web 开发、数据分析、人工智能、自动化等领域，成为许多技术人员和非技术人员首选的编程语言。随着 Python 用户的不断增加，其开源社区中诞生了大量高质量的框架、工具和库，显著提升了 Python 的开发效率。

为什么选择 Python？

Python 有以下优势，使得它成为初学者和专业开发者的首选编程语言。

- **入门友好**：相比其他编程语言，Python 的学习曲线更平滑，初学者可以在短时间内掌握基本语法，并快速实现实际项目。
- **开发效率高**：Python 能够以较少的代码实现复杂的功能，减少了开发时间，适用于快速原型开发。
- **丰富的生态系统**：Python 拥有丰富的第三方库和框架，用户可以轻松找到适合自己项目的解决方案。
- **强大的社区支持**：无论是初学者还是资深开发者，都可以从 Python 社区中获得丰富的教程、文档和解决方案。

Python 凭借其简单的语法、强大的功能及广泛的应用场景，成为现代软件开发中不可或缺的工具。在接下来的章节中，你将学会如何安装和配置 Python 环境，开始你的 Python 编程之旅。

1.2　Python 的安装

在开始编写 Python 代码之前，需要在计算机上安装 Python 环境。Python 有多种安装方式，其中 Anaconda 是一款非常流行的 Python 发行版，它不仅包括 Python 的安装，还集成了大量科学计算和数据分析的库。

1.2.1　Anaconda 简介

Anaconda 是一款开源的 Python 和 R 语言的发行版，特别适合进行数据处理。它包含了大量常用的库，如 NumPy、Pandas、Matplotlib、SciPy 等，并且提供了一个包管理器——Conda，用于安装和管理 Python 包和虚拟环境。相比直接安装 Python，Anaconda 让库和环境的管理变得更加简单和高效。

1.2.2　Anaconda 的安装

（1）下载 Anaconda。打开浏览器，进入 Anaconda 官方网站（网址是 https://www.anaconda.com/），如图 1-1 所示。

单击右上角的 Free Download，会跳转到 Free Download 页面。在该页面，单击右下角的小字 Skip registration，如图 1-2 所示。

网站将根据你的计算机操作系统为你推荐适合的 Anaconda 版本。单击 Download，下载适用于 Windows 系统的安装程序。读者若使用的是其他版本的系统，选择相应的版本即可，如图 1-3 所示。

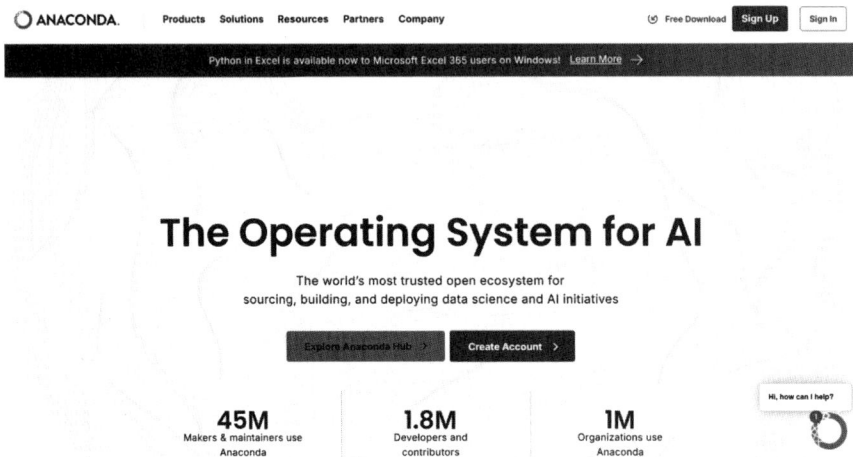

图 1-1　Anaconda 官网首页

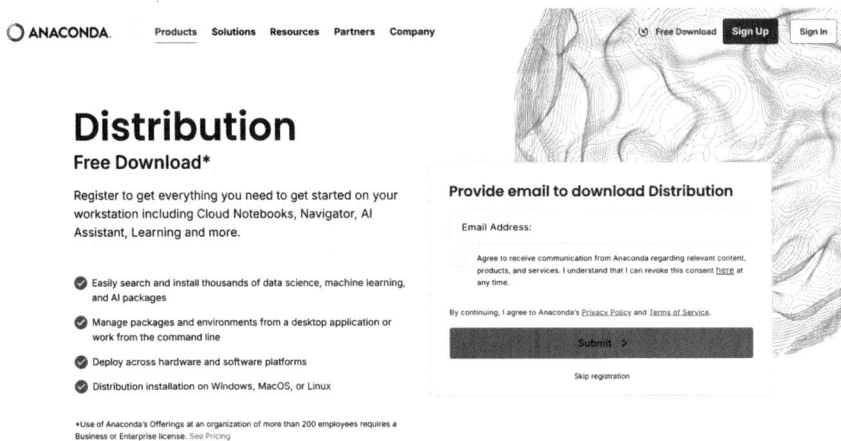

图 1-2　Free Download 页面

下载的文件名格式（如 Anaconda3-2024.10-1-Windows-x86_64）中的具体版本信息与下载的时间有关。

（2）运行安装程序。双击下载到本地的安装程序文件，启动安装程序，单击 Next 按钮，如图 1-4 所示。在进入的界面中，单击 I Agree 按钮以同意许可证协议，如图 1-5 所示。

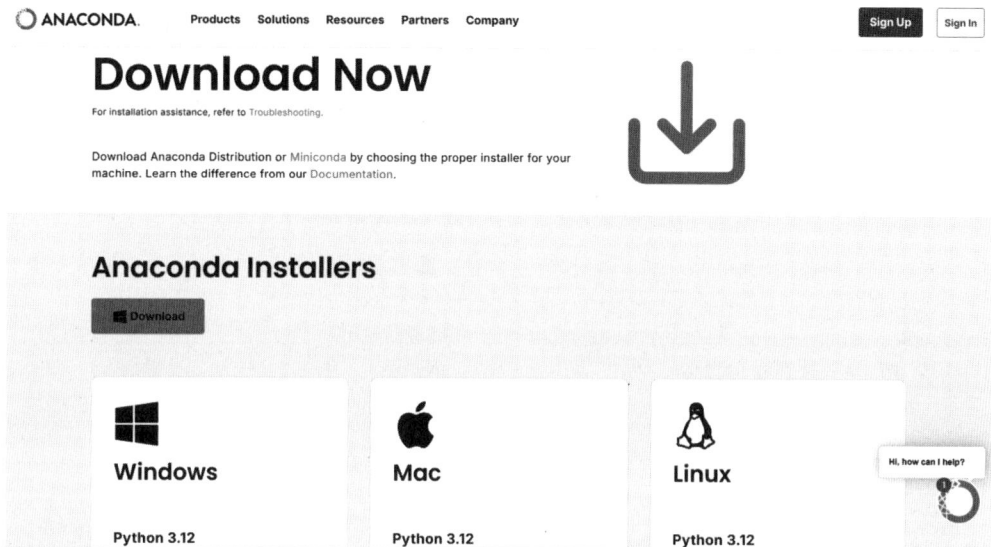

图 1-3　下载页面

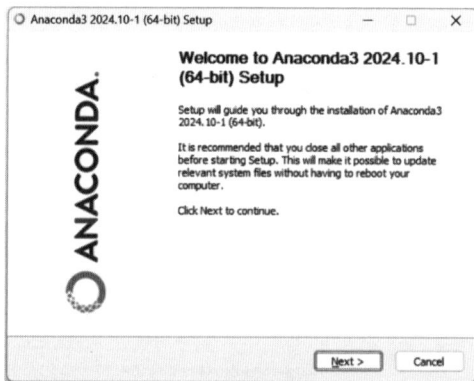

图 1-4　开始安装

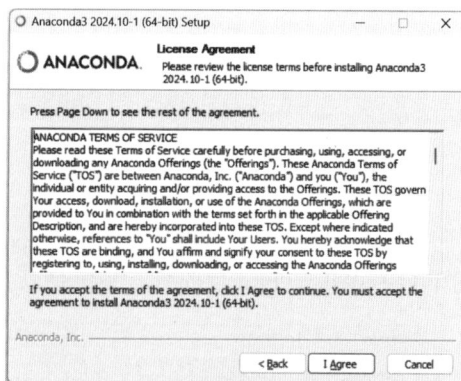

图 1-5　同意许可证协议

在选择安装类型界面中保持默认选中 Just Me(recommended)单选按钮，并单击 Next 按钮，如图 1-6 所示。在选择安装路径界面中选择安装路径，建议不要修改，选择默认路径，然后单击 Next 按钮，如图 1-7 所示。

在 Advanced Installation Options 中，如果选中 Add Anaconda3 to my PATH environment variable 复选框，可能会导致系统中同时存在的 Python 出现冲突，建议谨慎操作。建议按照默认设置即可，单击 Install 按钮开始安装，如图 1-8 所示。

安装过程较慢，耐心等待即可。待进度条完成之后，单击 Next 按钮，如图 1-9 所示。

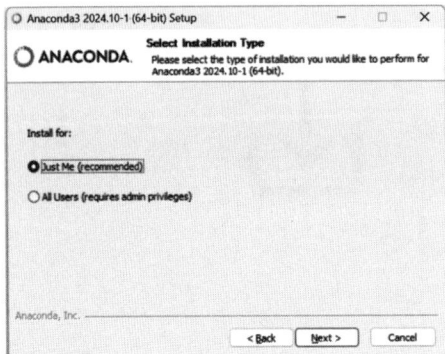

图 1-6　选择安装类型

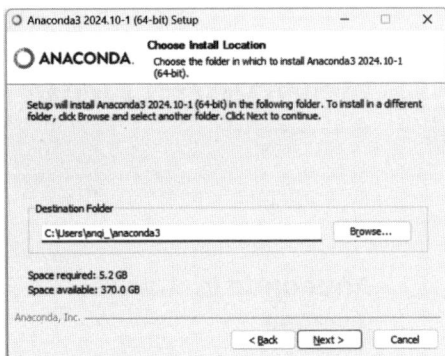

图 1-7　选择安装路径

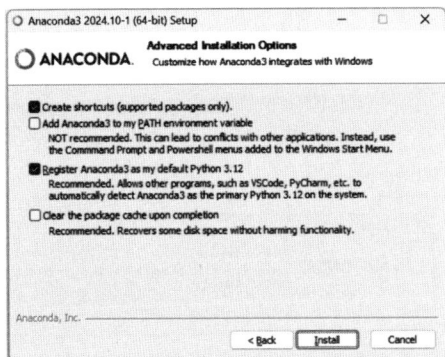

图 1-8　Advanced Installation Options

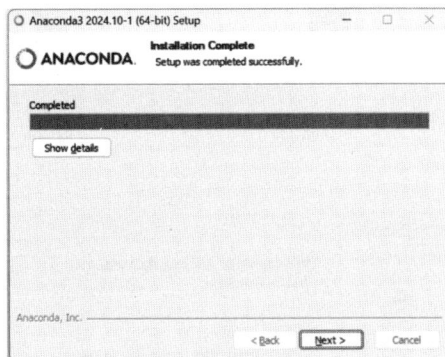

图 1-9　安装进度显示

在云版 Notebooks 的界面中单击 Next 按钮，如图 1-10 所示。在安装完成界面（见图 1-11）中单击 Finish 按钮，系统会默认打开 Anaconda Navigator。

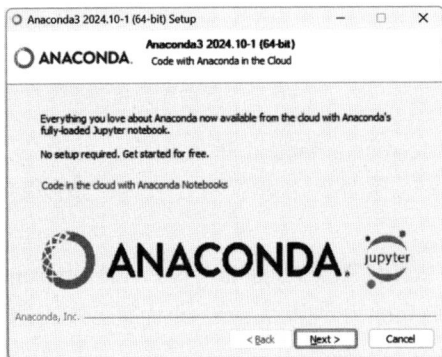

图 1-10　云版 Notebooks

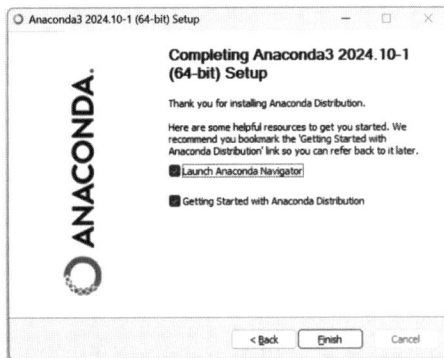

图 1-11　安装完成

（3）验证安装。单击"开始"菜单或"搜索"按钮，找到并启动 Anaconda Prompt。在打开的窗口中分别输入以下命令，验证 Anaconda 是否安装成功。

```
conda -version
python -version
```

如果正确显示 Conda 和 Python 的版本信息，则说明安装成功，如图 1-12 所示。

图 1-12　Conda 和 Python 的版本信息

1.2.3　直接安装 Python

如果不想使用 Anaconda，可以直接安装官方版的 Python，以下是安装步骤。

（1）下载 Python。访问 Python 官方网站（网址是 https://www.python.org/downloads/），选择适合 Windows 的最新版本，单击 Download Python 3.13.0 下载，如图 1-13 所示。

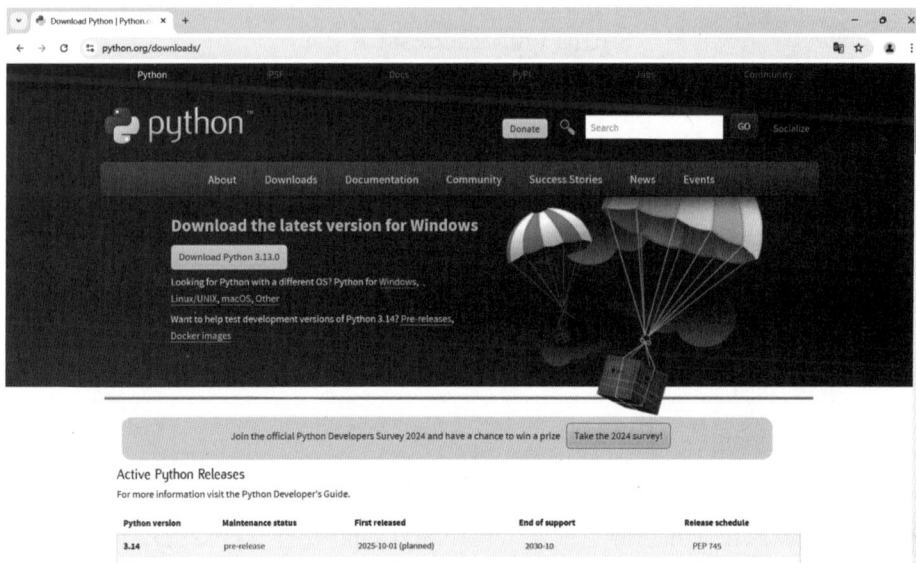

图 1-13　Python 官网下载页面

（2）运行安装程序。双击下载的安装程序，选中 Add python.exe to PATH 复选框，如图 1-14 所示。单击 Install Now 开始安装，等待安装完成。

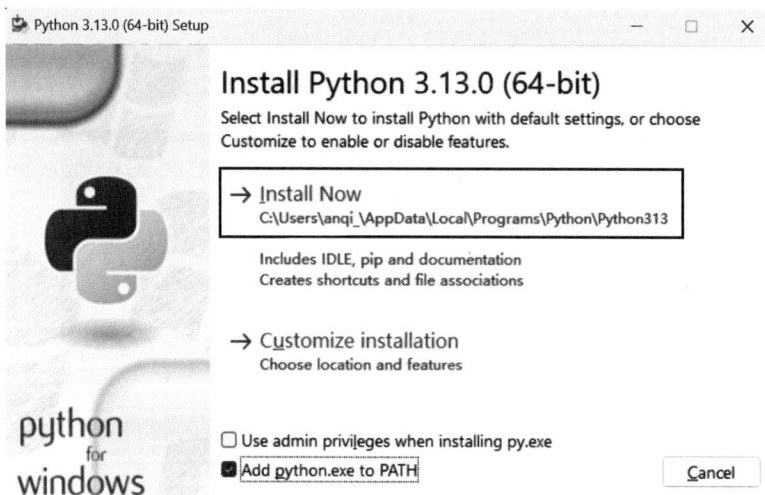

图 1-14　Python 安装页面

安装完成后的页面如图 1-15 所示。

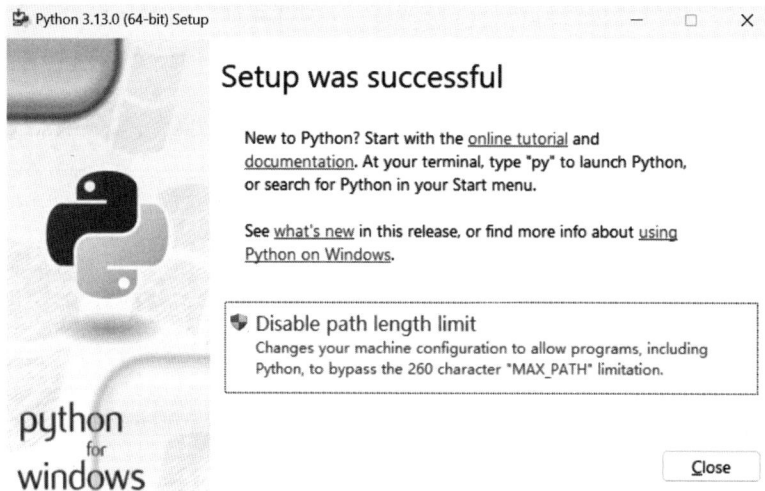

图 1-15　安装完成

（3）验证安装。在通知栏的"搜索"框中输入 cmd 并打开命令提示符界面，输入以下命令。

```
python --version
pip --version
```

如果成功显示 Python 和 pip 的版本信息，则说明安装成功，如图 1-16 所示。

图 1-16　验证安装

1.3　使用 Jupyter Notebook

Jupyter Notebook 是 Anaconda 中的重要组件，它支持 Markdown 和代码混合编写，允许用户在一个文档中同时包含文本说明、数学公式、代码和可视化结果。

在计算机任务栏的搜索框中输入"Navigator"，并按 Enter 键，在打开的界面中向下滚动页面，找到 Jupyter Notebook，单击 Launch 按钮打开 Jupyter Notebook，操作界面如图 1-17 所示。

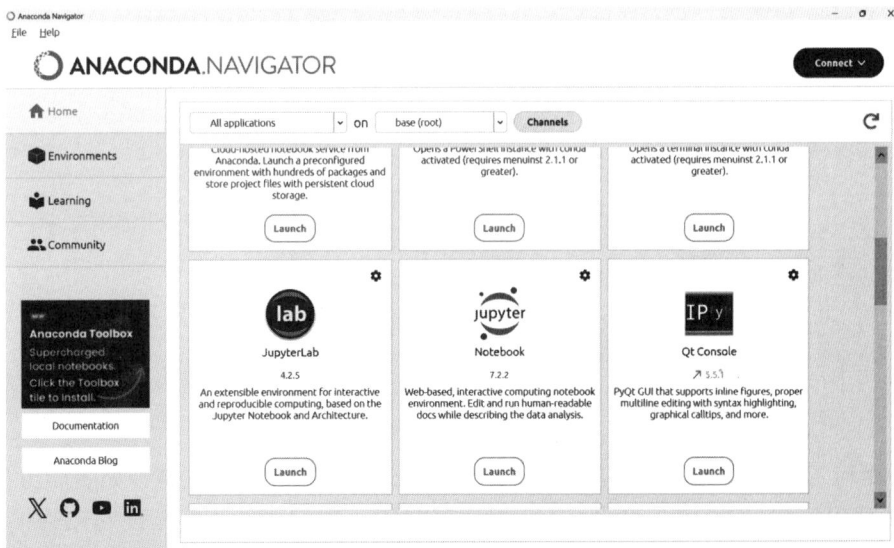

图 1-17　Anaconda Navigator 界面

在 Jupyter Notebook 界面中，单击右上角的 New 按钮，然后选择一个 Python 内核（Kernel），选择 Python 3(ipykernel)选项，创建一个新的 Notebook，如图 1-18 所示。

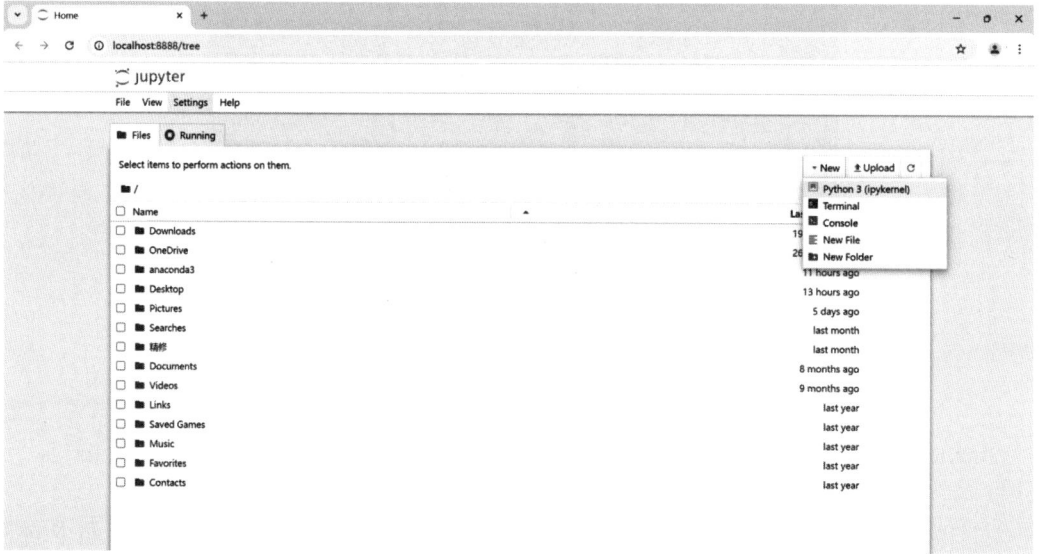

图 1-18　创建一个新的 Notebook

在界面中输入如下代码，然后单击上方快捷工具栏中的三角形图标运行代码，或将光标停留在输入代码行并按住 Shift+Enter 键运行代码，如图 1-19 所示。

```
print('Hello,World!')
```

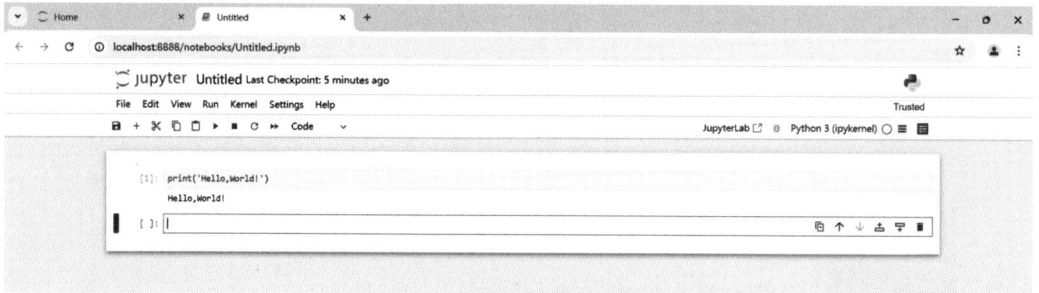

图 1-19　Jupyter Notebook 编程界面

若要退出当前 Notebook，可单击 File→Close and Shut Down Notebook，如图 1-20 所示。

更多 Jupyter Notebook 的使用方法可以参考 Jupyter Notebook 的官方文档：https:// jupyter-notebook.readthedocs.io/en/stable/notebook.html。

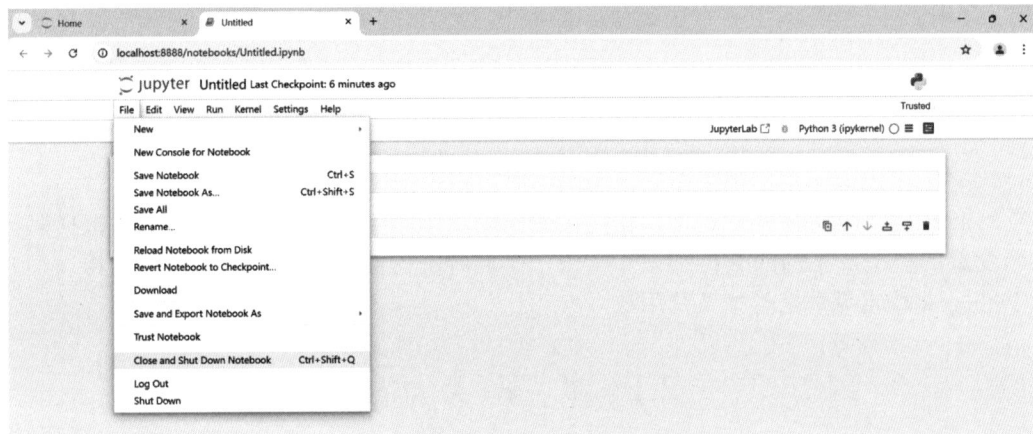

图 1-20　退出 Notebook

1.4　本　章　小　结

本章介绍了 Python 及其环境安装方法。Python 简单易学和高效可读的特点，使其成为编程初学者和开发者的首选。

在安装方面，本章重点讲解了 Anaconda 的安装过程，这一科学计算专用的 Python 发行版集成了丰富的工具和包管理功能。同时，本章还介绍了直接安装官方版 Python 的步骤，以满足不同用户的需求。

最后，本章简要介绍了 Jupyter Notebook 的基本使用方法。Jupyter Notebook 是常用的交互式编程环境，能够简化代码编写并实现可视化。

通过本章学习，我们已完成了 Python 环境的基本配置，为接下来的编程学习奠定了基础。

第 2 章　Python 数据类型

Python 是一门动态类型语言，在定义变量时无须指定类型，Python 会自动根据赋值推断变量的类型。不同的数据类型用于表示不同种类的数据。在本章中，我们将详细介绍 Python 中的常见数据类型及其用法。

2.1　数　字　类　型

Python 中的数字类型主要分为三类：整数类型（int）、浮点数类型（float）和复数类型（complex）。

2.1.1　整数类型

整数类型用于表示没有小数部分的数值。Python 中的整数可以是正数、负数，也可以是零，并且整数类型没有长度限制。具体代码如下：

```
a = 10      # 整数类型
b = -5      # 负整数
c = 0       # 零
```

2.1.2　浮点数类型

浮点数类型用于表示带小数点的数值。在计算机中，浮点数通常表示为双精度浮点数（64 位）。浮点数也可以使用科学记数法表示。具体代码如下：

```
x = 3.14159      # 浮点数
y = -2.718       # 负浮点数
z = 1.2e3        # 科学记数法，表示1.2 * 10^3，即1200
```

2.1.3　复数类型

复数类型用于表示数学中的复数，它由实数部分和虚数部分组成。在 Python 中，虚数部分用 j 表示。具体代码如下：

```
c1 = 2 + 3j      # 实部为2，虚部为3
c2 = -1.5j       # 实部为0，虚部为-1.5
```

可以使用 Python 的内置属性 real 和 imag 分别获取复数的实部和虚部。具体代码如下：

```
c = 2 + 3j.
print(c.real)      # 输出 2.0
print(c.imag)      # 输出 3.0
```

2.2　字　符　串

2.2.1　字符串的定义

字符串（string）是由字符组成的不可变序列，用于表示文本数据。在 Python 中，字符串可以用单引号（'）或双引号（"）括起来，而三引号（'''或"""）则用于表示多行字符串。具体代码如下：

```
s1 = 'Hello, Python!'      # 使用单引号
s2 = "Python is fun."      # 使用双引号
s3 = '''This is
a multi-line string.'''    # 使用三引号
```

2.2.2　常用字符串操作

（1）访问字符串中的字符：可以使用索引访问字符串中的特定字符。

```
s = "Python"
print(s[0])                # 输出 'P'
print(s[-1])               # 输出 'n'，负数索引表示从末尾开始
```

（2）字符串拼接：可以使用"+"运算符来拼接字符串。

```
str1 = "Hello"
str2 = "World"
print(str1 + " " + str2)   # 输出 'Hello World'
```

（3）字符串长度：使用内置函数 len()来获取字符串的长度。

```
s = "Python"
print(len(s))              # 输出 6
```

2.3　列　　表

2.3.1　列表的定义

列表（list）是 Python 中常用的数据结构，用于存储多个有序的元素。列表中的元素可以是不同的数据类型。列表是可变的，这意味着我们可以对列表的元素进行修改。

```
my_list = [1, 2, 3, 4, 5]                    # 包含整数的列表
```

```
mixed_list = [1, "Hello", 3.14, True]   # 包含不同数据类型的列表
```

2.3.2　常用列表操作

（1）访问列表中的元素：使用索引来访问列表中的元素。

```
my_list = [1, 2, 3, 4, 5]
print(my_list[0])               # 输出 1
print(my_list[-1])              # 输出 5，负数索引表示从末尾开始
```

（2）修改列表中的元素：可以通过索引直接修改列表中的元素。

```
my_list[1] = 20                 # 将索引 1 的元素修改为 20
print(my_list)                  # 输出 [1, 20, 3, 4, 5]
```

（3）列表的常用方法：append()用于在列表末尾添加元素，remove()用于移除列表中的某个元素。

```
my_list.append(6)               # 将元素 6 添加到列表末尾
my_list.remove(20)              # 移除元素 20
print(my_list)                  # 输出[1, 3, 4, 5, 6]
```

2.4　元　　组

2.4.1　元组的定义

元组（tuple）与列表相似，都是有序的元素集合，但元组是不可变的，一旦定义，元组中的元素就不能修改。定义列表时使用的是中括号，而定义元组使用的是小括号。具体代码如下：

```
my_tuple = (1, 2, 3, 4)         # 包含多个整数的元组
empty_tuple = ()                # 空元组
single_element_tuple = (1,)     # 包含一个元素的元组
```

2.4.2　常用元组操作

（1）访问元组中的元素：与列表相同，元组可以使用索引访问。

```
print(my_tuple[0])    # 输出 1
print(my_tuple[-1])   # 输出 4
```

（2）元组解包：可以将元组中的元素解包赋值给多个变量。

```
a, b, c = (1, 2, 3)
print(a, b, c) # 输出 1 2 3
```

2.5　字　　典

2.5.1　字典的定义

字典（dict）是一种键值对的数据结构，键可以是任意不可变的数据类型，值可以是任意类型。字典中的键是唯一的，而值是可变的。

```
my_dict = {"name": "Alice", "age": 25, "city": "New York"}  # 包含键值对的字典
```

2.5.2　常用字典操作

（1）访问字典中的值：通过键访问对应的值。

```
print(my_dict["name"])       # 输出 'Alice'
```

（2）修改字典中的值：可以通过键修改对应的值。

```
my_dict["age"] = 26          # 将键'age'的值修改为26
```

（3）添加键值对：向字典中添加键值对并输出最新信息。

```
my_dict["job"] = "Engineer"  # 添加新的键值对
print(my_dict)  # 输出 {'name': 'Alice', 'age': 26, 'city': 'New York', 'job': 'Engineer'}
```

2.6　集　　合

2.6.1　集合的定义

集合（set）是一种无序的不重复元素序列，通常使用大括号来定义。集合通常用于删除重复的元素或数学集合操作（如并集、交集等）。

```
my_set = {1, 2, 3, 4}        # 包含多个整数的集合
empty_set = set()            # 创建空集合
```

2.6.2　常用集合操作

（1）在集合中添加元素的示例代码如下。

```
my_set.add(5)  # 添加元素 5
```

（2）集合运算：并集是指两个或多个集合合并后的结果集合，其中包含所有原始集合的元素，但每个元素只出现一次，即去除了重复的元素。

```
set1 = {1, 2, 3}
```

```
set2 = {3, 4, 5}
print(set1 | set2) # 输出 {1, 2, 3, 4, 5}
```

交集是指返回两个或多个集合中共有元素组成的集合。

```
print(set1 & set2)  # 输出 {3}
```

2.7　布　尔　类　型

2.7.1　布尔类型的定义

布尔类型（bool）只有两个值：True 和 False。布尔类型常用于逻辑判断和条件表达式。

```
is_active = True
is_admin = False
```

2.7.2　布尔运算

常用的布尔运算主要有以下三种。

与运算（and）：只有当两个条件都为 True 时，结果才为 True。

```
print(True and False) # 输出 False
```

或运算（or）：只要有一个条件为 True，结果就为 True。

```
print(True or False)  # 输出 True
```

非运算（not）：取反操作。原始值为 True 时，非运算后变为 False；原始值为 False 时，非运算后变为 True。

```
print(not True)         # 输出 False
```

2.8　图书统计案例

1. 题目描述

假设你是一名图书管理员，负责统计学生的借书数据。学校希望你统计每位学生的累计借书本数，用已学的列表和字符串操作来完成任务。现有以下三个列表。

- student_ids：学生 ID 列表，代表每位借书的学生。
- borrow_dates：借书日期列表，表示学生借书的时间。
- borrow_counts：借书数量列表，表示学生每次借书的数量。

要求统计每位学生的累计借书本数，并用字符串格式输出结果。

2. 数据集

```
student_ids = [101, 102, 103, 101, 102, 104]
borrow_dates = ["2024-10-01", "2024-10-03", "2024-10-05", "2024-10-06",
                "2024-10-07", "2024-10-08"]
borrow_counts = [2, 1, 3, 4, 2, 5]
```

3. 解题思路

- 创建每位学生的借书记录：将数据手动分配到 student_ids 和 borrow_counts 变量中，用于统计每位学生的借书总量。
- 使用列表方法：用基本的列表操作来完成数据的合并和借书数量的统计。
- 输出结果：用字符串格式输出每位学生的借书本数。

4. 参考代码

```
# 数据集
student_ids = [101, 102, 103, 101, 102, 104]
borrow_dates = ["2024-10-01", "2024-10-03", "2024-10-05", "2024-10-06",
                "2024-10-07", "2024-10-08"]
borrow_counts = [2, 1, 3, 4, 2, 5]

# 统计每位学生的借书总量
# 通过列表索引方式，将每位学生的借书数量相加

# 学生 101 的总借书数量 = 第 1 次借书数量 + 第 4 次借书数量
total_101 = borrow_counts[0] + borrow_counts[3]

# 学生 102 的总借书数量 = 第 2 次借书数量 + 第 5 次借书数量
total_102 = borrow_counts[1] + borrow_counts[4]

total_103 = borrow_counts[2]  # 学生 103 的总借书数量 = 第 3 次借书数量

total_104 = borrow_counts[5]  # 学生 104 的总借书数量 = 第 6 次借书数量

# 使用字符串格式化输出每位学生的累计借书本数
output_101 = "学生 101 的累计借书本数是: " + str(total_101)
output_102 = "学生 102 的累计借书本数是: " + str(total_102)
output_103 = "学生 103 的累计借书本数是: " + str(total_103)
output_104 = "学生 104 的累计借书本数是: " + str(total_104)

# 打印结果
print(output_101)
print(output_102)
print(output_103)
print(output_104)
```

5. 输出结果

```
学生 101 的累计借书本数是: 6
学生 102 的累计借书本数是: 3
学生 103 的累计借书本数是: 3
学生 104 的累计借书本数是: 5
```

2.9　本 章 小 结

在本章中，我们介绍了 Python 中的常见数据类型及其用法，旨在帮助读者理解不同类型的数据的表示和操作。具体内容如下。

- 数字类型：包括整数（int）、浮点数（float）和复数（complex），可表示不同形式的数值，如带小数点的浮点数和包含虚数部分的复数。
- 字符串：用于表示文本数据，字符串是不可变的，可以通过索引访问、拼接等多种操作进行处理。
- 列表：是一个可变的、有序的元素集合，可以包含不同数据类型的元素，常用于存储多个值，并提供丰富的操作方法，如添加、删除、修改等。
- 元组：与列表类似，但它是不可变的。一旦定义后，其元素就不能更改，适合用于保存不希望被修改的数据。
- 字典：由键值对组成，键必须是唯一的，用于快速查找和存储数据，通过键访问或修改对应的值。
- 集合：是无序且不重复的元素集合，适用于去重和集合运算（如并集和交集）。
- 布尔类型：用于逻辑判断，值为 True 或 False，主要用于条件语句和逻辑运算。

通过本章的学习，读者可以掌握如何使用这些基础数据类型进行数据处理，并在代码中应用这些数据结构解决实际问题，例如统计学生的借书数据。从而进一步理解数据类型的重要性。

第 3 章　Python 的运算符与表达式

在编程过程中，运算符是执行数据处理和逻辑运算的重要工具。Python 提供了丰富的运算符用于支持各种操作，包括数学计算、逻辑判断、变量赋值等。本章将详细介绍 Python 中的运算符及其使用方法。

3.1　算术运算符

算术运算符用于执行基本的数学运算，如加法、减法、乘法等。Python 支持以下常见的算术运算符。

- +：加法运算符，用于计算两个数相加的和。
- -：减法运算符，计算两个数相减的差。
- *：乘法运算符，计算两个数相乘的积。
- /：除法运算符，计算两个数相除的商，结果为浮点数。
- //：整除运算符，计算两个数相除的商，结果只保留整数部分（向下取整）。
- %：取余运算符，计算两个数相除后的余数。
- **：幂运算符，计算一个数的幂，如 x**y 返回 x 的 y 次方。

a 和 b 的各种表达式的示例代码如下：

```
a = 10 + 5      # 加法，结果为15
b = 10 - 5      # 减法，结果为5
c = 10 * 5      # 乘法，结果为50
d = 10 / 3      # 除法，结果为3.3333...
e = 10 // 3     # 整除，结果为3
f = 10 % 3      # 取余，结果为1
g = 2 ** 3      # 幂运算，结果为8
```

3.2　比较运算符

比较运算符用于比较两个值，返回布尔值 True 或 False。Python 中的比较运算符介绍如下。

- ==：等于运算符，用于判断左右两侧的值是否相等。
- !=：不等于运算符，用于判断左右两侧的值是否不相等。

- ●　>：大于运算符，用于判断左侧的值是否大于右侧的值。
- ●　<：小于运算符，用于判断左侧的值是否小于右侧的值。
- ●　>=：大于或等于运算符，用于判断左侧的值是否大于或等于右侧的值。
- ●　<=：小于或等于运算符，用于判断左侧的值是否小于或等于右侧的值。

示例代码如下：

```
x = 10
y = 5
print(x == y)        # 输出 False
print(x != y)        # 输出 True
print(x > y)         # 输出 True
print(x < y)         # 输出 False
print(x >= y)        # 输出 True
print(x <= y)        # 输出 False
```

3.3　逻辑运算符

逻辑运算符用于处理布尔值之间的逻辑运算。Python 支持以下逻辑运算符。
- ●　and：逻辑与运算符，运算符两侧的条件都为真时返回 True，否则返回 False。
- ●　or：逻辑或运算符，运算符两侧有一个条件为真时返回 True，否则返回 False。
- ●　not：逻辑非运算符，对运算符右侧的值取反。

示例代码如下：

```
a = True
b = False
print(a and b)       # 输出 False
print(a or b)        # 输出 True
print(not a)         # 输出 False
```

3.4　赋值运算符

赋值运算符用于给变量赋值。Python 中的赋值运算符介绍如下。
- ●　=：赋值运算符，将右侧的值赋给左侧的变量。
- ●　+=：加后赋值运算符，将右侧的值与变量的当前值相加，并将结果赋值给变量。
- ●　-=：减后赋值运算符，将变量的当前值减去右侧的值，并将结果赋值给变量。
- ●　*=：乘后赋值运算符，将变量的当前值乘以右侧的值，并将结果赋值给变量。
- ●　/=：除后赋值运算符，将变量的当前值除以右侧的值，并将结果赋值给变量（结果为浮点数）。
- ●　//=：整除后赋值运算符，将变量的当前值与右侧的值进行整除运算，并将结果赋值给变量（结果为整数）。
- %=：取余后赋值运算符，将变量的当前值取余右侧的值，并将结果赋值给变量。
- **=：幂后赋值运算符，将变量的当前值与右侧的值进行幂运算，并将结果赋值给变量。

示例代码如下：

```
x = 5
x += 3    # 相当于 x = x + 3，结果为 8
x *= 2    # 相当于 x = x * 2，结果为 16
x %= 5    # 相当于 x = x % 5，结果为 1
```

3.5 位 运 算 符

位运算符用于对整数的二进制形式进行操作。Python 中的位运算符介绍如下。
- &：按位与运算符，对两个数的二进制表示逐位进行与运算。只有当对应位都是 1 时，结果才为 1，否则为 0。
- |：按位或运算符，对两个数的二进制表示逐位进行或运算。只要对应位有一个是 1，结果就为 1，否则为 0。
- ^：按位异或运算符，对两个数的二进制表示逐位进行异或运算，位相同为 0，不同为 1。
- ~：按位取反运算符，对一个数的二进制表示逐位取反，让 0 变为 1，让 1 变为 0。Python 中采用二补码表示负数，因此结果是-(n+1)。
- <<：左移位运算符，将一个数的二进制表示向左移动指定的位数，左边溢出的位被丢弃，右边用 0 填补。
- >>：右移位运算符，将一个数的二进制表示向右移动指定的位数，右边溢出的位被丢弃，左边用 0 填补（对于正数）。

示例代码如下：

```
x = 6              # 二进制为 110
y = 3              # 二进制为 011
print(x & y)       # 按位与，结果为 2（二进制为 010）
print(x | y)       # 按位或，结果为 7（二进制为 111）
print(x ^ y)       # 按位异或，结果为 5（二进制为 101）
print(~x)          # 按位取反，结果为-7
print(x << 1)      # 左移一位，结果为 12（二进制为 1100）
print(x >> 1)      # 右移一位，结果为 3（二进制为 011）
```

3.6　成员运算符与身份运算符

3.6.1　成员运算符

成员运算符用于检查某个值是否存在于序列（如列表、元组、字符串等）中。

- in：如果该值在序列中，则返回 True，否则返回 False。
- not in：如果该值不在序列中，则返回 True，否则返回 False。

示例代码如下：

```
lst = [1, 2, 3, 4]
print(2 in lst)        # 输出 True
print(5 not in lst)    # 输出 True
```

3.6.2　身份运算符

身份运算符用于比较两个对象的内存地址，即判断两个变量是否引用的是同一个对象。

- is：如果两个对象引用的是内存中的同一块区域，则返回 True，否则返回 False。
- is not：如果两个对象引用的不是同一个内存地址，则返回 True，否则返回 False。

示例代码如下：

```
a = [1, 2, 3]
b = a
c = [1, 2, 3]
print(a is b)        # 输出 True，因为 b 和 a 指向同一个对象
print(a is not c)    # 输出 True，因为 a 和 c 虽然内容相同，但指向不同的对象
```

3.7　购物结算系统案例

假设你是一家商店的收银员，现在有顾客购买的商品信息，包括每种商品的单价和顾客购买的数量。

要求编写一个购物结算系统，根据顾客购买的商品计算出总价、应用折扣后的价格，并计算出最后使用优惠券减免后的价格。

1. 具体要求

- 商品 1 的价格为 50 元/件，顾客购买了 2 件。
- 商品 2 的价格为 30 元/件，顾客购买了 1 件。

- 应用 10%的折扣。
- 顾客使用了一张价值 10 元的优惠券。

2. 输出要求

- 显示商品的总价。
- 显示应用折扣后的价格。
- 显示使用优惠券后的最终价格。

3. 参考代码

```
# 商品的价格
item1_price = 50.00
item2_price = 30.00

# 顾客购买的数量
item1_quantity = 2
item2_quantity = 1

# 计算每个商品的总价
item1_total = item1_price * item1_quantity
item2_total = item2_price * item2_quantity

# 计算总价
total_price = item1_total + item2_total
print(f"商品的总价是：{total_price:.2f}元")

# 应用折扣（假设为10%）
discount = 0.10
discounted_price = total_price * (1 - discount)
print(f"应用10%的折扣后，总价变为：{discounted_price:.2f}元")

# 假设顾客使用优惠券进一步减免（优惠券价值为10元）
coupon_value = 10.00
final_price_after_coupon = discounted_price - coupon_value
print(f"使用 {coupon_value:.2f} 元的优惠券后，最终价格是：{final_price_after_
coupon:.2f}元")
```

4. 输出结果

```
商品的总价是：130.00 元
应用10%的折扣后，总价变为：117.00 元
使用 10.00 元的优惠券后，最终价格是：107.00 元
```

3.8　本章小结

在本章中，我们讲解了 Python 编程中的各类运算符及其在实际操作中的应用。通过对运算符的学习，读者能够掌握数值计算、比较判断、逻辑操作及位运算等多种操作。具体内容如下。

- 算术运算符：用于执行基本的数学运算，如加法、减法、乘法等，帮助我们完成基本的数值处理任务。
- 比较运算符：用于比较两个数值之间的大小，返回布尔值，是条件判断的基础。
- 逻辑运算符：通过逻辑与、或、非的操作，控制代码逻辑流程，确保条件控制更加灵活。
- 赋值运算符：通过赋值运算符进行变量的赋值及复合操作，是管理变量值的基本工具。
- 位运算符：对二进制位进行操作，适用于需要在底层控制数值的应用场景。
- 成员与身份运算符：用于检查值是否在序列中及对象间的身份关系，是处理数据集合和进行对象管理的重要工具。

　　本章通过具体的示例代码演示，帮助读者理解每种运算符的用法，并巩固运算符在实际编程中的应用。本章还通过一个购物结算系统的案例，帮助读者更好地将所学知识应用于实际场景，增强对运算符与表达式的理解。学习完本章后，读者将具备更加扎实的运算与逻辑判断能力，为后续学习奠定了基础。

第 4 章　Python 程序控制流程

控制流程是编写程序时用来控制代码执行顺序的重要工具。通过控制流程语句，程序可以根据条件做出不同的决策，或者重复执行某些代码块。Python 提供了多种控制流程语句，包括条件语句、循环语句以及特殊的循环控制语句等。本章将详细介绍这些控制流程及其用法。

4.1　条　件　语　句

条件语句（if、else、elif）用于根据不同的条件执行不同的代码。Python 中最常用的条件语句包括 if、else 和 elif。

- if：用于判断一个条件是否为 True。如果为 True，则执行相应代码。
- else：在所有 if 和 elif 条件都为 False 的情况下执行。
- elif：即"else if"，用于检查另一个条件，当上一个 if 或 elif 语句为 False 时才会执行。

示例代码如下：

```
x = 10

if x > 10:
    print("x大于10")
elif x == 10:
print("x等于10")
else:
    print("x小于10")
```

以上代码执行结果如下：

```
x 等于 10
```

4.2　循　环　语　句

循环语句（while、for）用于重复执行某一段代码，直到某个条件不再满足。Python 提供了两种主要的循环语句：while 循环和 for 循环。

（1）while 循环：当条件为 True 时，重复执行代码块，直到条件为 False。

```
i = 1
```

```
while i <= 5:
    print(i)
    i += 1
```

以上代码执行结果如下：

```
1
2
3
4
5
```

（2）for 循环：用于遍历序列（如列表、字符串等）中的每个元素。示例代码如下：

```
for i in range(5):  # 遍历从 0 到 4
    print(i)
```

4.3　循环控制语句

循环控制语句（break、continue、pass）用于在循环中改变代码的执行流程。Python 中的循环控制语句包括 break、continue 和 pass。

（1）break：立即终止循环并跳出循环。示例代码如下：

```
for i in range(5):
    if i == 3:
        break
    print(i)  # 当 i 等于 3 时，循环结束
```

以上代码执行结果如下：

```
0
1
2
```

（2）continue：跳过当前循环中的剩余代码，并进入下一次循环。示例代码如下：

```
for i in range(5):
    if i == 3:
        continue
    print(i)  # 当 i 等于 3 时，跳过该次循环
```

以上代码执行结果如下：

```
0
1
2
4
```

（3）pass：什么都不做，一般用作占位符。示例代码如下：

```
for i in range(5):
    if i == 3:
        pass  # 占位符，不执行任何操作
    print(i)
```

以上代码执行结果如下：

```
0
1
2
3
4
```

4.4 列表推导式

列表推导式是 Python 的一种简洁语法，用于生成列表。它允许在一行代码中通过循环和条件表达式快速创建列表。基本语法如下：

```
[表达式 for 变量 in 可迭代对象 if 条件]
```

示例代码如下：

```
even_numbers = [x for x in range(1, 11) if x % 2 == 0]   # 生成一个包含1~10的偶数的列表
print(even_numbers)                                      # 输出 [2, 4, 6, 8, 10]
```

以上代码执行结果如下：

```
[2, 4, 6, 8, 10]
```

列表推导式可以极大地简化代码，使代码更简洁和易读。

4.5 枚举与迭代器

4.5.1 枚举

枚举 enumerate() 是一个内置函数，用于在循环中同时获取元素及其索引。常用于 for 循环遍历时需要元素和索引的场景。示例代码如下：

```
fruits = ['apple', 'banana', 'cherry']
for index, fruit in enumerate(fruits):
    print(index, fruit)
```

输出结果如下：

```
0 apple
1 banana
2 cherry
```

4.5.2 迭代器

迭代器（iterator）是一个对象，它包含一系列数据，并且可以使用 next() 方法逐个访

问这些数据。通过 iter() 函数可以将可迭代对象（如列表、字符串等）转换为迭代器。示例代码如下：

```
numbers = [1, 2, 3, 4]
it = iter(numbers)  # 将列表转换为迭代器

print(next(it))  # 输出 1
print(next(it))  # 输出 2
```

迭代器可以用于延迟计算和节省内存，特别是在处理大型数据集时非常有用。

4.6　图书馆借阅系统案例

1. 题目描述

假设你是一家小型图书馆的管理员，你决定用 Python 编写一个简单的借阅管理系统来跟踪读者的借阅情况。每位读者都有一个唯一的 ID，并且每位读者最多可以同时借阅 5 本书。图书馆有一些书籍，每本书都有一个唯一的 ID。现在，你需要实现以下功能来管理这些借阅和还书操作。

（1）借阅：当读者想要借阅一本书时，你需要检查这本书是否已经被其他读者借走，并且检查该读者是否已经达到了借阅书籍的上限（5 本）。如果条件都不满足，则允许借阅，并更新借阅记录。

（2）还书：当读者归还一本书时，你需要检查这本书是否确实是由该读者借出的，并在确认后更新借阅记录。

（3）查看借阅记录：有时你可能需要查看某位读者当前借阅了哪些书籍。

2. 系统要求

（1）借阅限制：每位读者最多可以同时借阅 5 本书。

（2）书籍状态：每本书都有一个状态，即"在馆"或"已借出"。当一本书被借阅时，其状态应更新为"已借出"；当书籍被归还时，其状态应更新为"在馆"。

注意

我们不会实际追踪书籍的物理状态，而是仅通过借阅记录来表示书籍状态。

（3）错误处理：当尝试进行不合法的操作时（如借阅已借出的书籍、超过借阅上限等），系统应给出相应的错误提示。

（4）记录管理：借阅记录应存储在字典中，其中键是读者 ID，值是该读者借阅的书籍 ID 列表。

（5）用户交互：系统应能够通过标准输入/输出与用户进行交互，接收读者 ID 和书籍

ID 作为输入，并显示相应的操作结果。

3. 解题思路

- 你可以使用 Python 的内置数据类型（如字典和列表）来实现这个系统。
- 对于每个功能（借阅、还书、查看借阅记录），编写代码来执行相应的操作。
- 系统应能够连续处理多个读者的借阅和还书请求，而无须重新启动程序。

4. 操作示例

```
请输入操作（1-借阅，2-还书，3-查看借阅记录，0-退出）：1
请输入读者 ID 和书籍 ID（用空格分隔）：1001 book1
读者 1001 成功借阅书籍 book1。
请输入操作（1-借阅，2-还书，3-查看借阅记录，0-退出）：2
请输入读者 ID 和书籍 ID（用空格分隔）：1001 book1
读者 1001 成功归还书籍 book1。
请输入操作（1-借阅，2-还书，3-查看借阅记录，0-退出）：3
请输入读者 ID：1001
读者 1001 没有借阅任何书籍。
```

5. 参考代码

```python
borrowed_books = {}                    # 初始化借阅记录字典

# 无限循环以处理用户输入
while True:
    # 显示菜单
    print("请输入操作（1-借阅，2-还书，3-查看借阅记录，0-退出）：", end="")
    operation = input()

    if operation == "0":
        print("系统已退出。")
        break

    # 借阅操作
    if operation == "1":
        print("请输入读者 ID 和书籍 ID（用空格分隔）：", end="")
        inputs = input().split()
        if len(inputs) != 2:
            print("输入格式错误，请重新输入！")
            continue

        reader_id, book_id = inputs[0], inputs[1]

        if reader_id not in borrowed_books:
            borrowed_books[reader_id] = []

        if len(borrowed_books[reader_id]) >= 5:
            print(f"读者 {reader_id} 已经借阅了 5 本书，不能再借阅。")
            continue

        already_borrowed = False
        for books in borrowed_books.values():
            if book_id in books:
                print(f"书籍 {book_id} 已经被其他读者借走。")
```

```
            already_borrowed = True
            break

    if already_borrowed:
        continue

    borrowed_books[reader_id].append(book_id)
    print(f"读者 {reader_id} 成功借阅书籍 {book_id}。")

# 还书操作
elif operation == "2":
    print("请输入读者 ID 和书籍 ID（用空格分隔）: ", end="")
    inputs = input().split()
    if len(inputs) != 2:
        print("输入格式错误，请重新输入！")
        continue

    reader_id, book_id = inputs[0], inputs[1]

    if reader_id not in borrowed_books or book_id not in borrowed_books
[reader_id]:
        print(f"读者 {reader_id} 没有借阅书籍 {book_id}。")
        continue

    borrowed_books[reader_id].remove(book_id)
    print(f"读者 {reader_id} 成功归还书籍 {book_id}。")

# 查看借阅记录操作
elif operation == "3":
    print("请输入读者 ID: ", end="")
    reader_id = input()

    if reader_id not in borrowed_books or not borrowed_books[reader_id]:
        print(f"读者 {reader_id} 没有借阅任何书籍。")
        continue

    print(f"读者 {reader_id} 当前借阅的书籍有: {borrowed_books[reader_id]}")

# 无效操作
else:
    print("无效的操作，请重新输入！")
```

在这个程序中，通过一个循环来管理图书馆的借阅系统。所有读者借阅的书籍都保存在一个全局字典 borrowed_books 中，该字典的键是读者 ID，值是该读者当前借阅的书籍 ID 列表。

具体操作如下。

- 借阅：程序会检查用户输入的书籍是否已经被其他读者借走，以及当前读者是否已经借满 5 本书。如果条件允许，则将书籍 ID 加入对应读者的借阅记录中，并输出借阅成功的提示。

- 还书：程序会检查书籍是否确实由该读者借出，如果条件满足，则将书籍 ID 从对应读者的借阅记录中移除，并输出归还成功的提示。

● 查看借阅记录：程序会根据用户输入的读者 ID，显示该读者当前借阅的所有书籍 ID。如果该读者没有借阅任何书籍，则返回相应提示。

整个系统通过一个持续运行的菜单与用户交互，用户可以按需选择借阅、还书或查看借阅记录的操作，同时支持错误处理，涵盖输入格式错误、非法借阅或归还操作等异常场景。

4.7　本　章　小　结

在本章中，我们详细介绍了 Python 中的控制流程语句，它们是编写程序时用来控制代码执行顺序的基础工具。通过这些语句，程序能够根据条件做出决策、执行特定的代码块或重复执行操作，从而实现灵活和智能化的功能。

本章首先探讨了条件语句（if、else、elif），这些语句允许程序根据条件执行不同的分支逻辑。接着，本章介绍了循环语句（while、for），它们可以让程序重复执行某些操作，直到不再满足特定条件。此外，循环控制语句（break、continue、pass）提供了进一步的控制，用来在循环中改变执行流程。随后，本章讲解了列表推导式的简洁语法，用于快速生成列表，使代码更加简练和易读。最后，本章讨论了枚举和迭代器，它们为循环中的序列操作提供了强大工具，尤其在处理大量数据时能节省资源。

通过本章内容的学习，读者可以熟练掌握 Python 中的控制流程语句，并能运用这些语句编写逻辑复杂、结构清晰的程序，为进一步的编程学习打下坚实基础。

第 5 章　Python 函数

函数是 Python 中非常重要的组成部分，它通过封装和重用代码，使程序更加简洁和模块化。本章将介绍如何定义和使用函数，以及与 Python 函数相关的内容，如参数传递、返回值、局部与全局变量、匿名函数（lambda）、递归函数、装饰器等。

5.1　定　义　函　数

在 Python 中，使用 def 关键字来定义函数。函数的定义包括函数名、参数列表和函数体。基本语法如下：

```
def 函数名(参数列表):
    函数体
return 返回值
```

示例代码如下。其中，函数可以根据需要设置返回值，也可以没有返回值。

```
def greet(name):              # 定义一个名为 greet() 的函数，参数为 name
    return f"Hello, {name}!"  # 函数返回一个格式化字符串，将传入的 name 参数插入字符串中

print(greet("Alice"))         # 输出: Hello, Alice!
```

5.2　参　数　传　递

Python 函数的参数传递分为位置参数、关键字参数、默认参数和可变长度参数。

（1）位置参数：调用函数时传入实际参数的数量和位置都必须和定义函数时保持一致。示例代码如下：

```
def add(a, b):        # 定义一个名为 add() 的函数，接收两个参数 a 和 b
    return a + b      # 函数返回 a 与 b 相加的结果
# 调用 add() 函数，传入参数 2 和 3，并将结果传递给 print() 函数
print(add(2, 3))      # 输出: 5
```

（2）关键字参数：通过指定参数名称来传递参数。示例代码如下：

```
def greet(name, message):  # 定义一个名为 greet() 的函数，该函数接收两个参数: name 和 message
    return f"{message}, {name}"  # 函数返回一个格式化的字符串，其中包含 message 和 name 参数
# 使用关键字参数调用 greet() 函数
print(greet(name="Alice", message="Hi"))  # 输出: Hi, Alice
```

（3）默认参数：为参数提供默认值。示例代码如下：

```python
# 定义 greet()函数, name 是必填参数, message 是带有默认值 "Hello" 的默认参数
def greet(name, message="Hello"):
    return f"{message}, {name}"        # 返回格式化字符串: 使用参数构造问候语

print(greet("Alice"))                  # 输出: Hello, Alice
print(greet("Bob", "Hi"))              # 输出: Hi, Bob
```

（4）可变长度参数：可以使用 *args 和 **kwargs 来处理任意数量的位置参数或关键字参数。示例代码如下：

```python
# 定义函数 fun(), 使用 *args 捕获任意数量的位置参数, 使用**kwargs 捕获任意数量的关键字参数
def fun(*args, **kwargs):
    print("args:", args)               # 输出位置参数元组 args
    print("kwargs:", kwargs)           # 输出关键字参数字典 kwargs
# 调用 fun()函数, 传入三个位置参数和两个关键字参数
fun(1, 2, 3, name="Alice", age=25) # 输出 args: (1, 2, 3) kwargs: {'name': 'Alice',
'age': 25}
```

5.3　返　回　值

Python 函数通过 return 语句返回值，如果没有 return 语句，那么函数默认返回 None。示例代码如下：

```python
def square(x):          # 定义 square()函数, 返回参数 x 的平方
    return x * x        # 返回 x 的平方值

result = square(5)      # 调用 square()函数并将返回值存储在 result 变量中
print(result) # 输出: 25
```

函数可以返回多个值，实际上是返回一个元组。示例代码如下：

```python
def calc(a, b):                # 定义 calc()函数, 返回两个结果: a+b 的和与 a*b 的积（实际返回一
个元组）
    return a + b, a * b        # 返回包含两个值的元组

sum_, prod = calc(3, 4)        # 解包 calc()函数返回的元组
print(sum_, prod)              # 输出: 7 12
```

5.4　局部与全局变量

在函数内部定义的变量称为局部变量，作用域仅限于函数内部；而在函数外部定义的变量称为全局变量。

（1）局部变量：只在其定义的函数内部可用。示例代码如下：

```python
def my_func():
    x = 10    # 局部变量, 仅在 my_func()函数内部可用
```

```
    print(x)
my_func()              # 输出 10
```

（2）全局变量：可以在函数内部和外部访问。使用 global 关键字可以在函数内部修改全局变量。示例代码如下：

```
x = 10                 # 全局变量，在函数内外都可访问

def my_func():
    global x           # 声明使用全局变量 x
    x = 20             # 修改全局变量的值

my_func()
print(x)               # 输出 20，显示全局变量 x 被修改后的值
```

5.5 lambda 函数

lambda 函数，也称为匿名函数，是一种简短的函数定义方式，通常用于只需要定义一次的小型函数。它的语法为：

```
lambda 参数列表: 表达式
```

示例代码如下：

```
square = lambda x: x * x
print(square(5))  # 输出: 25
```

lambda 函数可以用于排序、过滤等场景。示例代码如下：

```
nums = [1, 2, 3, 4, 5]
squared = list(map(lambda x: x * x, nums))
print(squared)  # 输出: [1, 4, 9, 16, 25]
```

5.6 内置函数与自定义函数

Python 提供了许多内置函数，如 len()、max()、sum() 等，它们可以直接调用，完成各种常用的操作。除了使用内置函数外，用户还可以定义自己的函数。示例代码如下：

```
# 使用内置函数 len() 计算字符串 "Python" 的长度并打印结果
print(len("Python"))  # 内置函数，输出 6

# 定义一个自定义函数 multiply()，接收两个参数 a 和 b，返回它们的乘积
def multiply(a, b):
    return a * b
# 调用自定义函数 multiply() 并打印结果
print(multiply(3, 4))  # 输出: 12
```

5.7 递 归 函 数

递归函数是指函数调用自身，通常用于解决递归问题，如阶乘、斐波那契数列等。示例代码如下：

```
def factorial(n):              # 定义递归函数 factorial() 计算阶乘
    if n == 1:                 # 基本情况：当 n 为 1 时返回 1
        return 1
    return n * factorial(n - 1)    # 递归调用：n 乘以 factorial(n - 1)
# 调用 factorial() 函数计算 5 的阶乘并打印结果
print(factorial(5))               # 输出：120
```

递归函数必须有一个终止条件，否则会陷入无限递归，导致程序崩溃。

5.8 装饰器的使用

装饰器是一种特殊的函数，主要用于在不修改原函数代码的情况下为其添加功能。装饰器通过"@装饰器名"的方式应用于函数。示例代码如下：

```
def decorator(func):           # 定义装饰器函数，接收一个函数作为参数
    def wrapper():             # 定义包装函数
        print("函数执行前")
        func()                 # 调用原函数
        print("函数执行后")
    return wrapper

@decorator                     # 使用 @decorator 对 say_hello() 函数进行装饰
def say_hello():
    print("Hello, world!")

say_hello()                    # 调用被装饰后的函数
```

输出结果如下：

```
函数执行前
Hello, world!
函数执行后
```

装饰器可以接收参数，甚至多个装饰器可以组合使用。

5.9 电商购物案例

假设你是一家电商公司的数据分析师，公司需要分析用户的购买行为，以优化库存和推荐系统。其中，一个关键指标是用户的"购买频率"，即用户在一定时间内购买商品

的次数。现在，你需要编写一个 Python 函数来计算给定用户的购买频率。

1. 题目描述

（1）公司有一个用户购买记录的数据集，每条记录包含用户 ID、购买时间和购买的商品 ID。

（2）我们需要计算每个用户在指定时间段（如过去 30 天）内的购买次数。

（3）函数应接收两个参数：一个是用户 ID 列表，另一个是指定时间段的开始和结束日期。

（4）函数应返回一个字典，其中键是用户 ID，值是该用户在指定时间段内的购买次数。

2. 参考代码

假设有一个简化的购买记录数据集（本案例用列表表示），其中，每条记录是一个字典。

```python
# 示例购买记录数据集
purchase_records = [
    {"user_id": 1, "purchase_time": "2023-01-01", "product_id": 101},
    {"user_id": 1, "purchase_time": "2023-01-05", "product_id": 102},
    {"user_id": 2, "purchase_time": "2023-01-03", "product_id": 103},
    {"user_id": 2, "purchase_time": "2023-01-10", "product_id": 104},
    {"user_id": 2, "purchase_time": "2023-01-15", "product_id": 105},
    {"user_id": 3, "purchase_time": "2023-01-20", "product_id": 106},
    # ... 其他记录
]

# 将日期字符串转换为 datetime 对象以便进行比较
from datetime import datetime, timedelta

def parse_date(date_str):
    return datetime.strptime(date_str, "%Y-%m-%d")

# 计算购买频率的函数
def calculate_purchase_frequency(user_ids, start_date_str, end_date_str):
    start_date = parse_date(start_date_str)
    end_date = parse_date(end_date_str)
    purchase_counts = {}

    for record in purchase_records:
        if record["user_id"] in user_ids and parse_date(record["purchase_time"]) >=
start_date and parse_date(record["purchase_time"]) <= end_date:
            if record["user_id"] not in purchase_counts:
                purchase_counts[record["user_id"]] = 1
            else:
                purchase_counts[record["user_id"]] += 1

    return purchase_counts

# 示例使用
```

```
user_ids_to_check = [1, 2]  # 要检查的用户 ID 列表
start_date = "2023-01-01"
end_date = "2023-01-15"

frequency_dict  =  calculate_purchase_frequency(user_ids_to_check,  start_date,
end_date)
print(frequency_dict)  # 输出: {1: 2, 2: 3}
```

这个代码示例定义了一个 calculate_purchase_frequency() 函数，它接收用户 ID 列表、开始日期和结束日期作为参数，并返回指定用户在指定时间段内的购买次数。

注意

为了简化示例，我们假设购买记录已经按照某种方式（如数据库查询）加载到 purchase_records 列表中。在真实场景中，这些数据可能会从数据库或文本中检索。

5.10 本 章 小 结

本章介绍了 Python 函数的重要性及其核心概念。函数是 Python 编程中的重要组成部分，它可以将重复的代码封装在一个模块中，从而提高代码的重用性和可维护性。本章内容涵盖以下主要知识点。

- 函数定义与调用：通过 def 关键字定义函数，让读者了解函数的基本结构，包括函数名、参数列表、函数体及返回值。
- 参数传递：介绍了 Python 中不同类型的参数传递方式，包括位置参数、关键字参数、默认参数和可变长度参数（*args 和**kwargs）。
- 返回值：函数可以返回单个或多个值，返回值可以用于后续的程序逻辑处理。
- 局部与全局变量：探讨局部变量和全局变量的区别，以及如何通过 global 关键字在函数内部修改全局变量。
- lambda 函数：也称匿名函数，常用于需要快速定义简单函数的场景。
- 内置函数与自定义函数：通过示例说明如何调用 Python 内置函数以及定义自己的函数。
- 递归函数：解释了递归函数的定义和用法，并强调递归必须设置终止条件。
- 装饰器的使用：深入讲解了装饰器的作用，并展示了如何使用装饰器为现有函数添加功能。
- 实际应用案例：通过电商购物案例，展示了如何结合函数解决实际问题，体现函数在数据分析中的实际应用。

本章帮助读者全面理解 Python 函数的定义、调用及其高级功能的使用，为后续学习更复杂的 Python 编程技术奠定坚实基础。

第 6 章　Python 异常处理

异常是程序运行过程中遇到的错误，如果不对异常进行处理，程序会崩溃并终止执行。Python 通过异常处理机制来捕获和处理异常，从而保证程序能够平稳运行。本章将介绍 Python 异常的概念、常见的异常处理方式及自定义异常。

6.1　异常的概念

异常是指程序在运行时发生的错误，通常由用户输入错误、文件操作失败或代码逻辑错误等原因引发。当异常发生时，Python 会引发相应的异常对象，并终止当前代码的执行，除非通过异常处理机制对其进行捕获和处理。

Python 中异常处理的基础是"抛出"（raise）和"捕获"（catch）异常。异常对象是继承自 BaseException 类的实例，所有异常类均从此类派生。除零异常示例代码如下：

```
a = 10 / 0 # ZeroDivisionError: division by zero # 触发除零异常
```

输出结果如下：

```
ZeroDivisionError                       Traceback (most recent call last)
/var/folders/vq/zgp0bbln5c71jvqgf7196pbm0000gn/T/ipykernel_84442/2185852434.py
in <module>
      1 # 触发除零异常
----> 2 a = 10 / 0 # ZeroDivisionError: division by zero

ZeroDivisionError: division by zero
```

6.2　try-except 语句

try-except 语句是处理异常的基础机制，用于捕获代码块中的异常并进行相应的处理。其基本语法如下：

```
try:
    # 可能引发异常的代码
except 异常类型 as e:
    # 异常处理代码
```

示例代码如下：

```
try:
```

```
    result = 10 / 0
except ZeroDivisionError as e:
    print(f"捕获到异常: {e}")
```

在上述代码中，所有的冒号均为英文冒号。编写 Python 代码时，在 try、except 和 finally 语句后使用英文冒号并按 Enter 键换行，Python 会自动缩进 4 个空格，符合代码块的格式规范。输出结果如下：

```
捕获到异常: division by zero
```

try-except 语句可以捕获多种异常类型，并为每种异常类型编写特定的处理逻辑，运行以下代码，在弹出的输入窗口中输入内容后按 Enter 键。

```
try:
    num = int(input("请输入一个整数: "))
    result = 10 / num
except ValueError as e:
    print(f"输入的不是一个整数: {e}")
except ZeroDivisionError as e:
    print(f"不能除以零: {e}")
```

当输入 0 后，输出结果如下：

```
请输入一个整数: 0
不能除以零: division by zero
```

6.3　try-except-finally

try-except-finally 语句用于确保无论是否发生异常，某些代码都会被执行。finally 语句通常用于释放资源或执行清理操作，如关闭文件、释放锁等。基本语法如下：

```
try:
    # 可能引发异常的代码
except 异常类型 as e:
    # 异常处理代码
finally:
    # 无论是否发生异常，都会执行的代码
```

示例代码如下：

```
try:
    f = open('example.txt', 'r')
    content = f.read()
except FileNotFoundError as e:
    print(f"文件未找到: {e}")
finally:
    print("关闭文件")
    f.close()
```

如果路径上没有这个文件，会输出如下结果：

```
文件未找到: [Errno 2] No such file or directory: 'example.txt'
```

关闭文件

即使发生了 FileNotFoundError 异常，finally 语句也确保了 f.close() 操作会被执行。

6.4　常见异常类型及处理

Python 内置了多种常见的异常类型，以下是一些常见异常及其处理方式。

（1）ValueError：当传递给函数或操作的参数类型不正确时引发。处理方式如下：

```
try:
    num = int("abc")  # ValueError: invalid literal for int()
except ValueError as e:
    print(f"捕获到异常: {e}")
```

输出结果如下：

捕获到异常: invalid literal for int() with base 10: 'abc'

（2）TypeError：当操作或函数应用于不适当类型的对象时引发。处理方式如下：

```
try:
    result = "5" + 5 # TypeError: can only concatenate str (not "int") to str
except TypeError as e:
    print(f"捕获到异常: {e}")
```

输出结果如下：

捕获到异常: can only concatenate str (not "int") to str

（3）IndexError：当尝试访问超出序列范围的索引时引发。处理方式如下：

```
try:
    lst = [1, 2, 3]
    print(lst[5])  # IndexError: list index out of range
except IndexError as e:
    print(f"捕获到异常: {e}")
```

输出结果如下：

捕获到异常: list index out of range

（4）KeyError：当尝试访问字典中不存在的键时引发。处理方式如下：

```
try:
    d = {"a": 1, "b": 2}
    print(d["c"]) # KeyError: 'c'
except KeyError as e:
    print(f"捕获到异常: {e}")
```

输出结果如下：

捕获到异常: 'c'

（5）FileNotFoundError：当尝试打开不存在的文件时引发。处理方式如下：

```
try:
    with open('nonexistent_file.txt', 'r') as f:
        content = f.read()
except FileNotFoundError as e:
    print(f"捕获到异常: {e}")
```

输出结果如下：

```
捕获到异常: [Errno 2] No such file or directory: 'nonexistent_file.txt'
```

（6）ZeroDivisionError：当除以零时引发。处理方式如下：

```
try:
    result = 10 / 0  # ZeroDivisionError: division by zero
except ZeroDivisionError as e:
    print(f"捕获到异常: {e}")
```

输出结果如下：

```
捕获到异常: division by zero
```

通过了解这些常见异常类型及其处理方法，开发者可以编写更健壮的代码，有效应对各种错误情况。

6.5　本　章　小　结

在本章中，我们系统地学习了 Python 的异常处理机制，深入探讨了异常的概念、常见的异常处理方法以及如何自定义异常。首先，我们了解到异常是在程序运行过程中由错误操作或其他意外情况而引发的，未经处理的异常会导致程序崩溃。Python 通过 try-except 等结构允许我们捕获和处理异常，从而保障程序的平稳运行。本章介绍了以下几种异常处理方式。

- try-except 语句：用于捕获并处理特定的异常。
- try-except-finally 语句：即使发生异常，finally 代码块中的代码也会被执行，适用于清理资源等场景。

此外，本章还讲解了多种常见的异常类型及其处理方法，如 ValueError、TypeError、IndexError、KeyError 等。这些异常的处理技巧可以帮助开发者编写更健壮的代码，提高代码的容错性和稳定性。

通过对本章的学习，读者可以更好地理解并使用 Python 的异常处理机制，有效应对程序运行中的各种异常情况，从而编写出更加健壮、稳定的程序。

第 7 章 Python 库的安装与使用

Python 的强大在于其拥有丰富的第三方库，开发者可以轻松地通过这些库扩展 Python 的功能。这些库涵盖了从办公自动化、数据处理、图像处理到机器学习等广泛的应用领域，极大地优化了开发者的工作流程。

本章将详细介绍如何使用 Python 的包管理工具 pip 安装和管理库，并推荐适用于办公自动化的常用库，如用于处理 Excel、PDF、Word 文件以及发送邮件的库。

7.1 pip 工具介绍

pip 是 Python 自带的包管理工具，全称为"Pip Installs Packages"，用于下载和安装第三方库。pip 可以从 Python 官方的包管理平台 PyPI（Python Package Index，网址为 https://pypi.org/）下载库，并自动处理库的依赖关系。它是 Python 库管理的核心工具。

要检查 pip 是否已安装或查看其版本，可以使用以下命令：

```
pip --version
```

运行结果如图 7-1 所示。

```
(base) wangdawei@Mac ~ % pip --version
pip 21.2.4 from /Users/wangdawei/opt/anaconda3/lib/python3.9/site-packages/pip (
python 3.9)
```

图 7-1 查看 pip 版本

如果没有安装 pip，可以参考 Python 的文档进行手动安装。

7.2 使用 pip 安装库

pip 的基本用法很简单，使用 pip install 命令可以轻松安装所需的库。

（1）安装第三方库。安装 requests 库的命令如下：

```
pip install requests
```

执行命令后，pip 会从 PyPI 下载并安装 requests 库。如果库有依赖项，pip 也会一并安装这些依赖项。

（2）安装特定版本的库。如果需要安装特定版本的库，可以在命令中指定版本号：

```
pip install numpy==1.19.5
```

运行结果如图 7-2 所示。

```
(base) wangdawei@Mac ~ % pip install numpy==1.19.5
Collecting numpy==1.19.5
  Downloading numpy-1.19.5-cp39-cp39-macosx_10_9_x86_64.whl (15.6 MB)
     |████████████████████████████████| 15.6 MB 606 kB/s
Installing collected packages: numpy
  Attempting uninstall: numpy
    Found existing installation: numpy 1.22.4
    Uninstalling numpy-1.22.4:
      Successfully uninstalled numpy-1.22.4
```

图 7-2　安装特定版本的库

（3）升级库。可以使用--upgrade 选项来升级已安装的库：

```
pip install --upgrade pandas
```

（4）卸载库。若要卸载不需要的库，可以使用以下命令：

```
pip uninstall matplotlib
```

7.3　常用库介绍

Python 在办公自动化领域有着广泛的应用，很多库可以帮助用户处理文档、电子表格、PDF、电子邮件等任务。本节将介绍一些常用于办公自动化的库和相应示例代码，这些库能够大大提高工作效率，减少重复劳动。在后续章节中，我们会详细学习其中的大部分库和相应的实战案例。

（1）openpyxl：用于读写和操作 Excel 文件，支持 Excel 2010 格式（.xlsx）。它能够进行单元格格式设置、公式计算、数据读写等操作。安装命令如下：

```
pip install openpyxl
```

openpyxl 库的使用示例如下：

```
import openpyxl
wb = openpyxl.load_workbook('example.xlsx')
sheet = wb.active
print(sheet['A1'].value)   # 读取单元格 A1 的值
```

（2）pandas：pandas 尽管是一个用于数据处理和分析的库，但在办公自动化中也被广泛使用，尤其是在处理 Excel、CSV 等表格数据时非常便捷。安装命令如下：

```
pip install pandas
```

pandas 库的使用示例如下：

```
import pandas as pd
df = pd.read_excel('example.xlsx')
print(df.head())  # 显示前五行数据
```

（3）python-docx：用于处理 Word 文档（.docx 格式），支持创建、修改 Word 文件的内容，适用于生成报告、自动填充合同等。安装命令如下：

```
pip install python-docx
```

python-docx 库的使用示例如下：

```
from docx import Document
doc = Document('example.docx')
print(doc.paragraphs[0].text)   # 读取文档第一段的内容
```

（4）PyPDF2：用于操作 PDF 文件，包括合并、拆分、加密、解密、添加书签等功能，是处理 PDF 文档的利器。安装命令如下：

```
pip install PyPDF2
```

PyPDF2 库的使用示例如下：

```
import PyPDF2
with open('example.pdf', 'rb') as pdf_file:
reader = PyPDF2.PdfReader(pdf_file)
print(reader.pages[0].extract_text())   # 读取 PDF 第一页的内容
```

（5）pdfplumber：用于从 PDF 文件中提取文本和表格数据，特别适合处理扫描文件中的复杂结构。安装命令如下：

```
pip install pdfplumber
```

pdfplumber 库的使用示例如下：

```
import pdfplumber
with pdfplumber.open('example.pdf') as pdf:
first_page = pdf.pages[0]
text = first_page.extract_text()
print(text)
```

（6）smtplib：用于发送电子邮件的 Python 标准库，可以与各类邮箱服务器交互，支持自动发送邮件和群发邮件等办公场景。smtplib 库的使用示例如下：

```
import smtplib
from email.mime.text import MIMEText

msg = MIMEText("Hello, this is an automated email.")
msg['Subject'] = 'Test Email'
msg['From'] = 'your_email@example.com'
msg['To'] = 'recipient@example.com'

with smtplib.SMTP('smtp.example.com', 587) as server:
server.login('your_email@example.com', 'password')
server.send_message(msg)
```

（7）xlwings：用于与 Excel 进行高级交互，允许在 Excel 中使用 Python 代码进行复杂的自动化操作，适合处理大量数据和生成报表等场景。安装命令如下：

```
pip install xlwings
```

xlwings 库的使用示例如下：

```
import xlwings as xw
wb = xw.Book('example.xlsx')
sheet = wb.sheets['Sheet1']
sheet.range('A1').value = 'Hello Excel'  # 将数据写入 Excel
```

（8）schedule：用于定时任务调度，在办公自动化中可以用于定时发送报告、备份数据、执行日常任务等。安装命令如下：

```
pip install schedule
```

schedule 库的使用示例如下：

```
import schedule
import time

def job():
print("Job running...")

schedule.every().day.at("10:30").do(job)  # 每天 10:30 执行

while True:
schedule.run_pending()
time.sleep(1)
```

（9）pyautogui：用于自动化鼠标和键盘操作，可以用来完成一些重复性高的手动任务，如自动单击和自动填表等。安装命令如下：

```
pip install pyautogui
```

pyautogui 库的使用示例如下：

```
import pyautogui
pyautogui.moveTo(100, 100, duration=1)  # 移动鼠标到指定位置
pyautogui.click()  # 单击鼠标
```

（10）tqdm：用于为迭代操作添加进度条，适合需要长期运行的办公任务，如处理大量文件时可以显示进度，提升用户体验。安装命令如下：

```
pip install tqdm
```

tqdm 库的使用示例如下：

```
from tqdm import tqdm
import time

for i in tqdm(range(100)):
time.sleep(0.1)  # 模拟任务
```

这些库很大程度上简化了日常办公中的自动化操作，让 Python 成为处理文档、表格、邮件等任务的强大工具。

7.4　本 章 小 结

本章详细介绍了如何使用 Python 的包管理工具 pip 来安装和管理第三方库。Python 丰富的库生态为办公自动化提供了强大的支持，使得处理文档、表格、PDF、邮件等任务变得更加高效和便捷。

本章首先介绍了 pip 工具的基本用法，包括如何检查版本、安装库、升级库和卸载库。接着，本章推荐了一些常用于办公自动化的第三方库，如 openpyxl、pandas、python-docx、PyPDF2、pdfplumber 等，这些库为处理 Excel、Word、PDF 文件提供了便捷的解决方案。同时，本章还介绍了 smtplib、xlwings、pyautogui 等库，它们在自动化处理电子邮件、Excel 数据及模拟用户操作等方面极具实用性。

通过学习本章内容，读者可以掌握如何通过 pip 安装和使用这些库，从而在日常办公中轻松实现自动化操作，极大提高工作效率。

第 8 章 Python 文件操作

在编写程序时，文件操作是必不可少的。Python 为文件的读写、管理提供了强大的内置函数。本章将详细介绍 Python 中的文件操作，包括文件的路径、打开与关闭、读写操作，指针与偏移量、异常处理，以及如何操作文件和目录。

8.1 文件的路径

Python 中文件路径的表示方式会根据操作系统的不同而有所差异，主要体现在分隔符及结构上。以下是不同操作系统的 Python 文件路径的解释和说明。

1. Windows 文件路径

在 Windows 中，文件路径使用反斜杠\作为路径分隔符，如 C:\Users\Username\Documents\myfile.py。在 Python 中使用 Windows 路径时需要注意反斜杠是 Python 中的转义字符，因此必须用双反斜杠\\来表示文件路径，或者使用原始字符串前缀 r，示例如下。

- 使用双反斜杠的文件路径："C:\\Users\\Username\\Documents\\myfile.py"。
- 使用原始字符串的文件路径：r"C:\Users\Username\Documents\myfile.py"。

此外，Windows 也支持使用正斜杠/来表示路径，如"C:/Users/Username/Documents/myfile.py"。

2. Linux 和 macOS 文件路径

在 Linux 和 macOS 系统中，文件路径使用正斜杠/作为路径分隔符。

- 示例路径：/home/username/documents/myfile.py（Linux）。
- 示例路径：/Users/username/Documents/myfile.py（macOS）。

在 Python 中，Linux 和 macOS 的文件路径可以直接使用正斜杠/，不需要转义：

```
file_path = "/home/username/documents/myfile.py"
```

3. 跨平台路径处理

为了使 Python 程序在不同操作系统上能够正常处理文件路径，推荐使用 Python 标准库中的 os 模块或 pathlib 模块来自动适配不同系统的路径格式。

（1）使用 os.path 模块。os.path.join()函数用于拼接跨平台的路径，自动使用当前操作系统的分隔符：

```
import os
```

```
path = os.path.join("home", "username", "documents", "myfile.py")
print(path)  # Linux: home/username/documents/myfile.py
             # Windows: home\username\documents\myfile.py
```

Windows 环境输出结果如下：

```
home\username\documents\myfile.py
```

os.path.abspath()函数用于将相对路径转换为绝对路径：

```
abs_path = os.path.abspath("myfile.py")
print(abs_path)   # 输出完整的绝对路径
```

Windows 环境输出结果如下：

```
C:\Users\Administrator\myfile.py
```

（2）使用 pathlib 模块。pathlib 模块提供了更现代化的路径处理方式，推荐使用它进行跨平台文件路径处理：

```
from pathlib import Path

# 创建路径对象
file_path = Path.home() / "documents" / "myfile.py"
print(file_path)  # Linux: /home/username/documents/myfile.py
                  # Windows: C:\Users\Username\documents\myfile.py
```

Windows 环境输出结果如下：

```
C:\Users\Administrator\documents\myfile.py
```

4. 绝对路径与相对路径

（1）绝对路径是指从根目录开始的路径，包含完整的路径。例如：Windows: C:\Users\Username\Documents\myfile.py 和 Linux: /home/username/documents/myfile.py。

（2）相对路径是相对于当前工作目录的路径，不包含根目录。例如：./myfile.py 表示当前目录下的文件；../myfile.py 表示上级目录下的文件。

在跨平台编程时，使用 os.getcwd() 获取当前工作目录，并结合相对路径可以更灵活地操作文件：

```
import os
os.getcwd()
```

Windows 环境输出结果如下：

```
'C:\\Users\\Administrator'
```

8.2　文件的打开与关闭

在对文件进行操作之前，必须先打开文件。Python 使用内置的 open() 函数打开文件，该函数返回一个文件对象，用于后续的读写操作。当文件操作完成后，应使用 close() 方法关闭文件，以确保资源的释放。语法如下：

```
file = open(filename, mode)
file.close()
```

其中，filename 表示文件的路径或名称；mode 表示文件打开模式，如只读（r）、写入（w）、追加（a）、读写（r+）等。

我们先准备一份 txt 文本文件，并将该文件放在某个路径下，其内容如图 8-1 所示。

图 8-1　文本文件中的内容

打开文件操作的代码示例：

```
# 打开文件并读取内容
file = open('C:/Users/Administrator/Desktop/测试文本.txt',
            'r',encoding='utf-8') # 以只读模式打开文件
content = file.read() # 读取文件内容
print(content)
file.close()            # 关闭文件
```

输出结果如下：

```
这是一份文本文件
人生苦短
我用 Python
```

上述代码中，'C:/Users/Administrator/Desktop/测试文本.txt'为 Windows 环境下文本文件的路径，读者可以根据自己的系统更换为自己的文件路径。

通过 with 语句可以自动管理文件的打开与关闭，避免出现忘记关闭文件的情况。with 语句用法示例如下：

```
with open('C:/Users/Administrator/Desktop/测试文本.txt', 'r',encoding='utf-8') as
file:
    content = file.read()
    print(content)
# 文件在 with 代码块结束后自动关闭
```

输出结果如下：

```
这是一份文本文件
人生苦短
我用 Python
```

8.3　文件的读写操作

文件读写是最常见的文件操作之一。Python 提供了多种方式来读取和写入文件的内

容。读取文件的常见方法如下。
- read()：读取整个文件内容。
- readline()：逐行读取文件内容。
- readlines()：读取文件所有行并返回列表。

读取所有内容示例如下：

```
with open('C:/Users/Administrator/Desktop/测试文本.txt', 'r',encoding='utf-8') as
file:
    content = file.read()
    print(content)
```

逐行读取文件的示例如下：

```
with open('C:/Users/Administrator/Desktop/测试文本.txt', 'r',encoding='utf-8') as
file:
    line = file.readline()  # 读取一行
    while line:
        print(line.strip())
        line = file.readline()
```

可使用 write() 方法将数据写入文件。写入时，如果文件不存在，则会自动创建新文
件；如果文件存在，则会覆盖原有内容。写入文件示例如下：

```
with open('output.txt', 'w') as file:
    file.write("Hello, Python!\n")
    file.write("This is a test.\n")
```

追加写入示例代码如下：

```
with open('output.txt', 'a') as file:
    file.write("Appending new line.\n")
```

读取写入后的文件内容：

```
with open('output.txt', 'r') as file:
    content = file.read()  # 读取所有内容
    print(content)
```

输出结果如下：

```
Hello, Python!
This is a test.
Appending new line.
```

8.4　文件指针与偏移量

文件指针用于标识文件读取或写入的当前位置。通过 tell() 方法可以获取文件指针的
当前位置，seek() 方法可以移动文件指针到指定的位置。

- tell()：返回文件指针的当前偏移量（以字节为单位）。
- seek(offset, whence)：移动文件指针到新的位置。offset 是偏移量。whence 是移动的参考点，默认为文件开头，也可以是文件末尾或当前位置。

示例代码如下：

```
with open('output.txt', 'r') as file:
    print(file.tell())        # 输出文件指针位置
    file.seek(5)              # 移动到第 5 个字节
    print(file.read())
```

输出结果如下：

```
0
, Python!
This is a test.
Appending new line.
```

8.5 文件的异常处理

在文件操作中，常会遇到各种异常情况，如文件不存在、权限不足等。为了避免程序崩溃，可以使用 try-except 机制捕获异常并进行处理。常见的文件操作异常包括两种：FileNotFoundError 表示文件不存在；PermissionError 表示权限不足。

打开一个不存在的文件，示例代码如下：

```
try:
    with open('nonexistent.txt', 'r') as file:
        content = file.read()
except FileNotFoundError as e:
    print(f"文件未找到: {e}")
except PermissionError as e:
    print(f"权限不足: {e}")
```

输出结果如下：

```
文件未找到: [Errno 2] No such file or directory: 'nonexistent.txt'
```

8.6 文件与目录操作

8.6.1 文件操作

Python 的 os 和 shutil 模块提供了对文件和目录的操作功能，如创建目录、删除文件、复制文件等。文件操作的常用函数说明如下。

- os.remove()：删除文件。

- os.rename()：重命名文件。
- shutil.copy()：复制文件。

文件操作示例代码如下：

```python
import os
import shutil

os.rename('output.txt', 'renamed_output.txt')          # 重命名文件
shutil.copy('renamed_output.txt', 'copy_output.txt')   # 复制文件
os.remove('copy_output.txt')                           # 删除文件
```

8.6.2　目录操作

目录操作的常用函数说明如下。

- os.mkdir()：创建目录。
- os.rmdir()：删除空目录。
- shutil.rmtree()：删除目录及其内容。

目录操作示例代码如下：

```python
import os
import shutil

os.mkdir('new_folder')                 # 创建新目录
os.rmdir('new_folder')                 # 删除空目录
shutil.rmtree('folder_to_delete')      # 删除目录及其所有内容
```

通过这些文件和目录操作，Python 可以轻松处理文件系统中的各种任务。

8.7　本 章 小 结

本章介绍了 Python 文件操作的基础知识和使用方法。

文件操作是编写程序时不可或缺的部分，Python 提供了丰富的内置函数来简化文件读写、管理等操作。

我们讨论了文件路径在不同操作系统中的表示方式，以及如何使用 os 和 pathlib 模块进行跨平台路径处理。此外，本章还介绍了文件的打开与关闭、文件读写的多种方法、文件指针与偏移量的使用，以及文件操作中的异常处理。最后，本章还介绍了文件和目录的基本操作。

通过对本章的学习，读者可以掌握 Python 处理文件系统任务的基础技能。

第 9 章　Python 面向对象编程

面向对象编程（object-oriented programming，OOP）是一种重要的编程范式，它通过类和对象的概念组织程序代码，从而更好地管理复杂的系统。在 Python 中，OOP 的核心包括类与对象、继承、多态、封装等概念。本章将介绍 Python 面向对象编程的基本概念与特性。

9.1　类　与　对　象

在 Python 中，类是创建对象的模板，它定义了对象的属性（数据）和方法（行为）。对象是根据类创建的具体实例。定义类的语法如下：

```
class ClassName:
    # 类的属性和方法定义
    pass
```

在上述代码中，所有的冒号均为英文冒号。编写 Python 代码时，在 class 定义类的语句后使用英文冒号并按 Enter 键换行，Python 会自动缩进 4 个空格，符合代码块的格式规范。创建对象的代码如下：

```
obj = ClassName()
```

定义一个名为 Dog 的类并创建一个名为 dog1 的对象，示例代码如下：

```
class Dog:
    # 属性
    species = 'Canine'

    # 构造方法
    def __init__(self, name, age):
        self.name = name
        self.age = age

    # 方法
    def bark(self):
        return f'{self.name} is barking.'

# 创建对象
dog1 = Dog('Buddy', 3)
print(dog1.bark())  # 输出: Buddy is barking.
```

9.2　构造函数与析构函数

构造函数（__init__）用于在创建对象时初始化对象的属性，析构函数（__del__）用于在对象销毁前执行清理操作（如关闭数据库或文件）。构造函数与析构函数的示例如下：

```
class Car:
    def __init__(self, model):
        self.model = model
        print(f'{self.model} created.')

    def __del__(self):
        print(f'{self.model} destroyed.')

car = Car('Tesla')
del car  # 手动删除对象，触发析构函数
```

输出结果如下：

```
Tesla created.
Tesla destroyed.
```

9.3　类 的 继 承

继承是面向对象编程的重要特性，它允许一个类从另一个类继承属性和方法。继承可以实现代码的重用和扩展。类的继承的语法如下：

```
class ChildClass(ParentClass):
    # 子类的属性和方法定义
    pass
```

创建一个 Animal 类，并创建 Dog 类继承 Animal 类，示例代码如下：

```
class Animal:
    def __init__(self, name):
        self.name = name

    def speak(self):
        return f'{self.name} makes a sound.'

class Dog(Animal):
    def speak(self):
        return f'{self.name} barks.'

dog = Dog('Buddy')
print(dog.speak())  # 输出: Buddy barks.
```

9.4　多态与方法重载

多态：允许不同类的对象以相同的方式调用方法，即使这些方法在不同的类中有不同的实现。方法重载：在 Python 中通过方法的参数默认值实现，Python 本身不支持传统的函数签名重载。多态的示例代码如下：

```
class Cat(Animal):
    def speak(self):
        return f'{self.name} meows.'

animals = [Dog('Buddy'), Cat('Whiskers')]
for animal in animals:
    print(animal.speak())   # 输出不同的 speak()方法
```

输出结果如下：

```
Buddy barks.
Whiskers meows..
```

9.5　类变量与实例变量

类变量是所有实例共享的变量。实例变量是每个实例独有的变量。类变量和实例变量的示例代码如下：

```
class Bird:
    species = 'Aves'            # 类变量

    def __init__(self, name):
        self.name = name        # 实例变量

bird1 = Bird('Parrot')
bird2 = Bird('Eagle')

print(bird1.species)           # 输出：Aves
print(bird1.name)              # 输出：Parrot
```

9.6　封装与访问控制

封装是将对象的内部细节隐藏起来，只通过公开的接口与对象进行交互。Python 通过下画线前缀来表示属性的访问控制：单下画线（_）表示"受保护的"属性，不建议外部访问；双下画线（__）属性名在类内部被"重整"，用于避免外部直接访问。私有变量的访问示例如下：

```
class Employee:
    def __init__(self, name, salary):
        self.name = name
        self.__salary = salary          # 私有变量

    def get_salary(self):
        return self.__salary

emp = Employee('John', 50000)
print(emp.get_salary())                 # 正确访问，输出为 50000
```

9.7　静态方法与类方法

静态方法（@staticmethod）不需要访问实例或类属性，通常用于工具方法。类方法（@classmethod）接收类作为第一个参数，通常用于修改类属性。使用静态方法和类方法的示例如下：

```
class MathOperations:
    @staticmethod
    def add(a, b):
        return a + b

    @classmethod
    def class_method(cls):
        return f'Called from class: {cls.__name__}'

print(MathOperations.add(5, 10))        # 输出: 15
print(MathOperations.class_method())    # 输出: Called from class: MathOperations
```

9.8　魔术方法与运算符重载

魔术方法是特殊的双下画线方法，允许自定义类的行为，例如初始化、字符串表示、运算符重载等。常见的魔术方法有__init__、__str__、__add__等。

运算符重载允许我们通过定义魔术方法来为类重载内置运算符，如+、-等。重载内置的+运算符的示例代码如下：

```
class Vector:
    def __init__(self, x, y):
        self.x = x
        self.y = y

    def __add__(self, other):
        return Vector(self.x + other.x, self.y + other.y)

    def __str__(self):
        return f'Vector({self.x}, {self.y})'
```

```
v1 = Vector(1, 2)
v2 = Vector(3, 4)
v3 = v1 + v2        # 使用重载的 + 运算符
print(v3)           # 输出: Vector(4, 6)
```

9.9　动物园管理系统案例

设计一个动物园管理系统，其中包含多种动物，每种动物都有自己的基本信息和行为。你需要使用面向对象编程（OOP）的概念来实现这个系统。具体要求如下。

- 创建一个基类 Animal，它包含动物的基本属性（如 name 和 age）和一个 speak() 方法（该方法默认不执行任何操作，由子类实现具体行为）。
- 创建两个子类 Dog 和 Cat，它们继承自 Animal 类。这两个子类需要实现自己的 speak() 方法，分别输出狗和猫的叫声。
- 在主程序中，创建一个动物园（Zoo 类），其中包含多个动物对象（可以是狗或猫）。动物园应该有一个方法 display_animals()，该方法会遍历所有动物并调用它们的 speak() 方法。

参考代码如下：

```python
# 基类 Animal
class Animal:
    def __init__(self, name, age):
        self.name = name
        self.age = age

    def speak(self):
        pass  # 默认不执行任何操作，由子类实现具体行为

# 子类 Dog
class Dog(Animal):
    def speak(self):
        return f"{self.name} says Woof!"

# 子类 Cat
class Cat(Animal):
    def speak(self):
        return f"{self.name} says Meow!"

# 动物园 Zoo
class Zoo:
    def __init__(self):
        self.animals = []

    def add_animal(self, animal):
        self.animals.append(animal)

    def display_animals(self):
        for animal in self.animals:
```

```
            print(animal.speak())

# 主程序
if __name__ == "__main__":
    zoo = Zoo()
    zoo.add_animal(Dog("Buddy", 3))
    zoo.add_animal(Cat("Whiskers", 2))
zoo.display_animals()
```

输出结果如下：

```
Buddy says Woof!
Whiskers says Meow!
```

这个示例展示了如何使用面向对象编程的概念来实现一个简单的动物园管理系统。通过定义基类 Animal 和两个子类 Dog、Cat，我们可以方便地创建和管理不同类型的动物对象。同时，通过定义 Zoo 类，我们可以将多个动物对象组织在一起，并通过 display_animals()方法来展示它们的行为。

9.10　本 章 小 结

本章介绍了 Python 面向对象编程（OOP）的核心概念与特性，详细阐述了类与对象、构造函数与析构函数、继承、多态、封装、静态方法与类方法、魔术方法与运算符重载等内容。通过类与对象的使用，程序可以更好地进行组织和管理，提升代码的复用性与扩展性。

本章讨论了如何通过构造函数__init__初始化对象，以及如何使用析构函数__del__进行资源清理。继承机制使得子类能够复用和扩展父类的功能，而多态则允许不同类的对象以统一的接口调用不同的实现。封装通过访问控制保护对象的内部状态，确保数据安全。此外，静态方法和类方法使得类不仅能处理实例操作，还能执行与实例无关的逻辑和类层次的操作。魔术方法提供了定制对象行为的方式，特别是在运算符重载和对象打印等场景。

通过对本章的学习，读者可以掌握如何利用 Python 的 OOP 特性构建更加模块化、可维护、扩展性强的程序。

第 10 章　Python 虚拟环境

在实际的开发工作中，不同项目可能需要使用不同版本的库或 Python 解释器。为避免项目之间出现依赖冲突，Python 引入了虚拟环境的概念。通过创建虚拟环境，开发者能够针对每个项目安装特定版本的库，确保不同项目间的依赖互不干扰。

本章将介绍虚拟环境的概念和创建方法，重点讲解如何使用 Anaconda 的 conda create 命令创建和管理虚拟环境。

10.1　虚拟环境的概念与作用

虚拟环境是一个自包含的目录，里面包含了特定版本的 Python 解释器和独立的库安装空间。每个虚拟环境与全局的 Python 解释器和库隔离，确保不同项目可以在各自的环境中运行，避免依赖冲突。虚拟环境的主要作用包括以下 3 个方面。

- 隔离项目依赖：不同项目可以拥有各自的依赖库和版本。
- 简化项目管理：便于开发人员维护不同项目的依赖。
- 保护系统环境：防止全局 Python 环境被不同项目的库污染。

10.2　创建与激活虚拟环境

使用 Anaconda 的 conda create 命令可以轻松创建虚拟环境。conda 是 Anaconda 中的包管理工具，支持创建、管理虚拟环境，并可以安装和更新依赖库。

（1）创建虚拟环境。使用以下命令创建一个虚拟环境：

```
conda create --name myenv python=3.11
```

myenv 是虚拟环境的名称，可以根据实际项目命名；python=3.11 指定了虚拟环境使用 Python 3.11 版本。运行结果如图 10-1 所示。

创建完成后，系统会询问是否安装必要的依赖，输入 y 并按 Enter 键确认。具体页面如图 10-2 所示。

（2）激活虚拟环境。虚拟环境创建后，需要激活才能使用。在不同操作系统下，激活虚拟环境的命令略有不同。

在 Windows 操作系统下，激活命令如下：

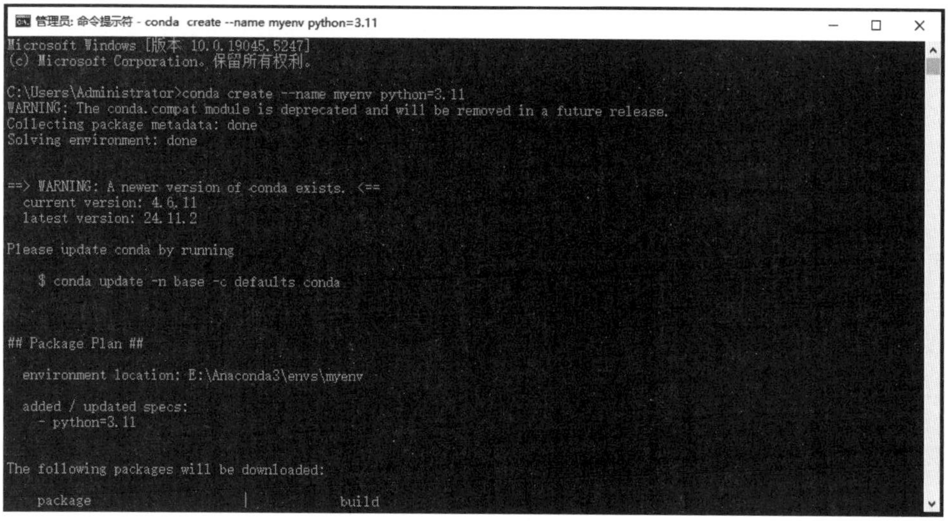

图 10-1　创建虚拟环境

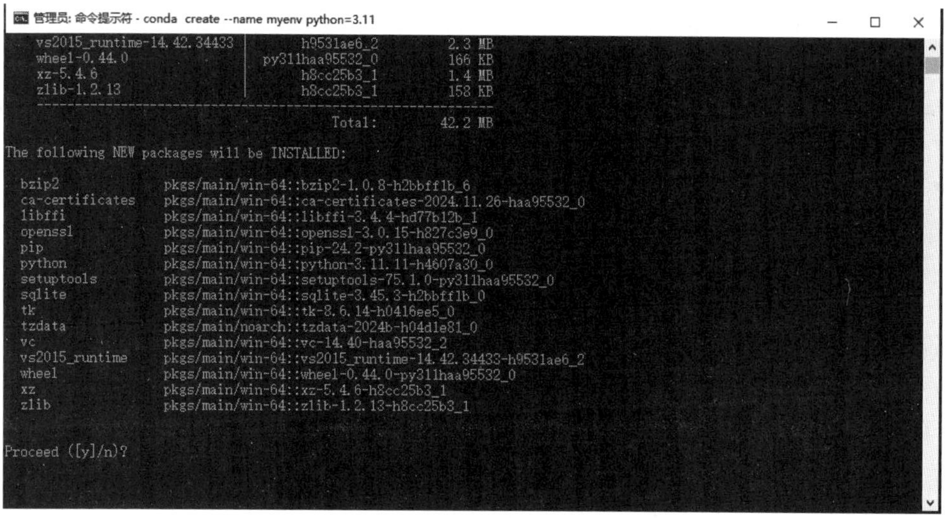

图 10-2　确认安装依赖

```
activate myenv
```

在 macOS 操作系统下，激活命令如下：

```
conda activate myenv
```

在 Linux 操作系统下，激活命令如下：

```
source activate myenv
```

激活成功后，命令行前缀会显示虚拟环境的名称，如图 10-3 所示。

图 10-3　激活虚拟环境

10.3　安装依赖库

在激活虚拟环境后，可以使用 conda 或 pip 安装所需的库。conda 会自动解决库的依赖关系，并确保安装的库版本与环境兼容。

（1）使用 conda 安装依赖库，示例代码如下：

```
conda install numpy pandas
```

（2）使用 pip 安装依赖库，示例代码如下：

```
pip install requests flask
```

10.4　管理与退出虚拟环境

（1）查看虚拟环境，可以使用以下命令查看已创建的虚拟环境：

```
conda env list
```

该命令会列出所有虚拟环境及其路径，每位读者的执行结果可能不一样，如图 10-4 所示。

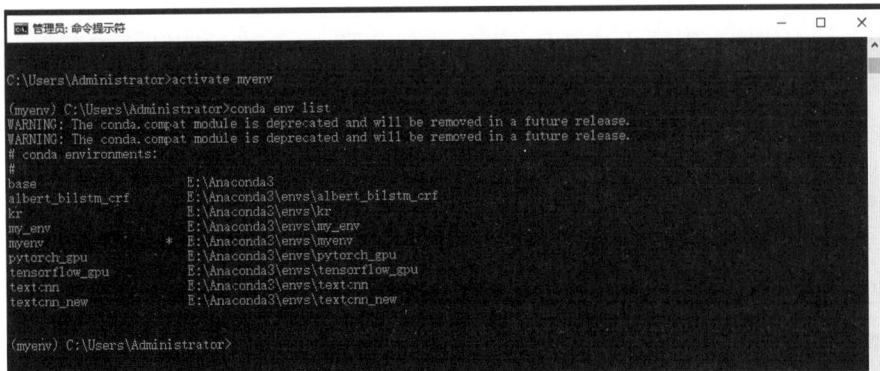

图 10-4　查看本机所有虚拟环境

（2）退出虚拟环境，当不再需要使用虚拟环境时，可以通过以下命令退出：

```
conda deactivate
```

执行退出命令后，退出虚拟环境，系统将恢复到全局环境或上一个激活的环境，如图 10-5 所示。

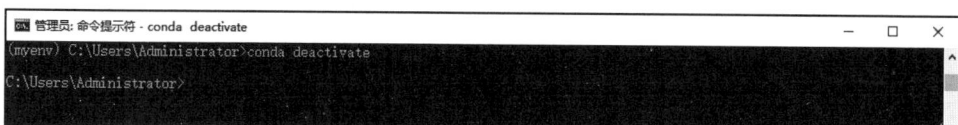

图 10-5　退出虚拟环境

10.5　virtualenv 与 venv 工具

除了 Anaconda 的 conda 工具，Python 还提供了 virtualenv 和内置的 venv 工具来创建虚拟环境。虽然它们功能类似，但 conda 在包管理和依赖处理方面更强大，尤其是在处理科学计算相关的依赖时。

- virtualenv：一个独立的工具，适用于任何 Python 版本。它可以创建隔离的 Python 环境，但依赖管理需要使用 pip。
- venv：Python 自带的工具，功能与 virtualenv 类似，但与特定 Python 版本绑定，适用于较轻量级的项目。

使用 venv 创建虚拟环境，示例代码如下：

```
python -m venv myenv
```

使用 virtualenv 创建虚拟环境，示例代码如下：

```
virtualenv myenv
```

这些工具创建的虚拟环境功能与 conda 类似，但 conda 在科学计算中有更广泛的使用，因为它包含了更多依赖包的管理能力。

10.6　本 章 小 结

本章详细介绍了 Python 虚拟环境的概念、作用以及具体的操作方法。虚拟环境在开发工作中尤为重要，能够有效解决项目间依赖冲突，确保不同项目的依赖库彼此隔离。通过虚拟环境，开发者可以灵活管理项目中的 Python 解释器和库，避免对全局环境造成影响。

　　本章首先介绍了虚拟环境的基本概念及其带来的三大好处：隔离项目依赖、简化项目管理及保护系统环境。然后，本章重点讲解了如何使用 Anaconda 的 conda create 命令创建和激活虚拟环境，并展示了如何在虚拟环境中安装依赖库和退出环境。此外，我们还介绍了 Python 内置的 venv 和独立的 virtualenv 工具，比较了它们与 conda 的差异和适用场景。

　　通过对本章的学习，读者不仅能了解虚拟环境的理论知识，还能掌握虚拟环境的创建、激活、依赖管理和退出操作。虚拟环境作为 Python 开发中的重要工具，是保障开发效率和项目管理的基础之一。

实战篇

Python 办公自动化与 AI 工具应用

  当 Python 遇上 AI（人工智能），办公效率迎来颠覆性突破。本书实战篇（第 11~25 章）以"办公自动化 + AI 赋能"为主线，深度整合多个高频场景，打造"技术工具-场景落地-AI 提效"的完整解决方案。

  本篇聚焦 Word/Excel/PPT/PDF 等核心办公文档，详解 xlwings 批量处理 Excel、python-pptx 自动生成报告模板、PyPDF2 实现 PDF 加密拆分等实用技能，配合"批量发送工资条""自动生成日报与周报"等案例，实现文档处理全流程自动化。同时，本篇引入 CodeGeeX 代码助手、GPT 提示工程等前沿 AI 工具，演示如何通过自然语言指令生成图表代码、优化数据处理逻辑，例如通过提示词快速生成图片 OCR 文字提取脚本、利用 AI 辅助完成邮件群发策略设计。

  此外，本篇还覆盖图片音视频处理、定时任务调度、数据采集分析等扩展场景，结合图片批量加水印、音视频格式转换等实操案例，帮助读者构建从文档处理到多媒体管理的智能化办公链路。无论是行政人员的报表自动化，还是数据岗的智能分析，均可通过本篇实现效率跃升，让 AI 与 Python 成为职场提效的核心引擎。

第 11 章 AI 工具的概念与发展历史

AI 工具指利用人工智能技术自动执行任务、处理复杂问题并辅助人类决策的应用程序和系统。AI 工具广泛应用于各个领域，涵盖自然语言处理、图像识别、机器人自动化和医疗诊断等，已经成为现代技术不可或缺的一部分。

11.1 什么是 AI 工具

AI 工具是利用机器学习、深度学习、自然语言处理等 AI 技术，模仿人类智能来处理任务的系统或软件。这些工具可以通过学习大量数据来发现模式、优化流程，甚至实现创造性输出。例如，自动翻译工具、语音识别软件、数据分析平台等都属于 AI 工具的范畴。

AI 工具的核心优势在于，它们可以执行超出传统算法能力范围的任务，尤其适用于数据量巨大、规则复杂或问题定义模糊的场景。这些工具能够通过自主学习提升性能，随着使用数据的增加，其准确性和效率也会持续优化。

11.2 AI 工具的应用领域

AI 工具在多个行业和领域得到广泛应用，包括但不限于如下领域。

- 自然语言处理（NLP）：AI 工具可以处理人类语言，如语音转文字、自动翻译、文本生成等。聊天机器人、虚拟助手和内容创作工具都是典型的 NLP 应用。
- 图像和视频处理：利用 AI 工具进行图像识别、视频分析、人脸识别等任务，图像和视频处理被广泛用于安防、医疗影像分析、自动驾驶等方向。
- 自动化：在工业生产、仓储物流中，AI 工具可以通过机器人自动化或流程自动化（RPA）提升生产效率和降低人工成本。
- 数据分析和预测：AI 工具能够帮助企业分析海量数据，提供对业务决策的支持。通过分析数据趋势，AI 工具可以预测市场需求、消费者行为等关键信息。

11.3 AI 工具的发展历史

AI 工具的历史可以追溯到 20 世纪 50 年代，随着计算机科学和数学理论的发展，人工智能逐渐成为一个独立的研究领域。AI 工具的演变和发展经历了几个重要阶段，每个阶段都有技术突破和应用创新，推动了 AI 从理论走向实际应用。

1. 早期 AI 工具的探索（1950—1980 年）

人工智能的概念最早由 Alan Turing 在 1950 年提出，他设想了"图灵测试"以评估机器是否具备智能。在此阶段，AI 工具主要集中在符号逻辑和规则系统上，通过编程来模仿人类的推理和决策过程。图灵测试提出评估机器智能的理论框架，虽然当时没有实际的 AI 工具能通过这一测试，但为未来的 AI 发展奠定了基础。

20 世纪 70 年代，专家系统成为早期 AI 工具的代表，它们通过内置的规则和知识库来模拟人类专家的决策过程。例如，DENDRAL 专家系统用于化学分析，MYCIN 专家系统用于医学诊断。

2. 机器学习的兴起（1990—2000 年）

随着计算能力的增强和数据量的增长，机器学习成为 AI 工具发展的核心。不同于传统规则系统，机器学习通过大量训练数据，使工具能自主学习和优化，显著提升了 AI 的能力。

- 神经网络与深度学习：虽然神经网络的概念在 20 世纪 40 年代就已提出，但直到 20 世纪 90 年代，计算能力和数据规模的进步才推动了其在图像识别、语音识别等领域的应用。深度学习逐渐成为 AI 工具的核心技术。
- 支持向量机和决策树等算法：这些机器学习算法在 20 世纪 90 年代至 2000 年期间得到了广泛应用，并形成了现代 AI 工具的基础。

3. 深度学习与大数据的融合（2010—2020 年）

进入 2010 年，AI 工具的发展进入了一个新的高度，深度学习的崛起使得 AI 工具可以处理更为复杂的任务。与此同时，互联网和智能设备的普及带来了海量数据，为 AI 提供了丰富的训练资源。

- 卷积神经网络（CNN）与图像识别：以深度学习为核心的 AI 工具，如 CNN，在图像识别和分类中表现优异，广泛应用于医疗影像、自动驾驶等领域。
- 自然语言处理与对话系统：基于深度学习的语言模型，如 LSTM 和 Transformer，使 AI 工具在语音识别、机器翻译、文本生成等领域取得了突破。

这一时期最具代表性的 AI 工具包括 Google 的 AlphaGo、IBM 的 Watson，它们展示了 AI 在解决复杂问题时的强大能力。

4. GPT 的时代（2020 年至今）

生成预训练模型（GPT）的诞生标志着 AI 工具进入了一个全新的阶段。GPT（Generative Pre-trained Transformer）由 OpenAI 开发，通过大量数据的预训练和

Transformer 架构，能够生成高质量的自然语言文本，并具备广泛的应用潜力。

- GPT-1 到 GPT-4 的演变：自 2018 年发布 GPT-1 以来，GPT 模型在语言生成、内容创作、问答系统等方面展现了极大的能力。特别是 GPT-3 和 GPT-4，因其庞大的参数规模和强大的生成能力，彻底改变了文本生成工具的应用场景。
- ChatGPT 的应用：2020 年推出的 ChatGPT 是基于 GPT-3 的对话式 AI 工具，能够与用户进行自然交互，广泛应用于客服、创意写作、编程辅助等场景。

GPT 及其衍生工具展示了 AI 在语言处理和生成上的新高度，不仅大幅提升了生产力，还影响了各行各业的工作方式。

11.4　本 章 小 结

本章探讨了 AI 工具的概念和发展历程，特别是 GPT 技术的迅猛崛起。AI 工具从早期的专家系统和符号逻辑，逐步演变为以机器学习和深度学习为核心的现代工具，显著增强了计算机在复杂任务中的自主学习能力和决策能力。

随着大数据的普及和算力的提升，AI 工具在自然语言处理、图像识别、自动化和数据分析等多个领域得到了广泛应用。特别是 GPT 的出现，使得 AI 工具在文本生成、内容创作等方面取得了显著突破，为生产力和创新提供了新的动力。

通过理解 AI 工具的发展历程，我们可以更清楚地看到人工智能技术的进步和它对现代社会的深远影响。未来，AI 工具有望继续推动各行业的智能化发展，进一步优化人类的工作和生活方式。

第 12 章　提示工程与使用技巧

提示工程（prompt engineering）是与 AI 模型（如 GPT 系列）高效交互的核心技巧，旨在通过精确设计提示，优化 AI 的输出质量和任务执行效率。特别是在 Python 办公自动化及数据分析等领域，合理构建提示可以显著提高工作效率和准确性。通过设计清晰且具体的指令，提示工程可以帮助用户引导模型生成符合预期的结果，成为提升 AI 应用效果的重要工具。

12.1　提示工程简介

在与 AI 模型交互时，如何构建有效的提示（prompt）是提升任务效率和输出质量的关键。提示工程是一种设计、调整和优化提示的艺术，旨在通过精准的语言和结构，指导模型生成符合预期的高质量输出。

随着自然语言处理（NLP）技术的进步，提示工程已经成为使用 AI 模型时不可或缺的一项技能。特别是在 Python 文件处理自动化、数据分析报告生成、邮件自动化等场景中，正确的提示设计能显著提升任务的自动化水平和处理效率。

12.2　提示工程的基本原则

有效的提示设计通常遵循以下几个原则。

（1）清晰性。提示必须清晰简洁，避免模糊不清的指令。只有清楚地表达任务需求，模型才能做出正确的回应。过于宽泛或不明确的提示往往导致输出质量低下，示例如下。

- 模糊提示："帮我做一个报告。"
- 清晰提示："帮我做一个 2024 年 12 月的销售报告，包含以下内容：销售总额、销售额最高的产品、各地区销售额。"

（2）具体性。在设计提示时，需要尽量细化任务要求，如指定格式、内容长度、输出类型等，确保模型按照特定的标准生成结果，示例如下。

- 模糊提示："生成一个报告。"
- 具体提示："生成一个包含销售数据的 Excel 文件报告，表格中需要包含：产品名称、销售额、日期，并按销售额降序排列。"

（3）上下文关联。在多步任务或复杂任务中，提供充分的上下文信息可提升模型响应的质量。有效的上下文有助于模型理解任务背景，做出更准确的推断，示例如下。

- 没有上下文的提示："写一封邮件。"
- 提供上下文的提示："你是公司财务部门的负责人，需要写一封关于 2024 年 12 月财务总结的邮件，内容包含总收入、总支出和月度利润。"

12.3　提 示 词

提示词是激发模型响应的关键因素。提示词的选择直接影响到生成内容的质量和准确性。以下是几种常见的提示词框架，可以帮助我们设计出高效的提示。

（1）简单提示词。简单提示词是最基础的提示结构，直接向模型提出任务请求，适用于简单任务。示例如下。

- 提示词："总结这个文本。"
- 用途：适用于文本摘要、报告生成等简单任务。

（2）问题式提示词。通过提问的方式来引导模型生成答案或建议。这种方式通常用于获取某个特定问题的答案。示例如下。

- 提示词："如何使用 Python 自动化发送报告邮件？"
- 用途：适用于解决方案建议、步骤描述、技术指导等任务。

（3）指令式提示词。指令式提示通常用于要求模型执行特定操作，如数据处理、文档编辑、代码生成等。它要求模型需按照具体要求来完成任务。示例如下。

- 提示词："使用 Python 读取 Excel 文件并计算总销售额。"
- 用途：适用于办公自动化、数据处理等任务。

（4）列表式提示词。当任务需要生成一系列步骤或细节时，列表式提示非常有效。它可以帮助模型按照特定顺序生成内容，确保输出的结构化且条理清晰。示例如下。

- 提示词："列出五个方法来优化 Python 脚本性能，要求包含示例代码。"
- 用途：适用于生成步骤清单、方法总结等任务。

12.4　提示技巧与高级应用

1. 具体化任务要求

为提高输出质量和准确性，应将任务要求具体化。例如，描述报告的格式、输出的语言风格、内容的侧重点等。这样可以减少模糊指令导致的错误或不准确结果。示例如下。

- 模糊提示："生成财务报告。"
- 具体化提示："生成一份 2024 年 12 月的财务报告，包含以下内容：① 本月收入和支出明细；② 销售额趋势图；③ 收支差额分析。报告需以 PDF 格式输出。"

2. 多轮对话与上下文保持

对于复杂的任务，可能需要多轮对话。每一轮对话中都要提供相关的上下文信息，帮助模型记住之前的内容，并持续优化输出。示例如下。

- 第一次提示："请帮我生成 2024 年 12 月的销售报告，包含销售额和利润信息。"
- 第二次提示："根据 2024 年 12 月的销售数据，生成区域销售额分布图。"
- 第三次提示："根据销售额分布图分析最畅销的产品，并生成对应的销售趋势图。"

3. 适当控制输出格式

在办公自动化任务中，输出格式至关重要。通过精确控制格式，可确保生成的报告、邮件或数据分析结果符合预期。示例如下。

- 提示词："生成一个包含公司收入和支出的 Excel 表格，表头需要有'项目''收入''支出'三列，数据按'收入'降序排列。"
- 用途：控制数据输出格式，以便直接应用于后续分析或展示。

4. 使用模板和占位符

使用模板和占位符是提示工程中的一个高级技巧。通过设定模板和变量占位符，可以快速生成符合预定格式的内容，适合批量处理任务。示例如下。

- 提示词："根据模板生成邮件内容：[收件人]，你好！\n 这封邮件包含以下内容：\n-销售总额：{total_sales}\n-最畅销产品：{top_product}\n 请查看附件中的详细报告。"
- 用途：适用于批量生成定制化邮件、报告等。

12.5　常见提示工程框架

除了基础的提示词形式，某些框架可以帮助我们系统化设计提示，进一步优化任务执行。以下是几种常见的框架，它们可以帮助我们更好地构建提示。

（1）SMART 框架。该框架是一种目标设定法则，它可以帮助我们精确地设定任务要求，确保 AI 模型生成高质量的响应。

- Specific（具体性）：明确任务的目标。
- Measurable（可衡量性）：确保任务有明确的量化标准。

- Achievable（可达成性）：任务目标应在实际条件下可实现。
- Relevant（相关性）：确保任务的目标与业务需求相关。
- Time-bound（时限性）：为任务设定时间要求。

示例如下。

- 任务模糊描述："生成一个销售报告。"
- 使用 SMART 框架优化后："帮我生成一份销售报告，我使用 SMART 框架描述我的需求。"
  - Specific：生成 2024 年 12 月的销售报告。
  - Measurable：报告应包含销售总额、各地区销售额、销售趋势。
  - Achievable：基于现有销售数据生成报告。
  - Relevant：该报告用于本月财务总结。
  - Time-bound：报告生成时间为 12 月 31 日之前。

通过使用框架描述问题，让 AI 更全面理解需求，从而生成更合适的内容。

（2）PASTOR 模型。PASTOR 模型是另一种有效的提示设计框架，适用于问题解决和决策分析。

- Problem（问题）：明确所面临的问题。
- Amplify（放大问题）：对问题进行深入挖掘和放大。
- Story & Solution（故事与解决方案）：讲述与问题相关的故事或案例，启发对问题的理解和对解决方案的思考。
- Test（测试）：对提出的解决方案进行小规模的测试或模拟，以评估其可行性和有效性。
- Outcome（结果）：根据测试环节的结果，对解决方案的实际效果进行评估和总结。
- Review（回顾）：对整个问题解决过程进行回顾和反思。

示例如下。

- 任务模糊描述："如何提升团队的工作效率？"
- 使用 PASTOR 框架优化后："帮我思考'如何提升团队的工作效率'，我使用 PASTOR 框架描述我的需求，请帮我按照这个框架展开为具体可落地的内容。"
  - Problem：团队任务繁重，导致效率低下。
  - Amplify：低效率可能导致项目延误，影响公司业绩。
  - Story & Solution：引入自动化工具（如 Python 办公自动化脚本）以提高数据处理速度。
  - Test：尝试实施自动化报告生成，并与手动报告处理时间进行比较。
  - Outcome：减少报告生成时间，提升工作效率。

　■　Review：每月评估自动化效果，持续优化脚本。

（3）苏格拉底提问法。苏格拉底提问法是一种通过不断提问来深入探索问题的方法。在提示工程中，这种方法可以帮助模型逐步理解复杂任务，并生成更加精确的答案。

我想知道"如何提高公司财务报告的准确性？"请使用苏格拉底提问法并帮我猜想可能的问题和答案，在我已有的问题上补充更多可能的问题与答案。

- 提问 1："目前报告中最大的误差来自哪里？"
- 提问 2："是否可以通过自动化数据处理来减少人工错误？"
- 提问 3："使用 Python 脚本是否能帮助自动化财务报告生成？"
- 提问 4："如何保证自动化脚本的准确性和可靠性？"

（4）GROW 模型。GROW 模型主要用于目标设定和解决问题，它包含 4 个步骤。

- Goal（目标）：确定想要达成的目标。
- Reality（现实情况）：在明确目标后，需要对当前的现实情况进行全面客观的评估。
- Options（选择）：基于对目标和现实情况的了解，开始思考并列出各种可能的解决方案或行动方案。
- Will（意愿）：确定具体的行动计划和时间表，并明确自己执行这些计划的意愿和决心。

我需要提升财务部门的工作效率，使用 GROW 模型描述我的问题，请帮我解答疑惑。

- Goal：减少财务报告的生成时间。
- Reality：当前生成报告需要手动输入数据，花费较多时间。
- Options：可以使用 Python 脚本自动化数据处理和报告生成。
- Will：开始编写 Python 脚本，并在本月内实现报告自动化。

12.6　本 章 小 结

本章介绍了提示工程的基本概念和实践技巧，强调了清晰、具体的提示设计在与 AI 模型交互中的重要性。通过学习提示工程的基本原则、常见的提示词框架和高级应用技巧，我们能够更有效地引导 AI 生成高质量的输出，提升任务执行效率和自动化水平。在实际应用中，掌握提示工程不仅能优化办公自动化流程，还能在数据分析、报告生成等多个领域中发挥重要作用。

第 13 章 AI 工具的使用

本章将带你了解如何使用 AI 工具提升编程效率与开发体验。我们将从 VS Code 的安装与配置开始，逐步介绍如何加载 AI 插件，如 CodeGeeX，及其在代码生成、补全、注释和翻译等方面的强大功能。通过具体案例，展示 AI 工具如何帮助开发者简化编程流程、优化代码质量，最终实现智能化开发。

13.1 VS Code 安装

在案例学习中，主要使用 Visual Studio Code（VS Code）进行编程，通过加载 AI 智能编程助手，能够帮助开发者显著提高工作效率。VS Code 是一个轻量级的开源代码编辑器，广泛用于编程。下面是在 Windows 上安装 VS Code 的详细步骤。

（1）下载 VS Code 安装包。打开浏览器，访问 Visual Studio Code 官网（https://code.visualstudio.com/），如图 13-1 所示，单击页面上的 Download for Windows 按钮，自动下载适用于 Windows 系统的 VS Code 安装包。单击 Download for Windows 按钮后的页面如图 13-2 所示。

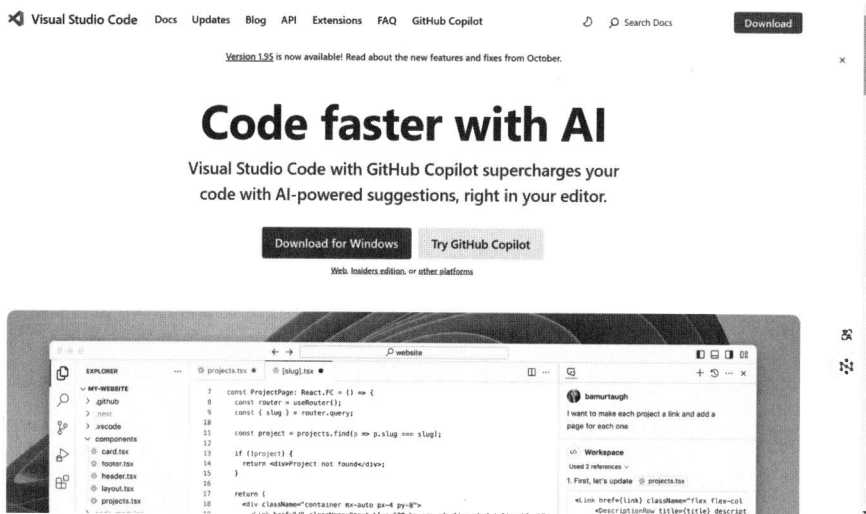

图 13-1　VS Code 官网

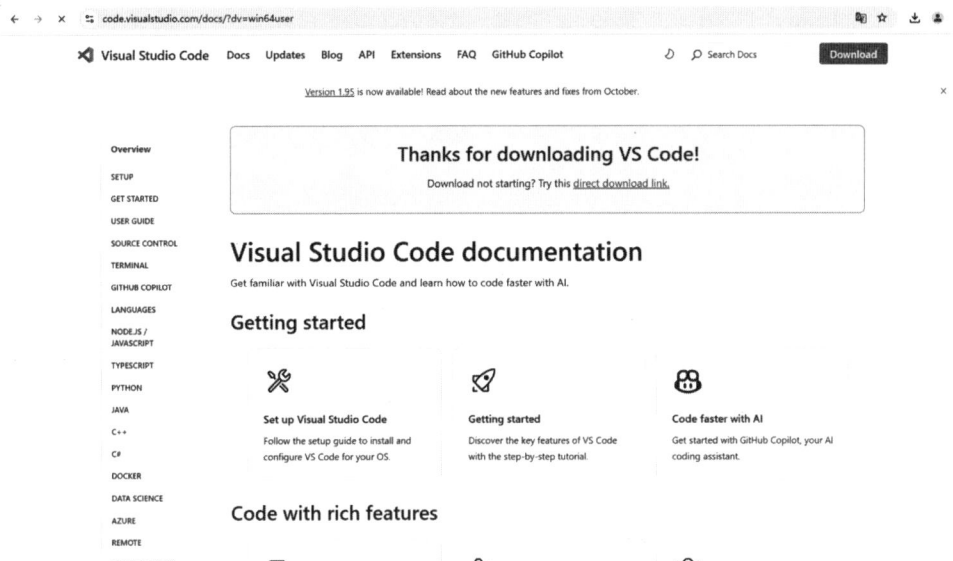

图 13-2　VS Code 下载页面

（2）启动安装程序。下载完成后，打开下载文件夹，双击下载的安装包，例如 VSCodeUserSetup-x64-1.x.x.exe。在弹出的安装界面选中"我同意此协议"单选按钮，然后单击"下一步"按钮，如图 13-3 所示。

图 13-3　许可协议页面

（3）选择安装位置。在"选择目标位置"页面中，选择安装路径。如果你不想使用默认路径，可以单击"浏览"按钮并选择一个新的安装目录。然后单击"下一步"按钮，如图 13-4 所示。

图 13-4　选择安装位置页面

默认在开始菜单放置快捷方式，如图 13-5 所示。

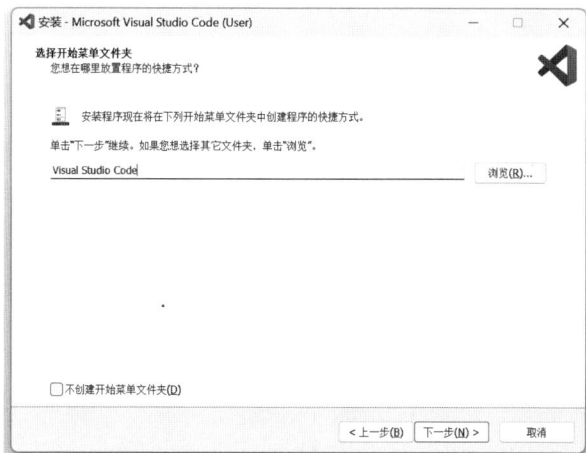

图 13-5　选择开始菜单文件夹

（4）选择附加任务。在"选择附加任务"页面中，VS Code 提供了一些附加选项，你可以根据需要选择。

- 创建桌面快捷方式：在桌面创建 VS Code 快捷方式，建议选择。
- 将 Code 注册为受支持的文件类型的编辑器：注册 VS Code 作为文件类型（例

如 .html, .js, .css 等文件）的默认编辑器，建议选择。

- 添加到 PATH（重启后生效）：将 VS Code 添加到系统路径，以便可以通过命令行启动 VS Code，建议选择。

选择好之后，单击"下一步"按钮，如图 13-6 所示。

图 13-6　选择附加任务页面

（5）开始安装。在"准备安装"页面中，单击"安装"按钮，开始安装 VS Code，如图 13-7 所示。

图 13-7　准备安装页面

（6）完成安装。等待安装完成，整个过程预计需要几分钟。完成后会出现一个安装完成页面。可以选中"运行 Visual Studio Code"复选框直接启动 VS Code。单击"完成"

按钮，完成安装，如图 13-8 所示。

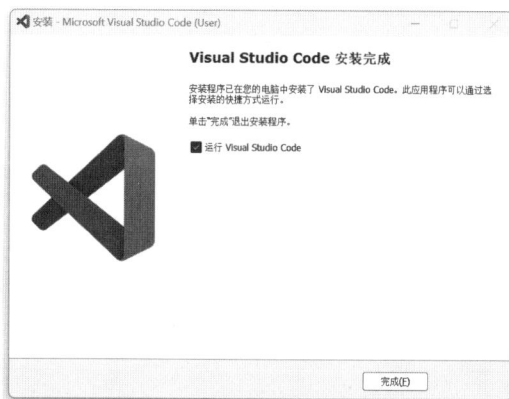

图 13-8　安装完成页面

（7）安装 Python 扩展。使用 VS Code 进行 Python 开发，需要安装 Python 扩展。先启动 VS Code，单击左侧的 Extensions（扩展）图标（或按 Ctrl+Shift+X 键）。然后在搜索框中输入"Python"，找到搜索结果中第一个 Microsoft 提供的 Python 插件，单击右侧页面中的 Install 按钮，如图 13-9 所示。

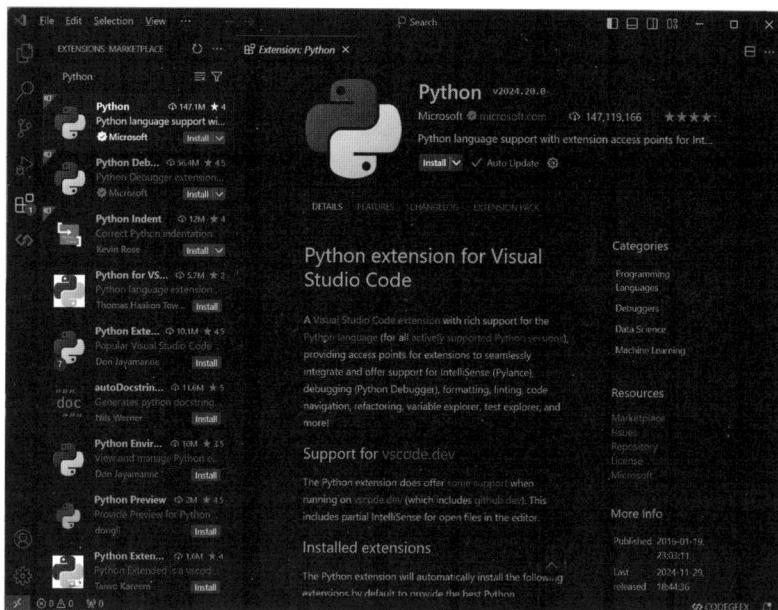

图 13-9　安装 Python 扩展

（8）新建 Python 文件。单击 VS Code 的左上角 Flie→New File，在上方搜索栏输入"Python"并进行选择，在 VS Code 中新建一个 Python 文件，如图 13-10 和图 13-11 所示。

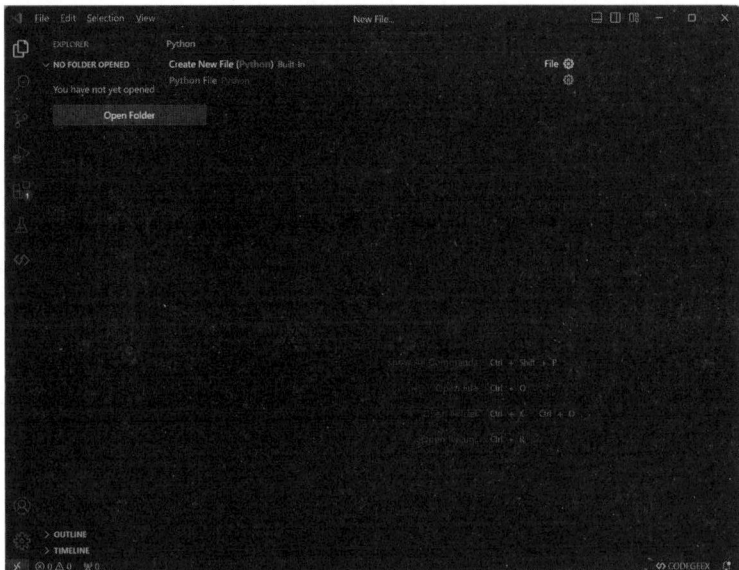

图 13-10 选择新建 Python 文件

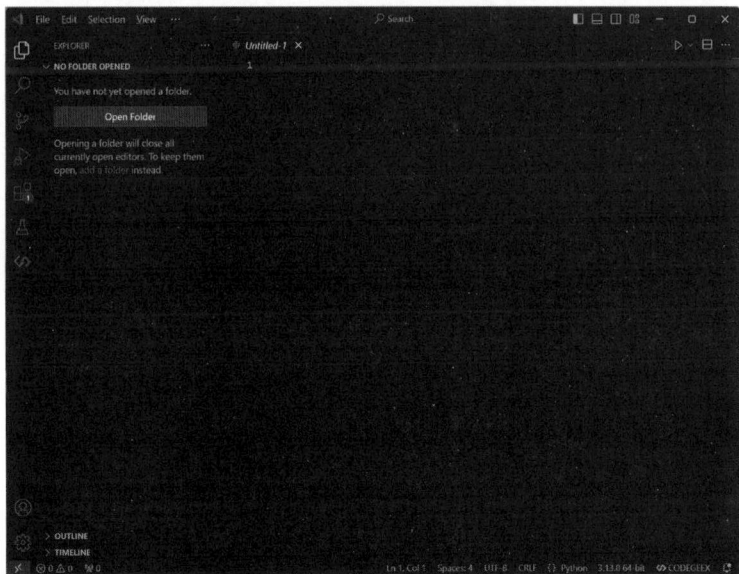

图 13-11 新建 Python 文件完成

按 Ctrl+S 键可以将 Python 文件保存在本地，并根据你的需要命名文件，如命名为"test.py"。

（9）配置 Python 解释器。单击右下角的 Python interpreter，然后选择要安装的 Python 解释器路径（如果没有看到该选项，可以按 Ctrl+Shift+P 键，输入"Python: Select Interpreter"来选择），建议选择 Anaconda3 的 Python 集成环境，如图 13-12 所示。

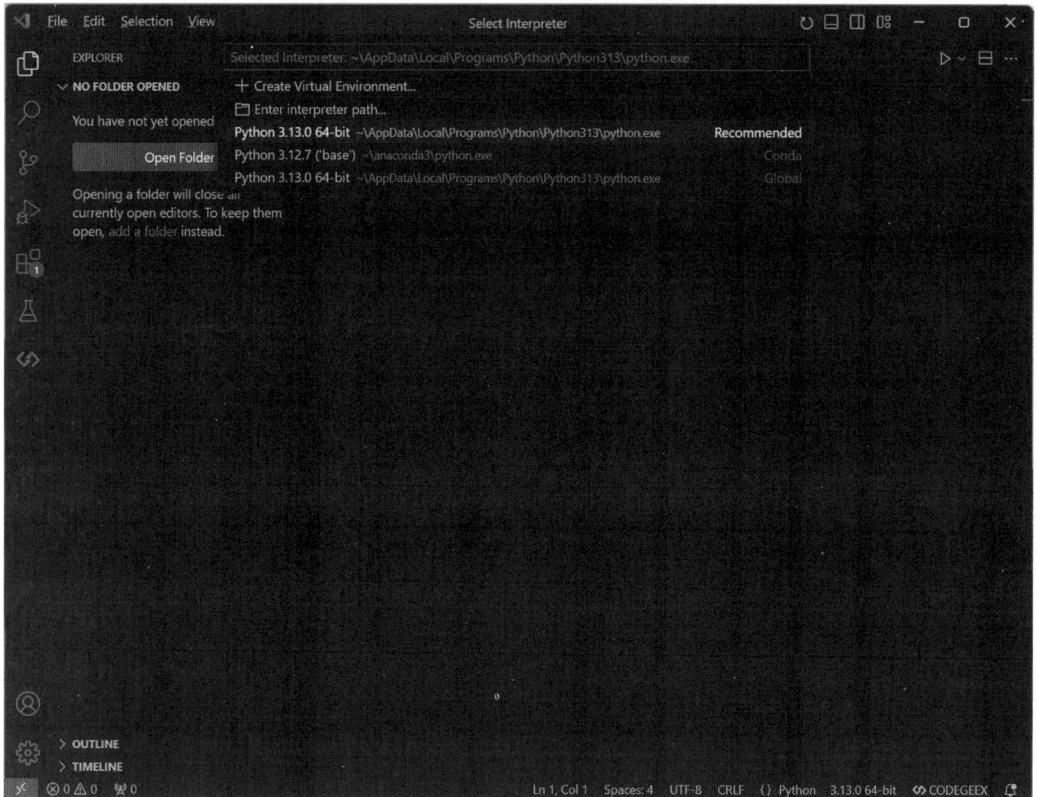

图 13-12　配置 Python 解释器

（10）验证配置完成。最后，编写一个简单的程序验证编程环境已经完全配置好了。在代码编辑位置输入"print("Hello World!")"，然后单击右上角的三角形（Run Python File）运行 Python 代码，如图 13-13 所示。

看到下方（命令行）终端已经输出的"Hello World!"，表明配置完成了。

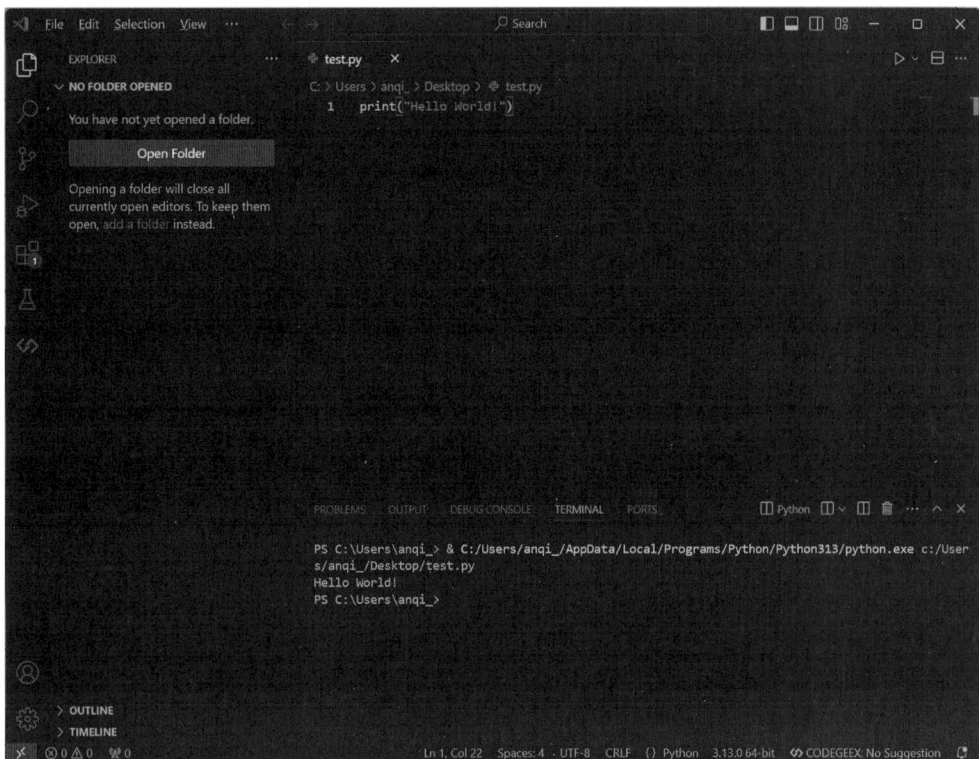

图 13-13　验证配置完成

13.2　CodeGeeX 介绍

CodeGeeX 是一款由清华大学知识工程实验室与智谱 AI 联合打造的基于大模型的多语言智能编程助手。

CodeGeeX 自推出以来，不断优化与迭代，旨在为用户提供更高效、智能的编程体验，官网为：https://codegeex.cn/，如图 13-14 所示。

1. CodeGeeX 核心功能

代码生成与补全：CodeGeeX 能够根据上下文代码的内容，推理接下来可能的代码输入，并支持行/函数级代码续写、行间描述生成代码等功能。这大大提高了编程效率，减少了手动编码的时间，CodeGeeX 的具体功能如下：

自动添加注释：CodeGeeX 可以自动为代码添加中英文注释，帮助开发者更好地理解代码逻辑和意图。

图 13-14　CodeGeeX 官网

代码翻译：CodeGeeX 支持不同编程语言间的代码自动翻译，翻译结果正确率高，有助于开发者跨越语言障碍，实现跨语言开发。

智能问答：针对技术和代码问题的智能问答功能，能够解答开发者的疑惑，提供有价值的建议和解决方案。

其他功能：CodeGeeX 还具有代码解释、单元测试生成、代码审查、错误修复以及生成 commit message 等功能，这些功能共同构成了 CodeGeeX 强大的编程辅助能力。

2. CodeGeeX 支持的语言与 IDE

CodeGeeX 支持 100 多种编程语言，如 Python、Java、C++、JavaScript、Go 等，并适配多个主流 IDE 平台，如 Visual Studio Code、JetBrains IDE（包括 IntelliJ IDEA、PyCharm、GoLand 等）、Visual Studio、HBuilderX、DeepIn-IDE 等。用户可以在这些 IDE 的插件市场搜索并安装 CodeGeeX。

CodeGeeX 作为一款基于大模型的智能编程助手，以其强大的代码生成与补全、自动注释、代码翻译、智能问答等功能，以及支持多种编程语言和 IDE 平台的优势，赢得了广大开发者的喜爱和认可。随着技术的不断进步和迭代更新，CodeGeeX 将继续为开发者提供更加智能、高效的编程辅助服务。

13.3　CodeGeeX 安装与使用

打开 VS Code，单击左侧的 Extensions（扩展）图标（或按 Ctrl+Shift+X 键），在搜索框中输入"CodeGeeX"，单击 Install 按钮安装，如图 13-15 所示。

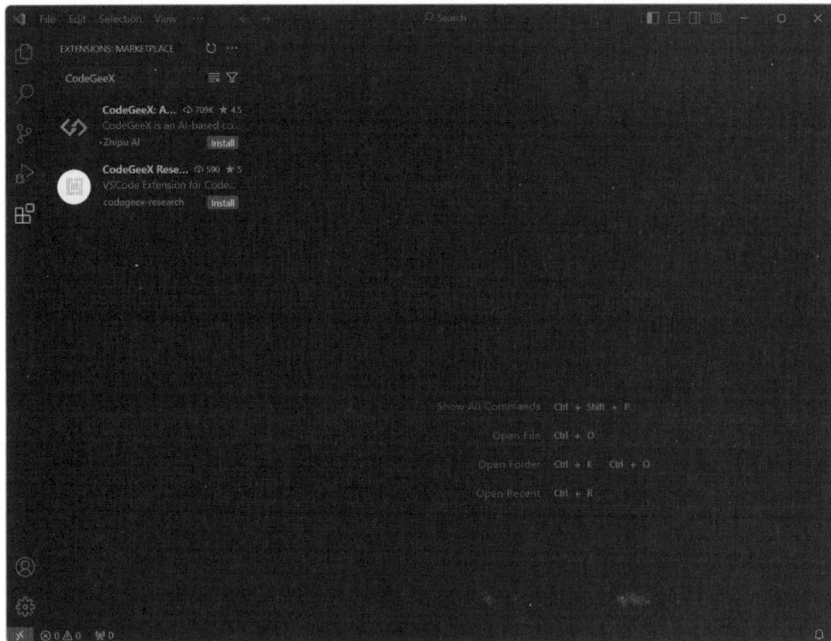

图 13-15　搜索 CodeGeeX 插件

安装完成之后，在左侧出现 CodeGeeX 的图标，单击此图标，左侧出现对话框。建议登录后使用，如图 13-16 所示。

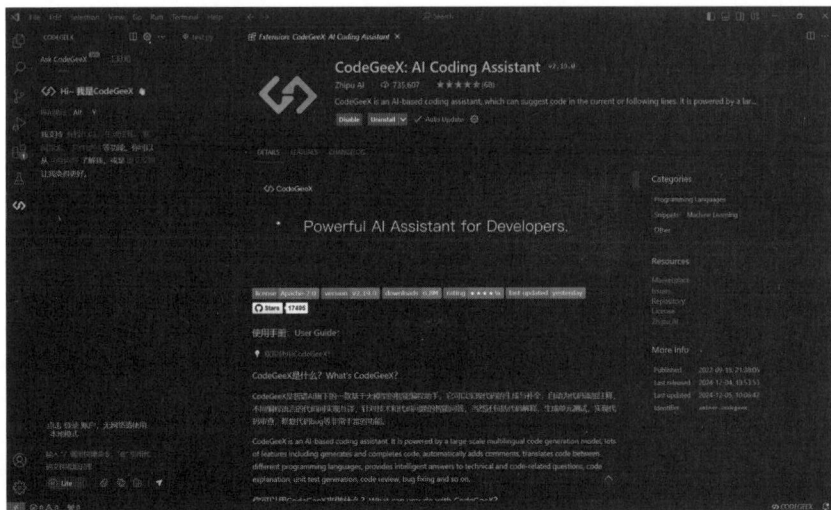

图 13-16　CodeGeeX 安装成功

　　VS Code 可以调整背景色，按 Ctrl 键+逗号键，在弹出的框中输入"theme"，在下方"Workbench：Color Theme"选项中选择喜欢的颜色即可，例如选择"Light High Contrant"，如图 13-17 所示。

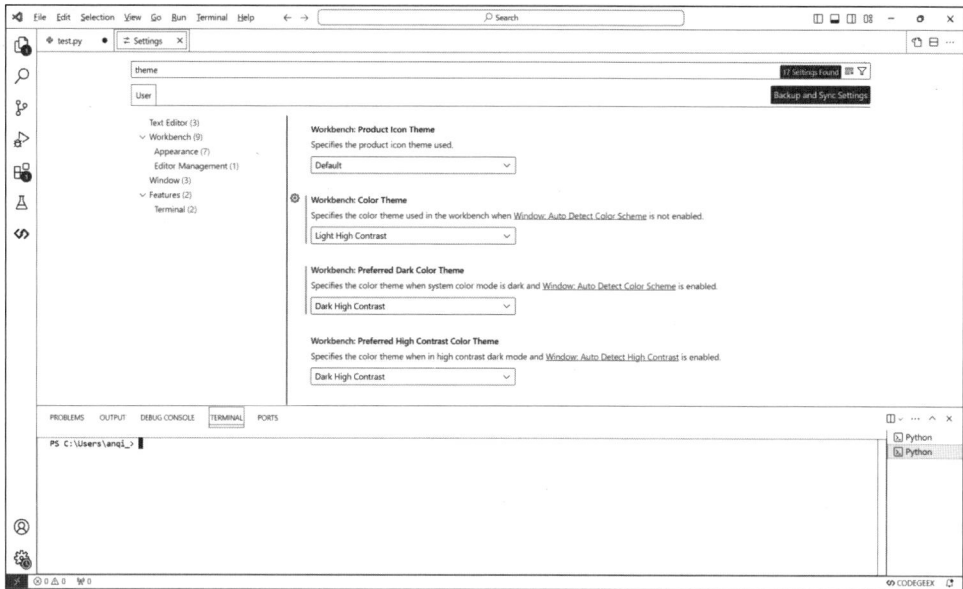

图 13-17　更改 VS Code 界面的背景色

　　接下来，我们介绍 CodeGeeX 的自动生成代码功能。首先输入需求描述，让 CodeGeeX 自动生成代码。如输入"帮我写一段代码：创建一个购物车类，需要有添加商品和查看购物车的方法。"

　　输出结果如图 13-18 所示，单击代码块上方的插入按钮，可以将生成的代码插入右侧的代码编辑窗口。

　　生成的代码如下。

```python
class ShoppingCart:
    def __init__(self):
        # 初始化购物车，创建一个空字典
        self.items = {}

    def add_item(self, item_name, quantity, price):
        """
        添加商品到购物车
        :param item_name: 商品名称
        :param quantity: 商品数量
        :param price: 商品单价
        """
```

```
        # 如果商品已经在购物车中，则增加数量
        if item_name in self.items:
            self.items[item_name]['quantity'] += quantity
        # 否则，将商品添加到购物车中
        else:
            self.items[item_name] = {'quantity': quantity, 'price': price}

    def view_cart(self):
        """
        查看购物车中的商品
        """
        # 如果购物车为空，则输出提示信息
        if not self.items:
            print("购物车是空的。")
            return

        # 输出购物车中的商品信息
        print("购物车中的商品: ")
        for item_name, item_info in self.items.items():
            print(f"{item_name} - 数量: {item_info['quantity']}, 单价: {item_info['price']}")

# 示例用法
cart = ShoppingCart()
cart.add_item("苹果", 2, 5.0)
cart.add_item("香蕉", 3, 2.5)
cart.view_cart()
```

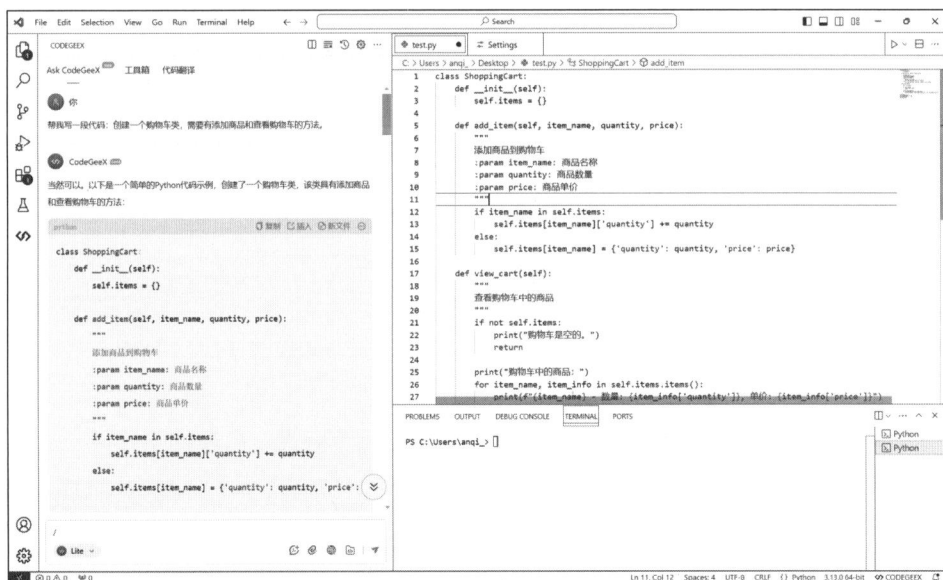

图 13-18　自动生成代码

运行上述代码，在代码下方窗口输出运行结果，如图 13-19 所示。

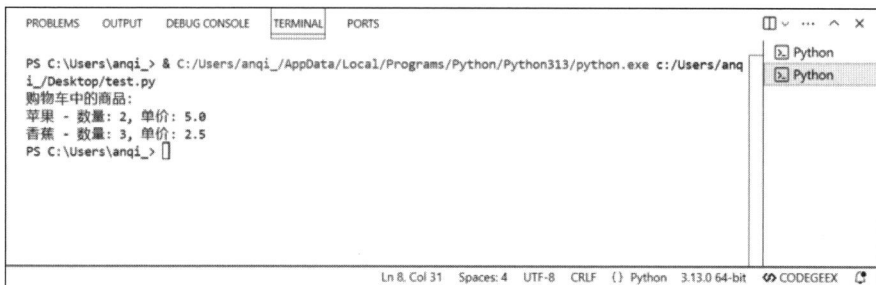

图 13-19　代码运行结果

（1）解释代码。选中代码，单击右键，选择 CodeGeeX→Explain Code，即可在左侧生成代码解释，如图 13-20 所示。

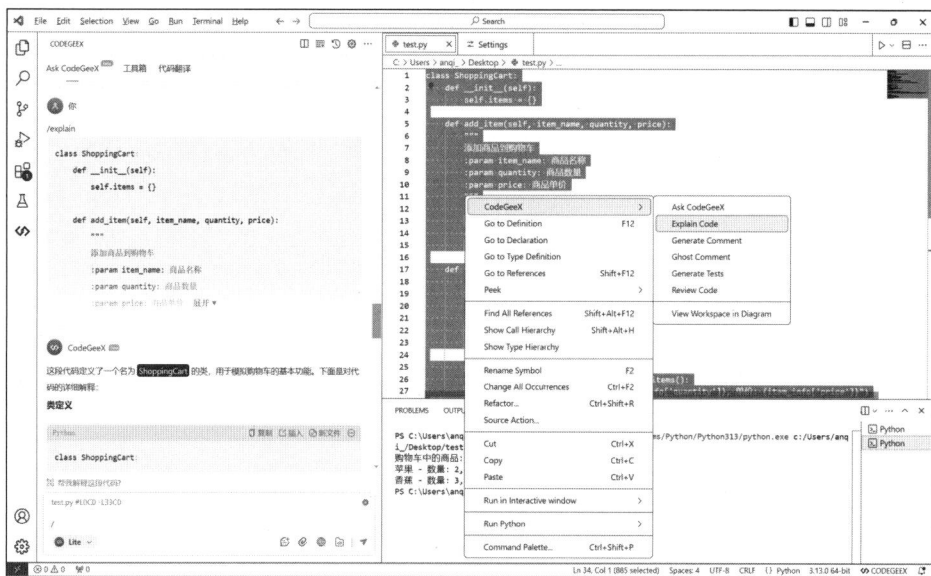

图 13-20　解释代码界面

将解释代码界面中的内容复制出来，其是 Markdown 格式，内容如下：

这段代码定义了一个名为 `ShoppingCart` 的类，用于模拟购物车的基本功能。下面是对代码的详细解释：

类定义
```Python
class ShoppingCart:
```
定义了一个名为 `ShoppingCart` 的类。

初始化方法

```Python
def __init__(self):
    self.items = {}
```

`__init__` 方法是类的构造函数，当创建 `ShoppingCart` 类的实例时，会自动调用这个方法。它初始化了一个空的字典 `self.items`，用于存储购物车中的商品信息。

添加商品方法
```Python
def add_item(self, item_name, quantity, price):
    """
    添加商品到购物车
    :param item_name: 商品名称
    :param quantity: 商品数量
    :param price: 商品单价
    """
    if item_name in self.items:
        self.items[item_name]['quantity'] += quantity
    else:
        self.items[item_name] = {'quantity': quantity, 'price': price}
```

`add_item` 方法用于向购物车中添加商品。它接收三个参数：`item_name`（商品名称）、`quantity`（商品数量）和 `price`（商品单价）。

- 如果购物车中已经存在该商品（即 `item_name` 在 `self.items` 字典中），则将新添加的数量加到现有数量上。
- 如果购物车中不存在该商品，则将商品信息以字典的形式添加到 `self.items` 字典中，其中包含商品的数量和单价。

查看购物车方法
```Python
def view_cart(self):
    """
    查看购物车中的商品
    """
    if not self.items:
        print("购物车是空的。")
        return

    print("购物车中的商品：")
    for item_name, item_info in self.items.items():
        print(f"{item_name} - 数量：{item_info['quantity']}，单价：{item_info['price']}")
```

`view_cart` 方法用于查看购物车中的商品。它首先检查 `self.items` 字典是否为空，如果为空，则打印"购物车是空的。"。如果不为空，则遍历 `self.items` 字典，打印每个商品的信息，包括商品名称、数量和单价。

示例用法
```Python
cart = ShoppingCart()
cart.add_item("苹果", 2, 5.0)
cart.add_item("香蕉", 3, 2.5)
cart.view_cart()
```

这段代码创建了一个 `ShoppingCart` 类的实例 `cart`，然后向购物车中添加了两个商品：苹果和香蕉。最后，调用 `view_cart` 方法查看购物车中的商品。

```
### 注意事项
- 商品信息以字典的形式存储，每个商品的信息包括数量和单价。
- 如果添加的商品已经存在于购物车中，其数量会累加，而不是覆盖。
- `view_cart` 方法在购物车为空时不会报错，而是会提示购物车是空的。
```

（2）生成单元测试。选中代码，单击右键，选择 CodeGeeX→Generate Tests，即可在左侧生成代码的单元测试代码，如图 13-21 所示。

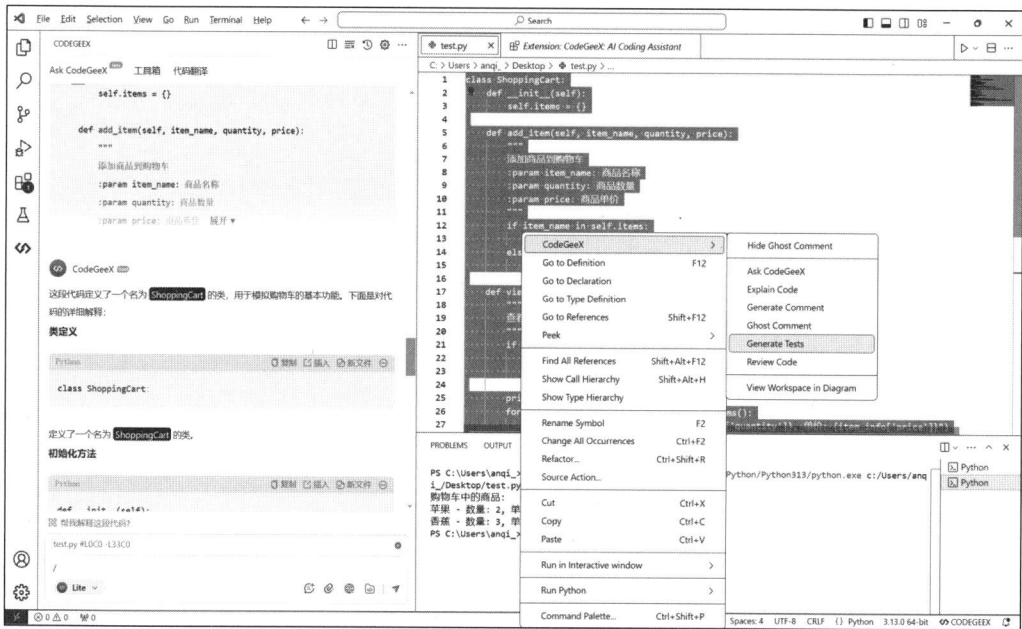

图 13-21　生成单元测试代码

生成的单元测试代码如下：

````
```Python
def test_ShoppingCart():
    # 测试用例1：添加商品到购物车
    cart1 = ShoppingCart()
    cart1.add_item("苹果", 2, 5.0)
    assert cart1.items == {"苹果": {"quantity": 2, "price": 5.0}}

    # 测试用例2：查看购物车中的商品
    cart2 = ShoppingCart()
    cart2.add_item("苹果", 2, 5.0)
    cart2.view_cart()
    # 这里无法直接断言输出结果，因为输出结果是一个print语句，无法直接捕获

    # 测试用例3：添加多个不同商品到购物车
```
````

```
cart3 = ShoppingCart()
cart3.add_item("苹果", 2, 5.0)
cart3.add_item("香蕉", 3, 2.5)
assert cart3.items == {"苹果": {"quantity": 2, "price": 5.0}, "香蕉": {"quantity":
3, "price": 2.5}}

# 测试用例 4: 添加相同商品到购物车
cart4 = ShoppingCart()
cart4.add_item("苹果", 2, 5.0)
cart4.add_item("苹果", 3, 5.0)
assert cart4.items == {"苹果": {"quantity": 5, "price": 5.0}}

# 测试用例 5: 购物车为空时查看商品
cart5 = ShoppingCart()
cart5.view_cart()
# 这里无法直接断言输出结果，因为输出结果是一个 print 语句，无法直接捕获

print("所有测试用例通过！")

test_ShoppingCart()
```

运行上述代码，在代码下方窗口输出运行结果，如图 13-22 所示。

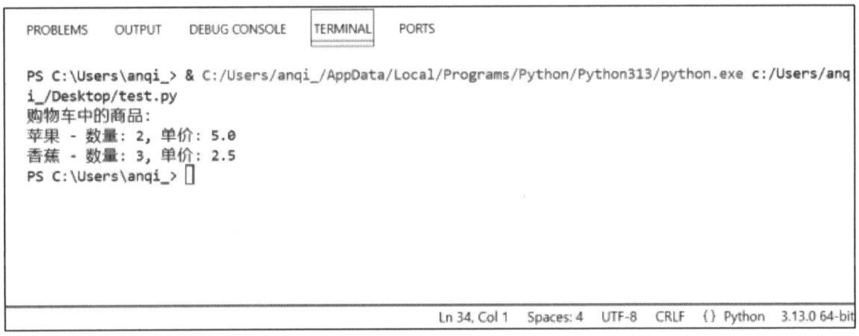

图 13-22　单元测试结果

单击左侧生成代码上方的插入或者新文件按钮，例如单击插入按钮，将这段代码插入已有代码的下方，然后保存并运行代码，右下方窗口显示测试用例通过，如图 13-23 所示。

（3）代码智能补全。CodeGeeX 可以对代码进行智能补全与续写，新建一个 Python 文件，并将其命名为 demo.py。然后输入部分代码，CodeGeeX 会根据已经输入的部分提示之后用户可能想输入的内容，按 Tab 键即可按照提示补全之后的代码，如图 13-24 和图 13-25 所示。

（4）注释生成代码。根据注释描述生成相应代码，如图 13-26 所示。

（5）生成代码注释。选中要加入注释的代码（见图 13-27），单击右键，选择 CodeGeeX→Generate Comment，即可在当前代码处生成相应的注释（见图 13-28）。

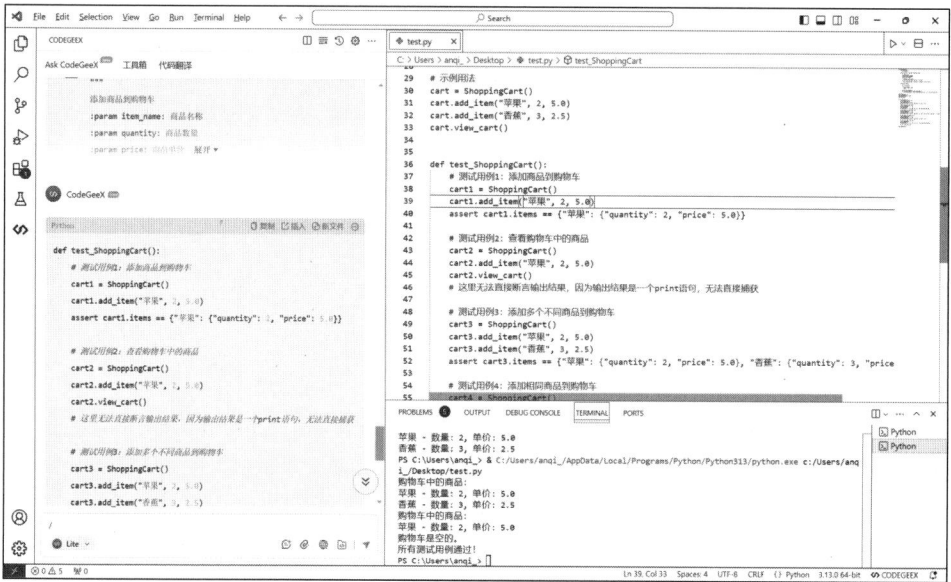

图 13-23　单元测试用例通过

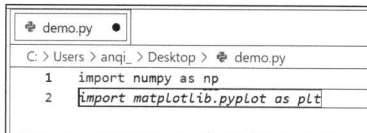

图 13-24　import 代码补全

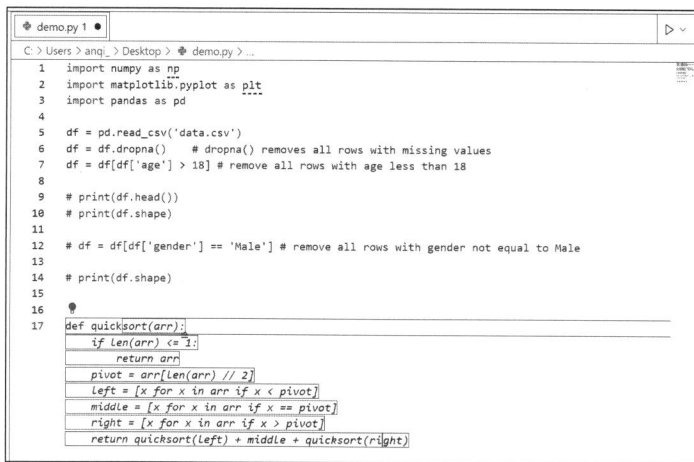

图 13-25　快速排序代码补全

```
25
26    # 打开当前路径下的example.xlsx文件，并打开第一个sheet页面
27    df = pd.read_excel('example.xlsx', sheet_name='Sheet1')
28
29
```

图 13-26　注释生成代码

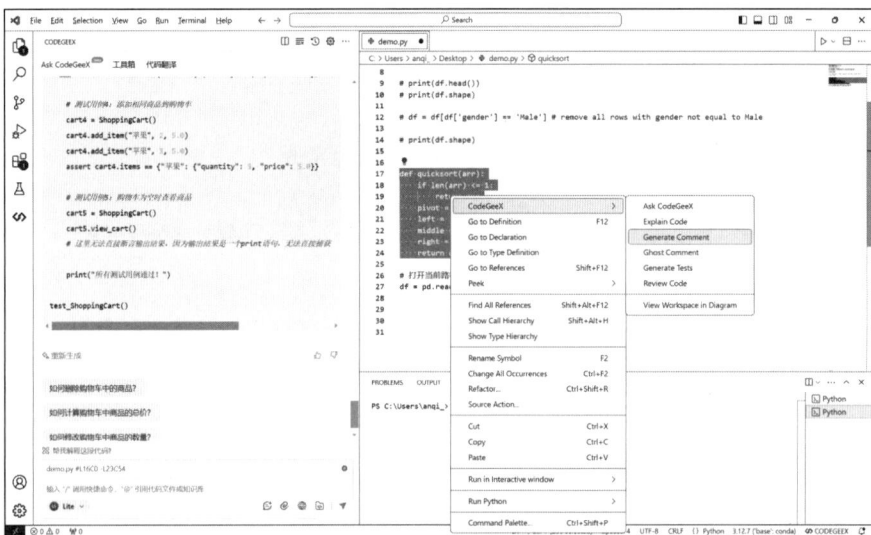

图 13-27　选中要生成注释的代码

图 13-28　生成代码注释

（6）代码翻译。代码翻译可以将一种代码种类翻译成另一种代码，选中要翻译的代码部分，在左侧上方单击"代码翻译"按钮，在左侧上方"输入代码"会展示右侧选中的代码，选择需要翻译为的代码种类，单击"翻译"即可翻译，如图 13-29 所示。

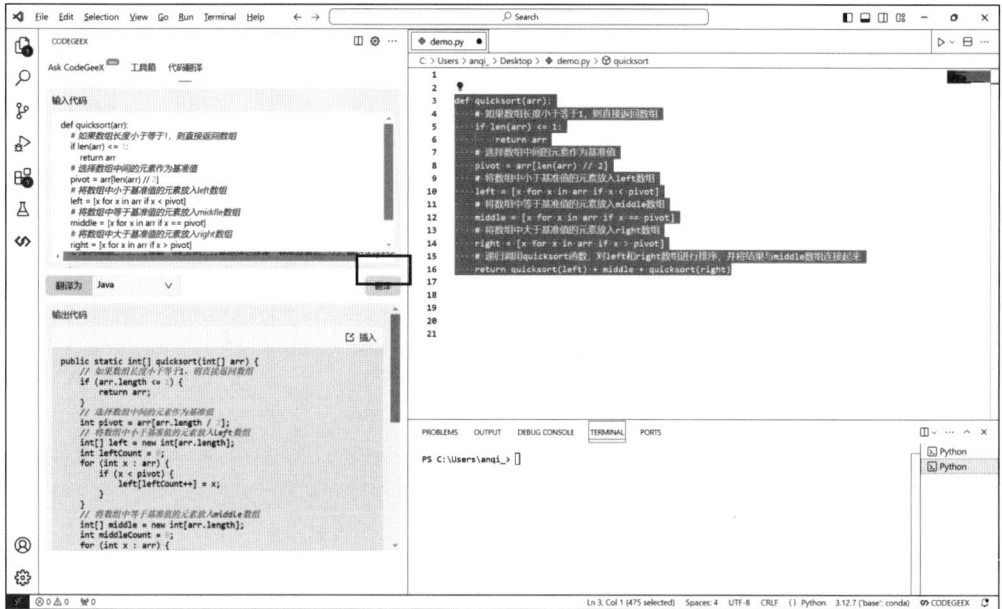

图 13-29　代码翻译

CodeGeeX 不仅具备上述功能，还提供了代码修复、代码审查、幽灵注释、交互式编程和工具箱等工具。在后续的实战案例中，我们会逐步讲解 CodeGeex 的使用方法。

13.4　本　章　小　结

本章详细讲解了如何利用 AI 工具提升开发效率，重点介绍了 VS Code 的安装与基础设置，以及 AI 插件的具体使用方法。通过实际操作案例，展示了 AI 工具在代码生成、优化、注释和辅助分析等方面的优势。这些工具不仅简化了复杂的开发过程，还为开发者提供了新的思路和解决方案，使编程更加高效便捷。学习本章内容后，读者可以更好地在日常开发中利用 AI 工具优化工作流程。

第 14 章　Word 自动化处理

本章将带你学习如何使用 Python 自动化处理 Word 文档。通过 python-docx 库，你将掌握创建、编辑、格式化文档的基本操作，包括文本输入、段落调整、字体样式设置以及表格和图片插入等技能。这些技能将帮助你高效完成各种办公自动化任务。

14.1　Word 格式控制：基础内容要学会

14.1.1　python-docx 简介与安装

1. python-docx 功能亮点

python-docx 是一个强大的用于操作 Word 文档的库，它允许开发者以编程的方式创建、修改和读取 Word 文件。使用它，无须手动打开 Word 软件进行烦琐操作，就能快速批量生成格式规范的文档。

例如，对于需要定期生成报告的企业，利用 python-docx 可以从数据库中提取数据，自动填充到报告模板中，并统一设置好字体、段落等格式，极大提高工作效率。它支持对文档的各个元素进行精细控制，从文本内容到样式排版，几乎涵盖了日常使用 Word 时的所有需求。

2. python-docx 安装指南

python-docx 的安装较为简便，前提是你已经安装好了 Python 环境。打开命令行工具（Windows 系统中为"命令提示符"或"PowerShell"，macOS 系统中为"终端"），输入以下命令：

```
pip install python-docx
```

等待安装完成即可。若遇到权限问题，可在命令前加上 sudo（macOS/Linux 系统），参考代码如下：

```
sudo pip install python-docx
```

14.1.2　创建与打开 Word 文档

（1）新建文档。创建一个名为 word_1.py 的 Python 文件，从 docx 模块中导入 Document 类，用于创建和操作 Word 文档。以下是创建一个空白 Word 文档的代码示例，参考代码如下：

```
from docx import Document

# 创建一个新的 Word 文档对象
doc = Document()
# 保存文档，这里假设保存在 C 盘桌面，可以根据实际需要调整路径，文件名为 "空白文档.docx"
doc.save(r'C:\Users\anqi_\Desktop\空白文档.docx')
```

运行这段代码后，会在桌面看到一个名为"空白文档.docx"的 Word 文档被创建出来。

（2）打开已有文档。打开刚才创建的"空白文档.docx"文档,在文档中输入一些内容并保存，例如：

```
人生苦短，我用 Python!
学习 Python 办公自动化
```

内容如图 14-1 所示。

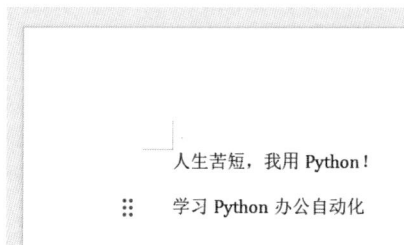

图 14-1　Word 文档内容

打开已有的文档，参考代码如下：

```
from docx import Document

# 打开指定路径下的 Word 文档，将路径替换为实际文档路径
doc = Document(r'C:\Users\anqi_\Desktop\空白文档.docx')
# 此时就可以对打开的文档进行后续操作，比如读取内容等
for paragraph in doc.paragraphs:
    print(paragraph.text)
```

这段代码能读取指定 Word 文档中的段落文本，并打印输出，如图 14-2 所示。

14.1.3　文本内容输入

（1）添加段落文本。在新建的文档中添加段落，参考代码如下：

```
from docx import Document

doc = Document()
# 添加一个段落，内容为"这是一段示例文本"
paragraph = doc.add_paragraph('这是一段示例文本')
doc.save(r'C:\Users\anqi_\Desktop\示例文本.docx')
```

```
 9    from docx import Document
10
11    # 打开指定路径下的 Word 文档，将路径替换为实际文档路径
12    doc = Document(r'C:\Users\anqi_\Desktop\空白文档.docx')
13    # 此时就可以对打开的文档进行后续操作，比如读取内容等
14    for paragraph in doc.paragraphs:
15        print(paragraph.text)
```

PROBLEMS ⑥　OUTPUT　DEBUG CONSOLE　TERMINAL　PORTS

```
PS C:\Users\anqi_> & C:/Users/anqi_/anaconda3/envs/myenv/python.exe c:/Users/anqi_/Desktop/word_1.p
y
人生苦短，我用Python！
学习Python办公自动化
PS C:\Users\anqi_> []
```

图 14-2　读取 Word 文档内容并打印

　　运行后生成的文档包含指定文本内容的段落，运行结果如图 14-3 所示。

　　还可以在已有段落之后继续追加内容，例如在之前的"示例文本.docx"文档之后继续添加文本内容，并另存为"示例文本 1.docx"文档，参考代码如下：

图 14-3　添加段落文本后的生成效果

```
from docx import Document

doc = Document(r'C:\Users\anqi_\Desktop\示例文本.docx')
# 获取文档中的第一个段落
paragraph = doc.paragraphs[0]
# 在段落末尾添加新文本
paragraph.add_run('，后续补充的内容。')
doc.save(r'C:\Users\anqi_\Desktop\示例文本 1.docx')
```

　　运行代码，生成"示例文本 1.docx"文档，内容如图 14-4 所示。

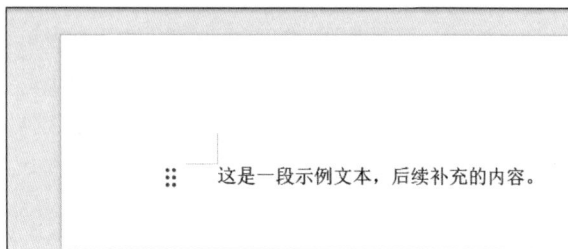

图 14-4　追加内容后的生成效果

　　（2）基本文本布局。控制段落内换行与新建段落也有相应方法，即通过 add_break()方法在同一段落内换行，参考代码如下：

```
from docx import Document

doc = Document()

# 第一个段落，使用 add_break() 实现段落内换行
paragraph1 = doc.add_paragraph()
run1 = paragraph1.add_run('第一行文本')
run1.add_break()   # 添加段落内换行
run2 = paragraph1.add_run('这里是新行的文本')
# 第二个段落，新建一个段落
paragraph2 = doc.add_paragraph('这是新的一个段落的文本')

# 保存文档
doc.save(r'C:\Users\anqi_\Desktop\示例文本 2.docx')
```

运行上述代码，生成"示例文本 2.docx"文档，内容如图 14-5 所示。

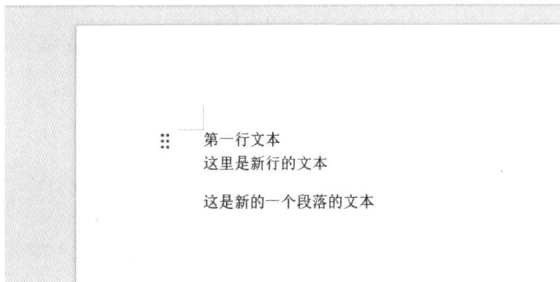

第一行文本
这里是新行的文本

这是新的一个段落的文本

图 14-5　多个段落的生成效果

（3）调整字体、字号。使用代码调整 Word 文档中的字体和字号，例如，设置字体为"黑体"，字号为 16 磅，参考代码如下：

```
from docx import Document
from docx.shared import Pt
from docx.oxml.ns import qn

doc = Document()

paragraph = doc.add_paragraph('这段中文会以黑体显示。')   # 添加中文段落

run = paragraph.runs[0]              # 获取该段落的第一个运行（运行是字体样式的基本单位）

run.font.name = '黑体'               # 设置字体为黑体
run.font.size = Pt(16)               # 设置字号为 16
run._element.rPr.rFonts.set(qn("w:eastAsia"),"黑体")

doc.save(r'C:\Users\anqi_\Desktop\示例文本 3.docx')
```

代码中的 Pt 代表磅（Point），常用于设置字体的大小。qn() 函数是 python-docx 中的一个实用工具函数，它主要用于将命名空间限定的名称转换为符合 XML 格式的限定名称。qn("w:eastAsia") 将"w:eastAsia"转换为带有适当命名空间 URI 的 XML 属性名，这样

可以确保当修改或查询 XML 元素时，使用的正是 Word 文档所期望的确切属性名称。这一步对于正确应用样式到非 ASCII 字符（如中文、日文等）非常重要，因为这些字符可能需要特定的字体设置。运行代码，生成"示例文本 3.docx"文档，内容如图 14-6 所示。

这段中文会以黑体显示。

图 14-6　设置字体和字号的效果

（4）常见样式设定。为 Word 文档中的文本添加加粗、倾斜、下画线等样式，参考代码如下：

```python
from docx import Document

doc = Document()
paragraph = doc.add_paragraph('样式示例')
run = paragraph.runs[0]
run.bold = True          # 设置加粗
run.italic = True        # 设置倾斜
run.underline = True     # 设置下划线
doc.save(r'C:\Users\anqi_\Desktop\示例文本 4.docx')
```

运行代码，生成"示例文本 4.docx"文档，对文档内容设置样式后的效果如图 14-7 所示。

样式示例

图 14-7　设置字体样式后的效果

14.1.4　段落格式调整

（1）设置 Word 文档中段落的对齐方式，如居中对齐，参考代码如下：

```python
from docx import Document

from docx.enum.text import WD_ALIGN_PARAGRAPH
doc = Document()
paragraph = doc.add_paragraph('居中对齐的文本')
# 设置段落对齐方式为居中
paragraph.alignment = WD_ALIGN_PARAGRAPH.CENTER
doc.save(r'C:\Users\anqi_\Desktop\示例文本 5.docx')
```

运行代码，生成"示例文本 5.docx"文档，对段落格式的设置效果如图 14-8 所示。

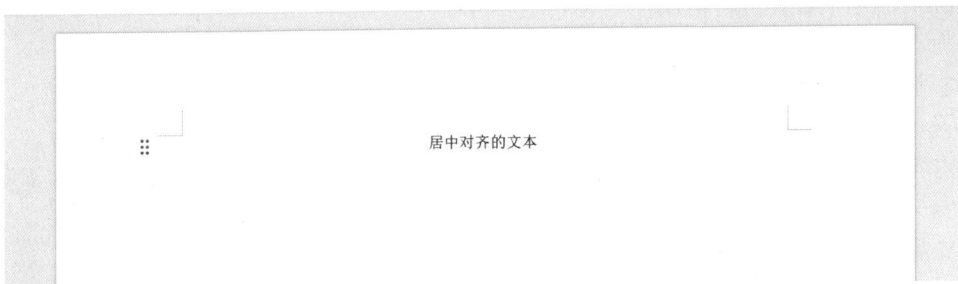

图 14-8　设置段落格式后的效果

常见的对齐方式的设置代码如下。

● 左对齐：paragraph.alignment = WD_ALIGN_PARAGRAPH.LEFT。
● 居中对齐：paragraph.alignment = WD_ALIGN_PARAGRAPH.CENTER。
● 右对齐：paragraph.alignment = WD_ALIGN_PARAGRAPH.RIGHT。
● 两端对齐：paragraph.alignment = WD_ALIGN_PARAGRAPH.JUSTIFY。
● 分散对齐：paragraph.alignment = WD_ALIGN_PARAGRAPH.DISTRIBUTE。

（2）在 Word 文档中设置首行缩进，以下是参考代码：

```
from docx import Document
from docx.shared import Inches

doc = Document()
paragraph = doc.add_paragraph('首行缩进示例文本')
# 设置首行缩进 0.5 英寸
paragraph.paragraph_format.first_line_indent = Inches(0.5)
doc.save(r'C:\Users\anqi_\Desktop\示例文本 6.docx')
```

Inches 用于表示长度或尺寸，以英寸（1 英寸=0.025 4 米）为单位。运行上述代码之后，生成"示例文本 6.docx"文档，内容如图 14-9 所示。

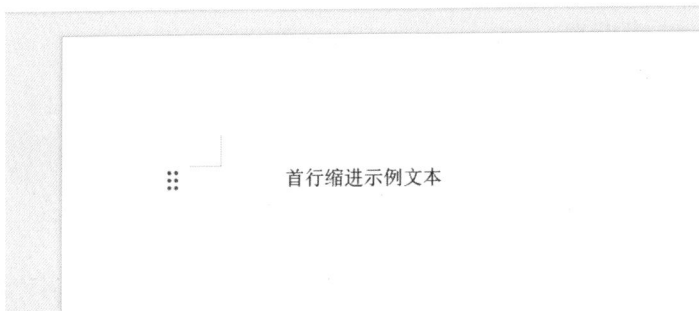

图 14-9　设置首行缩进后的生成效果

14.2　在 Word 中添加图表：图文并茂更生动

14.2.1　在 Word 中添加表格

在 Word 中添加表格是很常见的需求，本节使用 CodeGeeX 编程助手辅助生成添加表格的代码。在 CodeGeeX 输入的内容如下：

你是一名 Python 专家，现在需要使用 python-docx 库，在 Word 中添加一个 3 行 3 列的表格，在表格中第一列为商品名称，第二列为单价，第三列为数量，表格需要加上边框。

CodeGeeX 反馈的代码如下：

```
from docx import Document
from docx.shared import Inches

# 创建一个新的 Word 文档
doc = Document()

# 添加一个 3 行 3 列的表格
table = doc.add_table(rows=3, cols=3)

# 设置表格的标题
table.cell(0, 0).text = "商品名称"
table.cell(0, 1).text = "单价"
table.cell(0, 2).text = "数量"

# 添加表格内容
table.cell(1, 0).text = "商品 1"
table.cell(1, 1).text = "10"
table.cell(1, 2).text = "5"
table.cell(2, 0).text = "商品 2"
table.cell(2, 1).text = "20"
table.cell(2, 2).text = "3"

# 添加边框
for row in table.rows:
    for cell in row.cells:
        cell._element.width = Inches(1.5)
        cell._element.width = Inches(1.5)
        cell._element.width = Inches(1.5)

# 保存文档
doc.save("table.docx")
```

将最后一行代码调整为本地的路径，并将代码命名为 word_2.py，参考代码如下：

```
doc.save(r'C:\Users\anqi_\Desktop\表格示例.docx')
```

运行上述代码，生成"表格示例.docx"文档，内容如图 14-10 所示。

在这个代码的基础上，利用代码将表格边框调整成实线，修改后的参考代码如下：

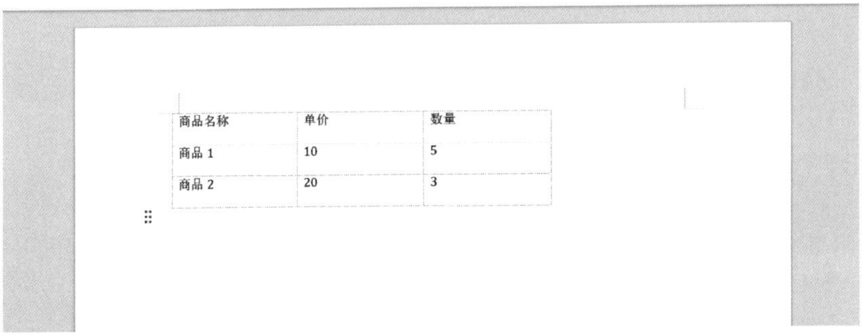

商品名称	单价	数量
商品 1	10	5
商品 2	20	3

图 14-10　表格示例

```
from docx import Document
from docx.shared import Inches

# 创建一个新的 Word 文档
doc = Document()

# 添加一个 3 行 3 列的表格
table = doc.add_table(rows=3, cols=3)

# 为表格添加边框
table.style = 'Table Grid'

# 设置表格的标题
table.cell(0, 0).text = "商品名称"
table.cell(0, 1).text = "单价"
table.cell(0, 2).text = "数量"

# 添加表格内容
table.cell(1, 0).text = "商品 1"
table.cell(1, 1).text = "10"
table.cell(1, 2).text = "5"
table.cell(2, 0).text = "商品 2"
table.cell(2, 1).text = "20"
table.cell(2, 2).text = "3"

# 保存文档
doc.save(r'C:\Users\anqi_\Desktop\表格示例 1.docx')
```

运行代码，生成“表格示例 1.docx”文档，内容如图 14-11 所示。

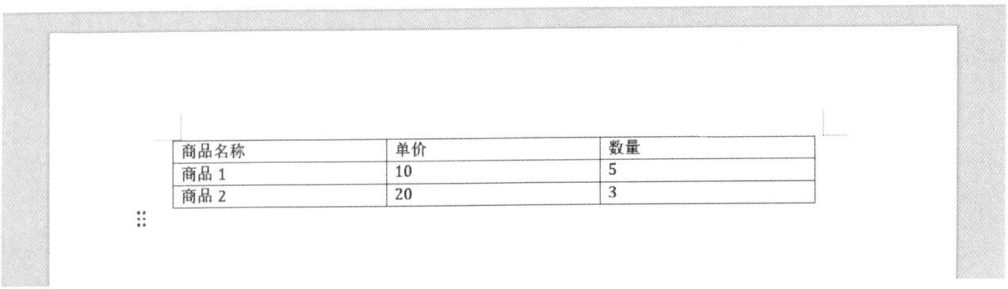

商品名称	单价	数量
商品 1	10	5
商品 2	20	3

图 14-11　调整后的表格示例 1

14.2.2　在 Word 中添加图片

首先，准备一张图片（见图 14-12），将其保存在一个后期能添加到代码中的路径，并将该图片命名为"pic01.jpeg"。

创建一个 Python 文件，将其命名为"word_3.py"，将图片"pic01.jpeg"添加到该 Word 文件中，参考代码如下。

```python
from docx import Document
from docx.shared import Inches

# 创建一个新的 Word 文档
doc = Document()

# 添加一个段落
doc.add_paragraph('以下是一个图片：')

# 添加图片到文档
doc.add_picture('downloads/pic01.jpeg', width=Inches(5))

# 保存文档
doc.save(r'C:\Users\anqi_\Desktop\图片示例.docx')
```

运行代码，生成"图片示例.docx"文档，内容如图 14-13 所示。

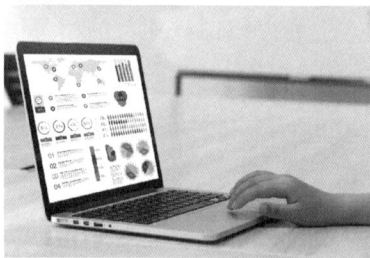

图 14-12　待添加图片

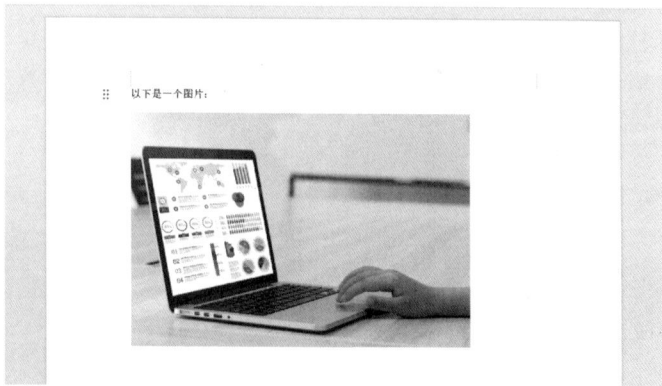

图 14-13　添加图片示例

14.3　Word 自动化实战：自动生成培训记录模板

学习完以上内容后，相信读者已经具备编写对复杂 Word 文档进行控制的代码了，下面尝试编写一个 Word 培训记录模板。

培训记录文档通常有如下 5 个部分：① 培训主题/时间/主题/讲师；② 培训内容；③ 参与培训人员签到表格；④ 培训现场图片；⑤ 总结。

1. 创建培训基本信息

（1）首先，导入需要的模块，这些模块在本章中都已经介绍并使用过，参考代码如下：

```
from docx import Document
from docx.shared import Inches, Pt
from docx.enum.text import WD_ALIGN_PARAGRAPH
import io
from docx.oxml.ns import qn
```

（2）创建 Word 文档，并设置文档中内容的字体和字体大小，参考代码如下：

```
# 创建一个新的 Word 文档
doc = Document()

# 设置文档默认字体为宋体，字号为 10.5 磅，方便后续添加内容时统一格式
doc.styles['Normal'].font.name = 'SimSun'
doc.styles['Normal'].font.size = Pt(10.5)
doc.styles['Normal']._element.rPr.rFonts.set(qn('w:eastAsia'), 'SimSun')
```

（3）创建一个 1 行 4 列的表格，分别填入"培训主题"和"培训时间"信息，参考代码如下：

```
basic_info_table = doc.add_table(rows=1, cols=4)
basic_info_table.style = 'Table Grid'
basic_info_cells = basic_info_table.rows[0].cells
basic_info_cells[0].text = '培训主题: '
basic_info_cells[1].text = '[精准且具有吸引力的主题，如"高效项目管理实战技巧提升培训"]'
basic_info_cells[2].text = '培训时间: '
basic_info_cells[3].text = '[开始时间，如 20XX 年 XX 月 XX 日 XX 时] – [结束时间，如 20XX 年 XX 月 XX 日 XX 时]'
```

（4）再创建一个 1 行 4 列的表格，分别填入"培训地点"和"培训讲师"的相关信息，参考代码如下：

```
second_basic_info_table = doc.add_table(rows=1, cols=4)
second_basic_info_table.style = 'Table Grid'
second_basic_info_cells = second_basic_info_table.rows[0].cells
second_basic_info_cells[0].text = '培训地点: '
second_basic_info_cells[1].text = '[详细地点，包含楼层、房间号，如公司三楼会议室 301]'
second_basic_info_cells[2].text = '培训讲师: '
second_basic_info_cells[3].text = '[讲师姓名，如张 XX], [附上讲师专业资质，如 PMP 认证专家、拥有十年项目管理培训经验]'
```

2. 添加培训内容

创建一、二级标题并加入培训内容说明，包括"理论知识讲解""案例分析""实践操作环节"，参考代码如下：

```
# （一）理论知识讲解
doc.add_heading('二、培训内容', level=1)
doc.add_heading(' (一)理论知识讲解', level=2)
theory_paragraph = doc.add_paragraph('讲师开篇以深入浅出的方式引入项目管理的核心概念，详细解读了项目生命周期各个阶段——启动、规划、执行、监控与收尾的关键任务与要点。例如在启动阶段，通
```

过实际案例分析强调了精准定义项目目标、识别利益相关者的重要性，引用了行业内多个知名项目因初期目标模糊导致项目失败的反面案例，让学员深刻认识到清晰目标的意义。同时，讲解了诸如工作分解结构（WBS）、关键路径法（CPM）等实用工具的原理，结合现场绘制的简易图表，使学员们迅速掌握其精髓。'）

```
# （二）案例分析
doc.add_heading('（二）案例分析', level=2)
case_paragraph = doc.add_paragraph('引入三个极具代表性的实战案例，涵盖不同行业与项目规模。
以某互联网公司的 APP 开发项目为例，该项目初期进度滞后，面临人员流动、需求变更频繁等诸多难题。讲师
组织学员分组讨论，各小组从不同角度剖析问题，有的小组聚焦于团队沟通协作的优化，提出建立每日站会制
度以实时跟进进度、解决问题；有的小组着眼于需求变更管理，提出采用变更控制流程，严格评估每一项变更
对项目进度、成本的影响。经过激烈讨论，最终汇总出一套综合性的解决方案，包括建立高效沟通机制、强化
风险管理、灵活调整项目计划等，让学员们切实体会到应对复杂项目问题的思路与方法。'）

# （三）实践操作环节
doc.add_heading('（三）实践操作环节', level=2)
practice_paragraph = doc.add_paragraph('学员们根据所学理论与案例分析成果，分组进行模拟项
目实践。每个小组拿到一个小型项目任务，从项目启动文档的编写，到运用项目管理软件制定详细的项目计
划，再到模拟项目执行过程中的监控与调整。在实践过程中，学员们遇到了诸如资源分配不合理、任务优先级
判断失误等常见问题。讲师穿梭于各小组之间，及时给予针对性指导，例如指导学员如何运用资源直方图合理
分配人力、物力资源，通过优先级矩阵准确判断任务优先级，确保模拟项目顺利推进。'）
```

3. 生成参与培训人员签到表格

添加一个培训签到表格，表头包括"序号""姓名""部门""签到时间"，创建 4 列多行的表格，参考代码如下：

```
doc.add_heading('三、参与培训人员签到表格', level=1)
sign_table = doc.add_table(rows=6, cols=4)
sign_table.style = 'Table Grid'
sign_head_cells = sign_table.rows[0].cells
sign_head_cells[0].text = '序号'
sign_head_cells[1].text = '姓名'
sign_head_cells[2].text = '部门'
sign_head_cells[3].text = '签到时间'
```

4. 插入培训现场图片

在 Python 办公自动化场景中，有时需要批量插入图片。现假设有两张培训图片需要插入文档，这两张图片分别如图 14-14 和图 14-15 所示。

图 14-14　示例培训图片 1

图 14-15　示例培训图片 2

使用代码在 Word 文档中插入多张图片，其中路径部分按照图片具体存放位置修改，参考代码如下：

```
doc.add_heading('四、培训现场图片', level=1)
# 要根据图片实际情况设置路径
pic_paragraph = doc.add_paragraph()
pic_paragraph.add_run().add_picture(r'C:\Users\anqi_\Desktop\training_pic1.png',
width=Inches(3))
pic_paragraph.add_run().add_picture(r'C:\Users\anqi_\Desktop\training_pic2.png',
width=Inches(3))
```

5. 添加总结

添加培训的总结内容，参考代码如下：

```
doc.add_heading('五、总结', level=1)
summary_paragraph = doc.add_paragraph('本次培训在培训内容、学员参与度等方面均取得了显著成
效。从培训内容来看，理论知识讲解系统全面，案例分析贴合实际，实践操作环节让学员学以致用，学员们在
项目管理知识与技能方面得到了有效提升。通过课后小测验，平均成绩达到了[X]分，较以往同类型培训提高
了[X]%。')
summary_paragraph.add_run('从学员参与度方面，参与培训总人数达到[X]人，签到率高达[X]%，现场
互动积极，分组讨论热烈。但也存在一些不足之处，如培训时间安排略显紧凑，部分学员反馈在实践操作环节
未能充分施展所学，后续培训可适当延长实践时长。')
summary_paragraph.add_run('展望未来，下一次培训计划于[预计开展时间，如20XX年XX月XX日]
开展，主题初步拟定为"项目风险管理进阶培训"，将进一步优化培训内容与时间安排，持续提升培训质量，
为公司培养更多优秀专业人才。')
```

最后保存文档，参考代码如下：

```
doc.save(r'C:\Users\anqi_\Desktop\培训记录模板.docx')
```

合并上述代码并执行后，将生成培训模板的 Word 文档。打开该文档，即可查看已生成的模板。该模板中的具体内容如图 14-16 所示。

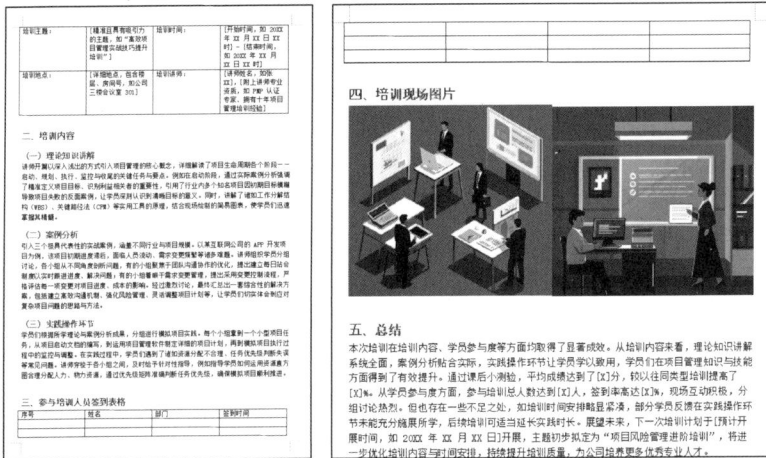

图 14-16　培训模板 Word 文档

14.4　本　章　小　结

本章介绍了如何利用 Python 的 python-docx 库进行 Word 文档的自动化处理。首先，介绍了如何创建、打开和修改 Word 文档，包括文本的输入、格式控制、段落布局以及字体样式的调整。通过实例演示，掌握了文本内容的添加、段落对齐、字体调整和缩进设置等基本操作。此外，还探讨了如何在文档中插入表格和图片，使得生成的文档更加生动与丰富。最后，通过一个实际案例——自动生成培训记录模板，巩固了所学的技能，展示了如何将这些知识应用于自动化文档生成的实战中。

通过对本章的学习，读者可以掌握如何用 Python 实现高效、灵活的 Word 文档自动化处理。

第 15 章　Excel 自动化处理

在数据分析和办公自动化的过程中，Excel 作为一种常用的工具，广泛应用于各种数据处理和报表生成任务。通过 Python 处理 Excel，不仅能提高效率，还能灵活处理复杂的数据分析需求。本章将介绍几种常用的 Python 库，以帮助读者实现 Excel 文件的读写、格式化、图表生成等功能。无论是简单的数据输入和输出，还是复杂的透视表和批量处理，掌握这些工具，将使你极大提升自动化办公的效率与灵活性。

15.1　操作 Excel 常用的 Python 库

15.1.1　多种 Python 库介绍

在 Python 中，有多种库可以用来读写 Excel 文件，每种库都有其特点和适用场景。以下是一些推荐的 Python 库，用于 Excel 文件的读写操作。

1. pandas

pandas 是一个非常强大的数据分析库，它提供了 read_excel() 函数来读取 Excel 文件，并返回一个 DataFrame 对象，方便后续的数据处理和分析。同样，pandas 也提供了 to_excel() 函数将 DataFrame 对象写入 Excel 文件。pandas 默认使用 openpyxl 或 xlrd/xlwt 作为 Excel 文件的读写引擎（取决于安装的库和文件类型）。

2. openpyxl

openpyxl 是一个用于读写 Excel 2010 xlsx/xlsm/xltx/xltm 文件的 Python 库。它提供了完整的 API 来操作 Excel 文件，包括工作簿、工作表、单元格、图表等。openpyxl 不依赖 Microsoft Excel，可以在没有安装 Excel 的服务器上使用。

3. xlrd/xlwt

xlrd 是一个用于读取 Excel 文件的库，支持 xls 和 xlsx 格式。xlwt 是一个用于写入 Excel 文件的库，但仅支持 xls 格式（对于 xlsx 格式，需要使用 xlsxwriter 库）。

☑ 注意

　xlrd 库在较新版本中已经不再支持 xlsx 格式的读取，因此如果需要处理 xlsx 文件，建议使用 openpyxl 或 pandas 配合 xlsxwriter 库。

4. xlsxwriter

xlsxwriter 是一个用于创建 Excel xlsx 文件的库，它可以将数据写入 xlsx 文件，并支持多种 Excel 特性，如图表、图像、公式等，但它不支持读取和修改现有的 Excel 文件。

5. xlwings

xlwings 是一个用于与 Excel 交互的库，支持读写 Excel 文件，并可以与 Excel VBA 进行交互。它提供了一个方便的 API 来操作 Excel 文件，可以与 matplotlib、numpy 和 pandas 等库无缝集成。xlwings 支持 Windows 和 macOS 平台，可以操作 Excel 或 WPS 电子表格软件。

6. pywin32（包含 win32com）

pywin32 是一个 Python 扩展模块，用于提供对 Windows API 的访问。其中的 win32com 模块可以用于与 Excel 进行交互，实现 Excel 文件的读写操作。

✎ **注意**

win32com 是 Windows 平台特有的，并且可能需要一些配置才能正常工作。

在选择库时，请根据具体需求和使用的操作系统进行选择。对于大多数数据分析和数据处理任务，pandas 和 openpyxl 的组合是一个很好的选择。如果需要与 Excel VBA 进行交互或需要更高级的 Excel 特性支持，可以考虑使用 xlwings。

有这么多操作 Excel 的 Python 库，该如何选择呢？

可以向 GodeGeeX 提问：你是一名 Python 办公自动化的专家，现在需要通过 Python 操作 Excel，请推荐一个 Python 库，能实现的功能最全，并且可以处理复杂的 Excel 文件，你推荐哪一个库？如图 15-1 所示，CodeGeeX 推荐的是 xlwings 库。

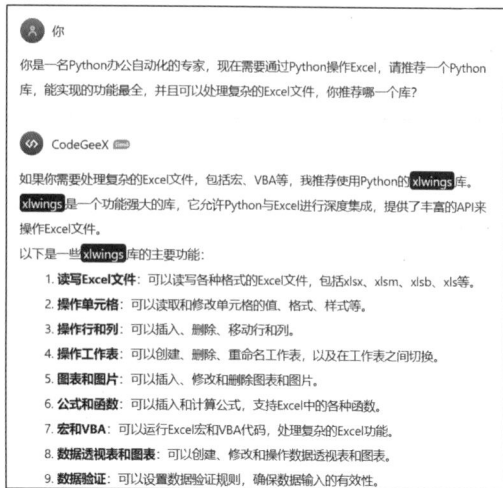

图 15-1　xlwings 库介绍

15.1.2　xlwings 库安装

使用 pip 命令可安装 xlwings 库，具体操作可以在 VS Code 的终端（terminal）中执行，如图 15-2 所示，参考代码如下：

```
pip install xlwings
```

```
PROBLEMS    OUTPUT    DEBUG CONSOLE    TERMINAL    PORTS

PS C:\Users\anqi_> pip install xlwings
Collecting xlwings
  Downloading xlwings-0.33.6-cp311-cp311-win_amd64.whl.metadata (5.5 kB)
Collecting pywin32>=224 (from xlwings)
  Downloading pywin32-308-cp311-cp311-win_amd64.whl.metadata (8.3 kB)
Downloading xlwings-0.33.6-cp311-cp311-win_amd64.whl (1.6 MB)
━━━━━━━━━━━━━━━━━━━━━━━━━━━━━ 1.6/1.6 MB 6.7 MB/s eta 0:00:00
Downloading pywin32-308-cp311-cp311-win_amd64.whl (6.6 MB)
━━━━━━━━━━━━━━━━━━━━━━━━━━━━━ 6.6/6.6 MB 31.0 MB/s eta 0:00:00
Installing collected packages: pywin32, xlwings
```

图 15-2　安装 xlwings 的界面

15.1.3　创建和保存 Excel

首先，学习如何使用 xlwings 库创建和保存 Excel。向 CodeGeeX 提问：如何在 xlwings 中创建和保存 Excel？

CodeGeeX 的反馈如下：可以使用以下 Python 代码来创建和保存 Excel 文件，将 CodeGeeX 反馈代码中的路径修改为本地实际路径。

```python
import xlwings as xw

# 创建一个新的工作簿
wb = xw.Book()

# 选择活动工作表
ws = wb.sheets.active

# 写入数据
ws.range('A1').value = "Hello"
ws.range('B1').value = "World"

# 保存工作簿
wb.save(r"C:\Users\anqi_\Desktop\Excel\example1.xlsx")

# 关闭工作簿
wb.close()
```

运行成功后，在代码指定路径中生成了一个 example1.xlsx 文件，打开后如图 15-3 所示。

◢	A	B	C
1	Hello	World	
2			
3			

图 15-3　生成 Excel 文件

15.1.4　读取和写入 Excel

继续向 CodeGeeX 提问：读取刚才创建的 Excel 文件里的内容，并在一个区域写入内容。

CodeGeeX 的反馈如下：要读取刚才创建的 Excel 文件里的内容，并在一个区域写入内容，你可以使用 xlwings 库的 range() 方法来选择单元格，并使用 value 属性来读取和写入数据。

以下是一个示例，参考代码如下：

```python
import xlwings as xw

# 打开之前保存的工作簿
wb = xw.Book(r"C:\Users\anqi_\Desktop\Excel\example1.xlsx")

# 选择活动工作表
ws = wb.sheets.active

# 读取 A1 和 B1 单元格的内容
cell_a1 = ws.range('A1').value
cell_b1 = ws.range('B1').value

# 打印读取的内容
print(f"A1 单元格的内容是: {cell_a1}")
print(f"B1 单元格的内容是: {cell_b1}")

# 在 A2:B2 区域写入新的内容
ws.range('A2:B2').value = ["New", "Content"]

# 保存并关闭工作簿
wb.save()
wb.close()
```

运行后结果如图15-4 所示。

```
PS C:\Users\anqi_> & C:/Users/anqi_/anaconda3/envs/myenv/python.exe c:/Users/anqi_/Desktop/Excel/ex
ample1.py
A1单元格的内容是: Hello
B1单元格的内容是: World
PS C:\Users\anqi_>
```

图 15-4　打印 Excel 内容

打开 example1.xlsx 文件，内容如图 15-5 所示。

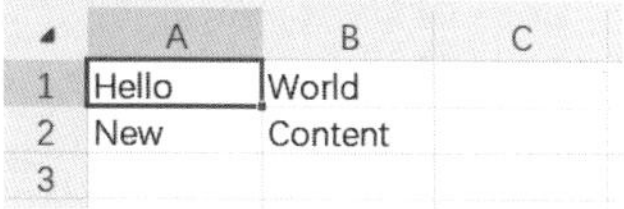

15.1.5　操作工作表

继续向 CodeGeeX 提问：新建一个名为 "New Sheet" 的工作表，并删除 example1.xlsx 的 Sheet1 工作表。

图 15-5　读取并写入 Excel 的内容

CodeGeeX 的反馈如下：要新建一个名为"New Sheet"的工作表，并删除名为"Sheet1"的工作表，你可以使用 xlwings 库的 add() 方法和 delete() 方法。

以下是一个示例，参考代码如下：

```python
import xlwings as xw

# 打开之前保存的工作簿
wb = xw.Book(r"C:\Users\anqi_\Desktop\Excel\example1.xlsx")

# 添加一个新的工作表
ws = wb.sheets.add(name="New Sheet")

# 删除一个工作表
wb.sheets['Sheet1'].delete()

# 保存并关闭工作簿
wb.save()
wb.close()
```

运行结果如图 15-6 所示。

15.1.6 公式与图表

继续向 CodeGeeX 提问：在"New Sheet"工作表中填入一些示例数据，编写计算公式并创建一个柱状图。

图 15-6 新建工作表

CodeGeeX 的反馈如下：在"New Sheet"工作表中填入数据，并使用 xlwings 库写入公式和生成图表，可以通过选择单元格并设置 value 属性来填充数据，使用 formula 属性来输入公式，再通过创建图表并设置数据源来生成可视化效果。

以下是一个示例，参考代码如下：

```python
import xlwings as xw

wb = xw.Book(r"C:\Users\anqi_\Desktop\Excel\example1.xlsx")    # 打开之前保存的工作簿

ws = wb.sheets['New Sheet']                                    # 选择名为"New Sheet"的工作表

# 在工作表中填入一些示例数据
data = [
    ['类别', '数量'],
    ['类别1', 10],
    ['类别2', 20],
    ['类别3', 30],
    ['类别4', 40]
]
ws.range('A1').value = data

ws.range('C1').formula = '=SUM(A2:B2)'      # 在单元格 C1 中写入一个公式

chart = ws.charts.add()                     # 创建一个新的图表
```

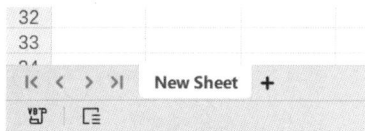

```
chart.set_source_data(ws.range('A1:B5'))      # 设置图表的数据源

chart.chart_type = 'column_clustered'         # 设置图表的类型（例如柱状图）

wb.save()                                      # 保存并关闭工作簿
wb.close()
```

打开 example1.xlsx 文件，可视化结果如图 15-7 所示。

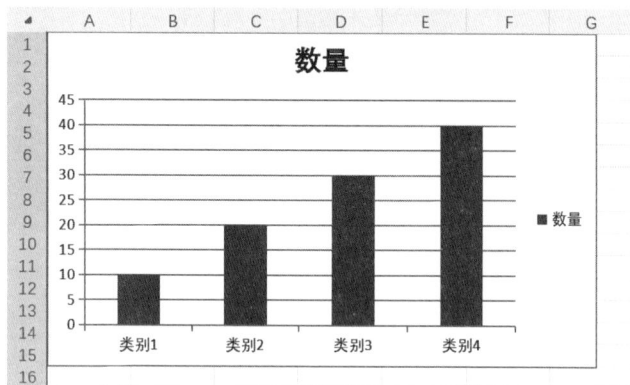

图 15-7　生成可视化图

15.2　Excel 批量转 PDF：对外发送更友好

在工作中，有时需要对外发送可直接打印的 PDF 文件，本节介绍将 Excel 批量转换为 PDF 的方法。

向 CodeGeeX 提问：如何将一个 Excel 转换为 PDF。

CodeGeeX 的反馈如下：要将一个 Excel 文件转换为 PDF 文件，你可以使用 xlwings 库。首先安装 xlwings 库。确认 xlwings 库安装完成后，可以使用以下 Python 代码来将 Excel 文件转换为 PDF 文件：

```
import xlwings as xw

excel_path = r'C:\Users\anqi_\Desktop\Excel\数据\sales_data.xlsx'
pdf_path = r'C:\Users\anqi_\Desktop\Excel\数据\sales_data.pdf'

def excel_to_pdf(excel_path, pdf_path):
    # 打开 Excel 应用
    app = xw.App(visible=False)
    # 打开工作簿
    wb = app.books.open(excel_path)
    # 导出为 PDF
    wb.to_pdf(pdf_path)
    # 关闭工作簿
```

```
    wb.close()
    # 退出 Excel 应用
    app.quit()

# 示例用法
excel_to_pdf(excel_path, pdf_path)
```

调整文件路径为本地具体路径，运行代码，生成 sales_data.pdf 文件，打开文件，内容如图 15-8 所示。

单个 Excel 文件转 PDF 文件完成了，如果需求将是一些 Excel 文件批量转为 PDF 文件呢？继续提问 CodeGeeX：在以上代码的基础上，需要将"r'C:\Users\anqi_\Desktop\Excel\销售数据"路径中的 Excel 文件全部转为 PDF，并保存在该路径中。

GodeGeeX 的反馈如下：可以使用 os 库来遍历指定路径中的所有文件，并使用 xlwings 库将每个 Excel 文件转换为 PDF 文件。以下是一个修改后的示例，参考代码如下：

```
import os
import xlwings as xw

# 构建 Excel 文件夹的路径
excel_folder = r'C:\Users\anqi_\Desktop\Excel\销售数据'

def excel_to_pdf(excel_path, pdf_path):
    # 打开 Excel 应用
    app = xw.App(visible=False)
    # 打开工作簿
    wb = app.books.open(excel_path)
    # 导出为 PDF
    wb.to_pdf(pdf_path)
    # 关闭工作簿
    wb.close()
    # 退出 Excel 应用
    app.quit()

# 遍历文件夹中的所有文件
for filename in os.listdir(excel_folder):
    # 检查文件是否是 Excel 文件
    if filename.endswith('.xlsx') or filename.endswith('.xls'):
        # 构建 Excel 文件的完整路径
        excel_path = os.path.join(excel_folder, filename)

        # 构建 PDF 文件的名称和路径
        pdf_name = os.path.splitext(filename)[0] + '.pdf'
        pdf_path = os.path.join(excel_folder, pdf_name)

        # 将 Excel 文件转换为 PDF 文件
        excel_to_pdf(excel_path, pdf_path)
```

产品名称	单价	销量
产品 A	25.5	120
产品 B	18.8	95
产品 C	32	150
产品 D	20.5	110
产品 E	28	80
产品 F	16.5	105
产品 G	30	130
产品 H	22.5	90
产品 I	26	140
产品 J	19	100
产品 K	35	75
产品 L	21.5	115
产品 M	29	85
产品 N	17	125
产品 O	31	145
产品 P	23.5	105
产品 Q	27	95
产品 R	20	135
产品 S	33	80
产品 T	18	110
产品 U	24.5	100
产品 V	30.5	120
产品 W	22	90
产品 X	28.5	150
产品 Y	19.5	115
产品 Z	34	75

图 15-8　Excel 转 PDF

运行代码后，在目录中生成了相应的 PDF 文件，如图 15-9 所示。

每个生成的 PDF 文件的具体内容，分别如图 15-10、15-11 和 15-12 所示。

📄 生活用品销售数据	
📄 厨房用品销售数据	
📄 办公用品销售数据	
📄 厨房用品销售数据	
📄 生活用品销售数据	
📄 办公用品销售数据	

图 15-9　批量生成 PDF 文件

产品名称	单价	销量
牙刷	3.5	250
牙膏	12	130
毛巾	10	180
香皂	5	200
沐浴露	45	70
洗发水	40	85
卫生纸	28	150
洗衣液	55	65
垃圾袋	10	160
洗洁精	15	120

图 15-10　生活用品 PDF 文件

产品名称	单价	销量
菜刀	50	80
菜板	35	90
炒锅	80	60
汤勺	8	150
筷子	10	120
围裙	20	70
洗碗布	5	200
锅铲	15	100
漏勺	12	130
调味罐	25	50

图 15-11　厨房用品 PDF 文件

产品名称	单价	销量
中性笔	1.5	200
笔记本	5	150
文件夹	8	120
A4 纸	20	80
订书机	12	90
胶水	3	180
计算器	30	60
文件袋	6	140
长尾夹	4	160
记号笔	2.5	110

图 15-12　办公用品 PDF 文件

15.3　数据透视表制作：高效助力快分析

数据透视表（pivot table）是一种强大的数据分析工具，主要用于大量数据的快速汇总和分析。

数据透视表能够通过选择多个字段的不同组合来分析数据，帮助用户从多个角度观察数据，并建立交叉表格。

向 CodeGeeX 提问：现在需要模拟数据并生成数据透视表，要求如下。

（1）请用 Python 编写代码，实现商品销售数据的处理和分析。假设我们正在处理一个商品销售数据的分析任务，需要模拟不同商品类别在不同地区、不同规格下的销售情况。

（2）模拟的数据包含"商品类别"（如水果、蔬菜）、"销售地区"（北方、南方）、"商品规格"（大包装、小包装）、"销量"和"单价"字段。

（3）计算不同商品类别在不同销售地区、不同商品规格下的销售额总和，将生成的透视表保存到名为"商品销售透视表.xlsx"的 Excel 文件中。

CodeGeeX 反馈的具体代码如下：

```python
import pandas as pd
import numpy as np

# 假设你有以下数据，包含商品类别、销售地区、商品规格、销量、单价
data = {
  '商品类别': ['水果', '水果', '水果', '蔬菜', '蔬菜', '蔬菜', '水果', '水果', '水果', '蔬菜', '蔬菜', '蔬菜'],
  '销售地区': ['北方', '北方', '南方', '南方', '北方', '北方', '南方', '南方', '北方', '南方', '南方', '北方'],
  '商品规格': ['大包装', '小包装', '小包装', '大包装', '大包装', '小包装', '大包装', '大包装', '小包装', '小包装', '大包装', '小包装'],
  '销量': [10, 20, 20, 30, 30, 40, 50, 60, 70, 80, 90, 90],
  '单价': [5, 3, 3, 4, 4, 6, 5, 5, 3, 4, 4, 6]
}

# 创建一个 DataFrame
df = pd.DataFrame(data)

# 计算销售额列
df['销售额'] = df['销量'] * df['单价']

# 使用 pivot_table 创建透视表，计算不同商品类别在不同销售地区、不同商品规格下的销售额总和
pivot_table = pd.pivot_table(df, values='销售额', index=['商品类别', '销售地区'],
columns=['商品规格'], aggfunc='sum')

# 将透视表保存到 Excel 文件中
pivot_table.to_excel(r'C:\Users\anqi_\Desktop\Excel\商品销售透视表.xlsx', engine=
'openpyxl')
```

代码运行结果如图15-13 所示。

生成数据透视表所需的关键代码为：pivot_table = pd.pivot_table(df, values='销售额', index=['商品类别', '销售地区'], columns=['商品规格'], aggfunc='sum')，它使用 pandas 的 pivot_table()方法创建数据透视表。其中，values='销售额'指定要进行聚合计

▲	A	B	C	D
1	商品类别	销售地区	大包装	小包装
2	水果	北方	50	270
3		南方	550	60
4	蔬菜	北方	120	780
5		南方	480	320

图 15-13　数据透视表生成结果

算的列是"销售额"；index=['商品类别', '销售地区']指定将"商品类别"和"销售地区"作为透视表的行索引；columns=['商品规格']指定将"商品规格"作为透视表的列索引；aggfunc='sum'指定对"销售额"进行求和计算，最终得到不同商品类别在不同销售地区、不同商品规格下的销售额总和。

15.4　Excel 可视化生成：一秒生成优美图

15.4.1　Matplotlib 和 Seaborn

Matplotlib 是 Python 中最流行的绘图库之一，用于创建高质量的静态图形、图表和图

片。它提供了广泛的功能和灵活性，使得用户能够以各种方式可视化数据。

Matplotlib 库的特点如下。

（1）广泛的图形支持：Matplotlib 支持的图形类型包括线图、柱状图、散点图、饼图、直方图等，能够满足各种数据可视化需求。

（2）灵活性：用户可以精确地控制图表的每个细节，包括图像大小、标签、轴、标题等，从而定制化图表以符合特定需求。

（3）跨平台：Matplotlib 可以在多个操作系统上运行，并且与多个 GUI 工具包和后端（如 Tkinter、Qt、GTK+、wxWidgets）兼容。

Seaborn 是建立在 Matplotlib 基础之上的统计数据可视化库，它提供更高级的图形界面和更简洁的语法来绘制各种统计图表。

Seaborn 库的特点如下。

（1）美观的默认主题和调色板：Seaborn 提供了各种美观的默认样式和调色板，能够让用户快速创建具有吸引力的图形。

（2）统计数据可视化：Seaborn 针对统计分析常见的数据可视化需求提供了高级的支持，例如多变量关系、分类数据的绘制等。

（3）简洁的 API：Seaborn 的 API 设计简洁清晰，使得用户能够更轻松地生成复杂的图形，并支持数据集中特定关系的探索。

安装 matplotlib 库的参考代码如下：

```
pip install matplotlib
```

安装 seaborn 库的参考代码如下：

```
pip install seaborn
```

15.4.2 数据可视化

使用泰坦尼克号数据来展示 Excel 的可视化功能，泰坦尼克号的部分数据情况如图 15-14 所示。

场景描述：希望分析泰坦尼克号乘客的生存情况与各种因素的关系。具体来说，将包括以下 3 个方面。

（1）乘客生存率与性别的关系：分析男性和女性乘客的生存率差异。

（2）乘客生存率与舱位等级的关系：观察不同舱位等级乘客的生存情况。

（3）乘客生存率与年龄的关系：探索不同年龄段乘客的生存率。

先使用 Pandas 进行数据处理，再使用 Seaborn 进行可视化，具体代码如下：

▲	A	B	C	D	E	F	G	H	I	J	K	L
1	PassengerId	Survived	Pclass	Name	Sex	Age	SibSp	Parch	Ticket	Fare	Cabin	Embarked
2	1	0	3	Braund, M	male	22	1	0	A/5 21171	7.25		S
3	2	1	1	Cumings,	female	38	1	0	PC 17599	71.2833	C85	C
4	3	1	3	Heikkinen,	female	26	0	0	STON/O2.	7.925		S
5	4	1	1	Futrelle,	female	35	1	0	113803	53.1	C123	S
6	5	0	3	Allen, Mr.	male	35	0	0	373450	8.05		S
7	6	0	3	Moran, Mr.	male		0	0	330877	8.4583		Q
8	7	0	1	McCarthy,	male	54	0	0	17463	51.8625	E46	S
9	8	0	3	Palsson,	male	2	3	1	349909	21.075		S
10	9	1	3	Johnson,	female	27	0	2	347742	11.1333		S
11	10	1	2	Nasser, M	female	14	1	0	237736	30.0708		C
12	11	1	3	Sandstrom,	female	4	1	1	PP 9549	16.7	G6	S
13	12	1	1	Bonnell,	female	58	0	0	113783	26.55	C103	S
14	13	0	3	Saunderco	male	20	0	0	A/5. 2151	8.05		S
15	14	0	3	Andersson,	male	39	1	5	347082	31.275		S
16	15	0	3	Vestrom,	female	14	0	0	350406	7.8542		S
17	16	1	2	Hewlett,	female	55	0	0	248706	16		S
18	17	0	3	Rice, Mas	male	2	4	1	382652	29.125		Q
19	18	1	2	Williams,	male		0	0	244373	13		S
20	19	0	3	Vander Pla	female	31	1	0	345763	18		S
21	20	1	3	Masselman	female		0	0	2649	7.225		C
22	21	0	2	Fynney, M	male	35	0	0	239865	26		S
23	22	1	2	Beesley,	male	34	0	0	248698	13	D56	S
24	23	1	3	McGowan,	female	15	0	0	330923	8.0292		Q

图 15-14 泰坦尼克号数据（部分）

```
import pandas as pd
import matplotlib.pyplot as plt
import seaborn as sns

df = pd.read_excel(r'C:\Users\anqi_\Desktop\Excel\泰坦尼克号数据.xlsx')  # 读取数据集

df['Age'].fillna(df['Age'].median(), inplace=True)  # 数据清洗，填充缺失值

# 可视化1：乘客生存率与性别的关系
sns.barplot(x='Sex', y='Survived', data=df, errorbar=None)
plt.title('Survival Rate by Gender')
plt.xlabel('Gender')
plt.ylabel('Survival Rate')
plt.show()

# 可视化2：乘客生存率与舱位等级的关系
sns.barplot(x='Pclass', y='Survived', data=df, errorbar=None)
plt.title('Survival Rate by Pclass')
plt.xlabel('Pclass')
plt.ylabel('Survival Rate')
plt.show()

# 可视化3：乘客生存率与年龄的关系
# 创建年龄段分组
bins = [0, 18, 30, 50, 80]
labels = ['0-18', '19-30', '31-50', '51-80']
df['AgeGroup'] = pd.cut(df['Age'], bins=bins, labels=labels)

sns.barplot(x='AgeGroup', y='Survived', data=df, errorbar=None, order=labels)
plt.title('Survival Rate by Age Group')
plt.xlabel('Age Group')
plt.ylabel('Survival Rate')
plt.show()
```

运行以上代码，数据可视化结果如图 15-15、图 15-16、图 15-17 所示。

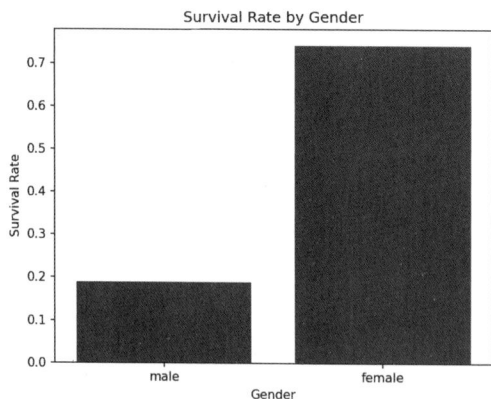

图 15-15　乘客生存率与性别的关系　　　　　　图 15-16　乘客生存率与舱位等级的关系

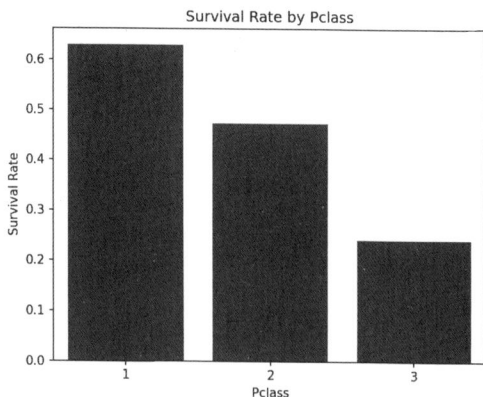

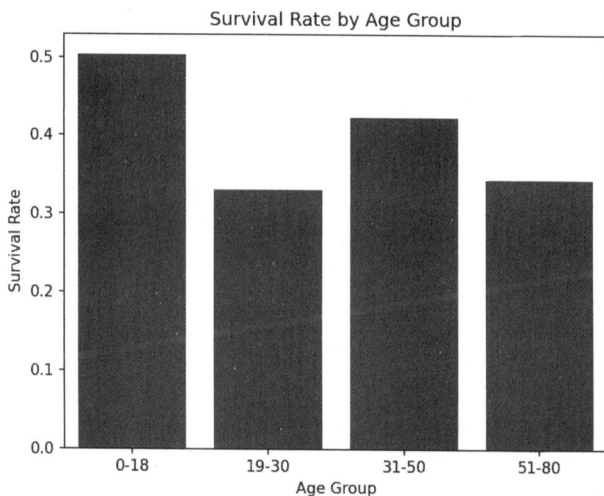

图 15-17　乘客生存率与年龄的关系

通过这些可视化图表，可以初步了解泰坦尼克号乘客的生存情况，揭示性别、舱位等级和年龄对生存率的影响。这些分析有助于深入理解泰坦尼克号的生存模式，为进一步的数据分析和建模提供了基础。

如果要直接操作 Excel 单元格生成可视化图，推荐使用 openpyxl。安装 openpyxl 的参考代码如下：

```
pip install openpyxl
```

通过操作 Excel 中的数据并生成聚合柱状图与散点图，以演示 openpyxl 库的使用。具体流程如下。

（1）生成聚合条形图：初始化图表并设置属性，先导入 openpyxl 库的相关模块，加载泰坦尼克号数据的 Excel 文件。创建一个 BarChart 对象作为聚合条形图，设置图表类型为柱状图（type = "col"），样式编号为 10，标题为"Survival by Class"，y 轴标题为"Number of People"，x 轴标题为"Class"。参考代码如下：

```python
import openpyxl
from openpyxl.chart import BarChart, ScatterChart, Reference, Series
from openpyxl.utils import get_column_letter

# 加载 Excel 文件
file_path = r'C:\Users\anqi_\Desktop\Excel\泰坦尼克号数据.xlsx'
wb = openpyxl.load_workbook(file_path)
ws = wb.active

# 生成聚合条形图：按舱位统计生还和未生还人数
bar_chart = BarChart()
bar_chart.type = "col"
bar_chart.style = 10
bar_chart.title = "Survival by Class"
bar_chart.y_axis.title = "Number of People"
bar_chart.x_axis.title = "Class"
# 在 openpyxl 中，图表的样式编号从 1 到 48，每个编号对应一种不同的预定义样式。这些样式定义了图表
# 的颜色、背景、网格线等元素的外观。
```

（2）数据整理与统计：创建一个新工作表"Summary"，添加标题行 ["Class", "Survived", "Count"]。遍历原始工作表数据，统计不同舱位（C 列）和生还状态（B 列）组合的人数，将统计结果写入新工作表。参考代码如下：

```python
# 创建一个新的工作表来整理数据
summary_ws = wb.create_sheet(title="Summary")

# 添加标题行
summary_ws.append(["Class", "Survived", "Count"])

# 遍历数据并进行统计
# 生还状态在 B 列（列索引 2），舱位在 C 列（列索引 3）
# 标题在第 1 行，数据从第 2 行开始
data = {}
for row in ws.iter_rows(min_row=2, max_row=ws.max_row, min_col=2, max_col=3,
values_only=True):
    survived, pclass = row
    key = (pclass, survived)
    if key not in data:
        data[key] = 0
    data[key] += 1

# 将统计结果写入新的工作表，3 列数据
for (pclass, survived), count in data.items():
    summary_ws.append([pclass, "Survived" if survived == 1 else "Not Survived",
count])
```

（3）数据排序与重新写入：读取新工作表数据（跳过表头），按舱位和生还状态排序，清空原数据后重新写入排序后的数据。参考代码如下：

```python
# 将数据读取出来进行排序, min_row=2 跳过表头
data_list = []
for row in summary_ws.iter_rows(min_row=2, values_only=True):
    data_list.append(row)

# 对数据进行排序, 先按 Class 排序, 再按 Status 排序
data_list.sort(key=lambda x: (x[0], x[1]))

# 清空 summary_ws 中的数据并重新写入排序后的数据
summary_ws.delete_rows(2, summary_ws.max_row)
for row in data_list:
    summary_ws.append(row)
```

（4）设置图表数据引用与属性并插入图表：创建图表的数据引用，数据值引用第三列，数据类别引用第一、二列。添加数据到图表，并设置类别，同时设置图表形状为 4，分组方式为堆叠（grouping = "stacked"）。将生成的聚合条形图插入原始工作表的 "M1"单元格位置。参考代码如下：

```python
# 创建聚合条形图的数据引用（数据值 data 为第三列、数据类别 categories 为第一第二列）, 设置形状类
# 别为 4, 分组方式为堆叠
data = Reference(summary_ws, min_col=3, min_row=1, max_row=summary_ws.max_row,
max_col=3)
categories = Reference(summary_ws, min_col=1, min_row=2, max_row=summary_ws.max_
row,max_col=2)
bar_chart.add_data(data, titles_from_data=True)
bar_chart.set_categories(categories)
bar_chart.shape = 4
bar_chart.grouping = "stacked"

# 将聚合条形图插入原始工作表中
ws.add_chart(bar_chart, "M1")
```

（5）生成散点图：初始化图表与设置属性，创建一个 ScatterChart 对象作为散点图，设置标题为 'Fare vs Age'，样式编号为 13，x 轴标题为'Age'，y 轴标题为'Fare'，并设置只显示点（scatterStyle ='marker'）。参考代码如下：

```python
# 生成散点图: 票价与年龄的关系
scatter_chart = ScatterChart()
scatter_chart.title = 'Fare vs Age'
scatter_chart.style = 13 # 散点图样式
scatter_chart.x_axis.title = 'Age'
scatter_chart.y_axis.title = 'Fare'

# 设置为只显示点
scatter_chart.scatterStyle = 'marker'
```

（6）设置图表数据源并插入图表：确定年龄数据在 F 列（列索引为 6）、票价数据在J 列（列索引为 10），从第 2 行到最大行。创建数据引用，将年龄设为 x 轴值，票价设为

y 轴值，创建图表序列，设置标记样式为圆形，且无线条。将散点图插入工作表的"M30"单元格位置。参考代码如下：

```
# 年龄在 F 列（列索引 6）从 2 行到最大行，票价在 J 列（列索引 10）从 2 行到最大行
xvalues = Reference(ws, min_col=6, min_row=2, max_row=ws.max_row)
yvalues = Reference(ws, min_col=10, min_row=2, max_row=ws.max_row)
series = Series(yvalues, xvalues, title='Fare vs Age')
series.marker.symbol = "circle"                    # 设置标记样式为圆形
series.graphicalProperties.line.noFill = True      # 确保没有线条
scatter_chart.series.append(series)

# 在工作表的 E30 单元格处插入散点图
ws.add_chart(scatter_chart, 'M30')
```

（7）保存工作簿：将包含两个图表的工作簿保存为"泰坦尼克号数据可视化.xlsx"文档。参考代码如下：

```
# 保存工作簿
output_file = r'C:\Users\anqi_\Desktop\Excel\泰坦尼克号数据可视化.xlsx'
wb.save(output_file)

print(f'Charts have been created and saved in {output_file}')
```

将以上代码整合如下：

```
import openpyxl
from openpyxl.chart import BarChart, ScatterChart, Reference, Series
from openpyxl.utils import get_column_letter

# 加载 Excel 文件
file_path = r'C:\Users\anqi_\Desktop\Excel\泰坦尼克号数据.xlsx'
wb = openpyxl.load_workbook(file_path)
ws = wb.active

# 生成聚合条形图：按舱位统计生还和未生还人数
bar_chart = BarChart()
bar_chart.type = "col"
bar_chart.style = 10
bar_chart.title = "Survival by Class"
bar_chart.y_axis.title = "Number of People"
bar_chart.x_axis.title = "Class"
# 在 openpyxl 中，图表的样式编号从 1 到 48，每个编号对应一种不同的预定义样式。这些样式定义了图表
# 的颜色、背景、网格线等元素的外观。

# 创建一个新的工作表来整理数据
summary_ws = wb.create_sheet(title="Summary")

# 添加标题行
summary_ws.append(["Class", "Survived", "Count"])

# 遍历数据并进行统计
# 生还状态在 B 列（列索引 2），舱位在 C 列（列索引 3）
# 标题在第 1 行，数据从第 2 行开始
data = {}
for row in ws.iter_rows(min_row=2, max_row=ws.max_row, min_col=2, max_col=3,
```

```
values_only=True):
    survived, pclass = row
    key = (pclass, survived)
    if key not in data:
        data[key] = 0
    data[key] += 1

# 将统计结果写入新的工作表，3 列数据
for (pclass, survived), count in data.items():
    summary_ws.append([pclass, "Survived" if survived == 1 else "Not Survived",
count])

# 将数据读取出来进行排序，min_row=2 跳过表头
data_list = []
for row in summary_ws.iter_rows(min_row=2, values_only=True):
    data_list.append(row)

# 对数据进行排序，先按 Class 排序，再按 Status 排序
data_list.sort(key=lambda x: (x[0], x[1]))

# 清空 summary_ws 中的数据并重新写入排序后的数据
summary_ws.delete_rows(2, summary_ws.max_row)
for row in data_list:
    summary_ws.append(row)

# 创建聚合条形图的数据引用（数据值 data 为第三列、数据类别 categories 为第一第二列），设置形状类
# 别为 4，分组方式为堆叠
data = Reference(summary_ws, min_col=3, min_row=1, max_row=summary_ws.max_row,
max_col=3)
categories = Reference(summary_ws, min_col=1, min_row=2, max_row=summary_ws.max_
row,max_col=2)
bar_chart.add_data(data, titles_from_data=True)
bar_chart.set_categories(categories)
bar_chart.shape = 4
bar_chart.grouping = "stacked"

# 将聚合条形图插入原始工作表中
ws.add_chart(bar_chart, "M1")

# 生成散点图：票价与年龄的关系
scatter_chart = ScatterChart()
scatter_chart.title = 'Fare vs Age'
scatter_chart.style = 13  # 散点图样式
scatter_chart.x_axis.title = 'Age'
scatter_chart.y_axis.title = 'Fare'

# 设置为只显示点
scatter_chart.scatterStyle = 'marker'

# 年龄在 F 列（列索引 6）从 2 行到最大行，票价在 J 列（列索引 10）从 2 行到最大行
xvalues = Reference(ws, min_col=6, min_row=2, max_row=ws.max_row)
yvalues = Reference(ws, min_col=10, min_row=2, max_row=ws.max_row)
series = Series(yvalues, xvalues, title='Fare vs Age')
series.marker.symbol = "circle"                    # 设置标记样式为圆形
series.graphicalProperties.line.noFill = True      # 确保没有线条
scatter_chart.series.append(series)
```

```
# 在工作表的 E30 单元格处插入散点图
ws.add_chart(scatter_chart, 'M30')

# 保存工作簿
output_file = r'C:\Users\anqi_\Desktop\Excel\泰坦尼克号数据可视化.xlsx'
wb.save(output_file)

print(f'Charts have been created and saved in {output_file}')
```

运行代码，生成 Excel 文件，将该文件打开，可视化图已生成，如图 15-18 所示。

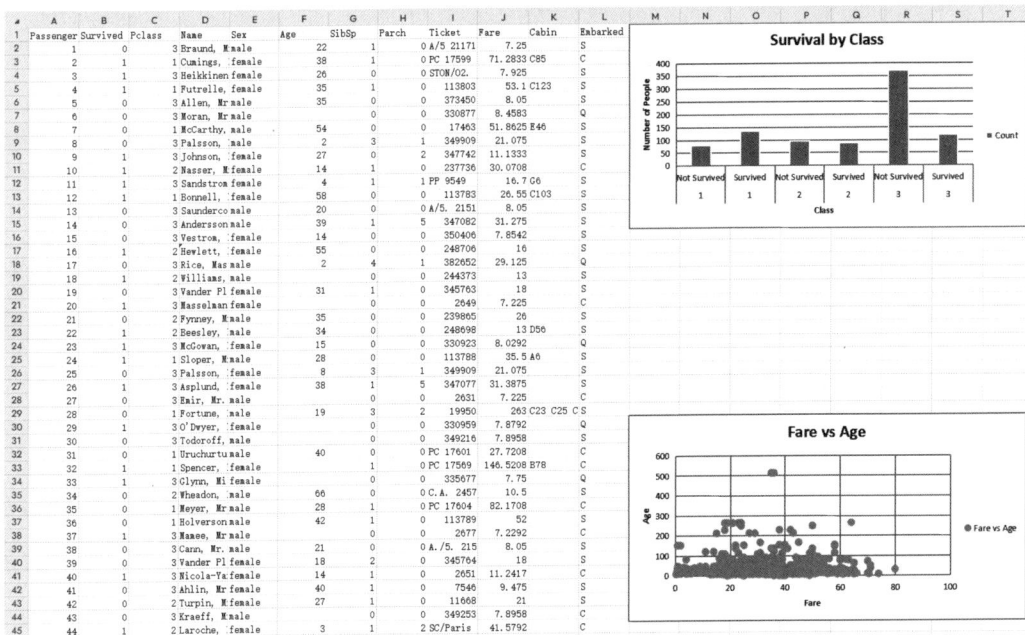

图 15-18　Excel 内生成可视化图

15.5　工作簿的拆分与合并：信息处理效率高

拆分和合并 Excel 工作表是日常数据处理中常见的任务，使用 Python 可以通过 pandas 库来轻松实现这些操作。接下来，我们分别演示如何使用 Python 拆分和合并 Excel 工作表。

15.5.1　拆分 Excel 工作表

向 CodeGeeX 提问：现在有一个 Excel 文件，文件名为 data001.xlsx，包含多个工作表（Sheet1、Sheet2、Sheet3），要将每个工作表拆分为单独的 Excel 文件。

　　CodeGeeX 的反馈如下：要将一个包含多个工作表的 Excel 文件拆分为单独的 Excel 文件，你可以使用 pandas 库来读取每个工作表，并使用 to_excel() 方法将每个工作表保存为一个新的 Excel 文件。以下是一个示例，参考代码如下。

```
Import os
import pandas as pd

# 构建 Excel 文件的路径
excel_path = r'C:\Users\anqi_\Desktop\Excel\data001.xlsx'

# 读取 Excel 文件中的所有工作表
xls = pd.read_excel(excel_path, sheet_name=None)

# 遍历所有工作表
for sheet_name, df in xls.items():
        # 构建新的 Excel 文件的名称和路径
        new_excel_path = os.path.join(os.path.dirname(excel_path), f'{sheet_name}.xlsx')

        # 将 DataFrame 保存为新的 Excel 文件
        df.to_excel(new_excel_path, index=False)
```

　　准备一个包含 3 个工作表的 Excel 文档，名为 data001.xlsx，放在特定路径下，运行代码，原文档拆分为 3 个 Excel 文档，如图 15-19 所示。

⑤ Sheet1

⑤ Sheet2

⑤ Sheet3

15.5.2　合并 Excel 工作表

图 15-19　Excel 拆分结果

　　继续向 CodeGeeX 提问：如何将拆分后的 3 个 Excel 文件合并为 1 个 Excel 的不同工作表，并命名为 merged_data.xlsx？

　　CodeGeeX 的反馈如下：要将拆分后的多个 Excel 文件合并为一个 Excel 文件的不同工作表，你可以使用 pandas 库来读取每个 Excel 文件，并使用 ExcelWriter 对象将每个文件保存为一个新的工作表。以下是一个示例，参考代码如下：

```
import os
import pandas as pd

# 构建 Excel 文件的路径
excel_folder = r'C:\Users\anqi_\Desktop\Excel\merge'

# 获取所有 Excel 文件的路径
excel_files = [os.path.join(excel_folder, f) for f in os.listdir(excel_folder) if f.endswith('.xlsx')]

# 创建一个 ExcelWriter 对象
with pd.ExcelWriter(os.path.join(excel_folder, 'merged_data.xlsx'), engine='openpyxl') as writer:
```

```
# 遍历所有 Excel 文件
for excel_file in excel_files:
    # 读取 Excel 文件
    df = pd.read_excel(excel_file)

    # 获取 Excel 文件的名称（不包括扩展名）作为工作表的名称
    sheet_name = os.path.splitext(os.path.basename(excel_file))[0]

    # 将 DataFrame 保存为新的工作表
    df.to_excel(writer, sheet_name=sheet_name, index=False)
```

运行代码，生成合并后的 Excel 文件，名为 merged_data.xlsx，如图 15-20 所示。

Ｓ merged_data

Ｓ Sheet1

Ｓ Sheet2

Ｓ Sheet3

图 15-20　Excel 合并结果

15.6　本 章 小 结

本章介绍了如何通过 Python 处理 Excel 文件，涵盖了多种常用库的介绍，包括 pandas、openpyxl、xlwings 等，并通过具体示例讲解了如何创建、读取、写入、修改 Excel 文件，以及如何生成数据透视表和图表等。xlwings 库是 CodeGeeX 认为功能最全的 Excel 操作库，它不仅支持与 Excel 交互，还能处理复杂的 Excel 文件。

此外，本章还探讨了如何将批量的 Excel 文件转换为 PDF 文件，便于对外发送。最后，结合实际数据分析任务，展示了如何利用 Python 快速进行数据汇总与可视化，从而提升办公自动化的效率。

第 16 章　PPT 自动化处理

在办公场景中，PPT 的处理工作既重要又烦琐。手动进行格式设置、文本提取、内容生成等操作，不仅效率低，还易出错。本章将借助 Python 的 python-pptx 库，引导读者精通 PPT 自动化处理技巧，涵盖格式控制、文本提取、报告生成、图表添加等内容，助读者轻松应对 PPT 工作。

16.1　PPT 格式控制：精准快速控格式

在日常办公中，一份格式统一且美观的 PPT 能显著提升演示效果。使用 Python 进行 PPT 格式控制，可以精准而快速地实现格式调整，大幅提高工作效率。下面，我们将借助 python-pptx 库深入探讨 PPT 格式控制的实战技巧。

16.1.1　安装与导入库

在开始介绍之前，需要确保已经安装了 python-pptx 库。可以使用以下命令进行安装。

```
pip install python-pptx
```

16.1.2　创建 PPT 文件

首先，需要创建一个 PPT 文件，向 CodeGeeX 提问：如何使用 python-pptx 库创建一个 PPT，添加一页幻灯片，并在该页中添加标题和段落，插入文本框，输入文字并调整字体样式和对齐方式，最后保存为"示例文档 1.pptx"文件。

CodeGeeX 反馈代码如下（将文件名和保存路径修改为本地合适路径）：

```python
from pptx import Presentation
from pptx.util import Inches, Pt
from pptx.dml.color import RGBColor
from pptx.enum.text import PP_ALIGN

# 1. 创建一个 PPT 对象
prs = Presentation()

# 2. 添加一页幻灯片（使用标题和内容版式）
slide_layout = prs.slide_layouts[1]  # 1 表示标题和内容版式
slide = prs.slides.add_slide(slide_layout)

# 3. 添加标题
```

```
title = slide.shapes.title
title.text = "这是标题"
# 设置标题字体样式
title.text_frame.paragraphs[0].font.name = "微软雅黑"
title.text_frame.paragraphs[0].font.size = Pt(36)
title.text_frame.paragraphs[0].font.color.rgb = RGBColor(0, 32, 96)    # 设置标题字体
                                                                       # 为深蓝色
title.text_frame.paragraphs[0].font.bold = True
title.text_frame.paragraphs[0].alignment = PP_ALIGN.CENTER  # 居中对齐

# 4. 添加段落内容
content = slide.placeholders[1].text_frame   # 获取内容占位符
content.text = "这是第一段内容。"
# 添加第二段内容
p = content.add_paragraph()
p.text = "这是第二段内容，字体较小。"
p.font.name = "宋体"
p.font.size = Pt(18)
p.font.color.rgb = RGBColor(128, 128, 128)   # 添加第二段内容，字体颜色设置为灰色
p.alignment = PP_ALIGN.LEFT  # 左对齐

# 5. 添加一个自定义文本框
left = Inches(1)  # 左边距 1 英寸
top = Inches(3)   # 上边距 3 英寸
width = Inches(8) # 文本框宽度 8 英寸
height = Inches(1) # 文本框高度 1 英寸
textbox = slide.shapes.add_textbox(left, top, width, height)
tf = textbox.text_frame
tf.text = "这是自定义文本框中的文本。"
# 设置文本框字体样式
tf.paragraphs[0].font.name = "楷体"
tf.paragraphs[0].font.size = Pt(20)
tf.paragraphs[0].font.color.rgb = RGBColor(255, 0, 0)    # 设置文本框内字体颜色为红色
tf.paragraphs[0].alignment = PP_ALIGN.RIGHT              # 右对齐

# 6. 保存 PPT 文件
prs.save(r"C:\Users\anqi_\Desktop\PPT\示例文档 1.pptx")
print("PPT 已保存为'示例文档 1.pptx'")
```

以上代码分 6 个步骤完成，对每个步骤的具体说明如下。

（1）创建 PPT 对象：使用 Presentation()创建一个空的 PPT 对象。

（2）添加幻灯片：使用 prs.slide_layouts[1]选择"标题和内容"版式，并添加一页幻灯片。

（3）添加标题：通过 slide.shapes.title 获取标题占位符，设置文本内容。调整标题的字体、大小、颜色和对齐方式。

（4）添加段落内容：使用 slide.placeholders[1]获取内容占位符，添加段落文本。通过 add_paragraph()添加第二段内容，并设置字体样式和对齐方式。

（5）添加自定义文本框：使用 add_textbox()在指定位置添加一个文本框。设置文本框中的文本内容、字体样式和对齐方式。

（6）保存 PPT：使用 prs.save()将 PPT 保存为"示例文档 1.pptx"文件。

运行代码后，将生成一个名为"示例文档 1.pptx"的文件，内容如图 16-1 所示。

这是标题

- 这是第一段内容。
  - 这是第二段内容，字体较小。

　　　　　　　　　　　这是自定义文本框中的文本。

图 16-1　示例文档 1

该示例文档主要包含以下几部分内容。

- 第一页幻灯片包含一个标题、两段内容和一个自定义文本框。
- 标题字体设置为深蓝色、36 号、微软雅黑，对齐方式设置为居中对齐。
- 段落内容分别为默认样式，以及灰色、18 号、宋体字体和左对齐。
- 自定义文本框中的文本为红色、20 号、楷体字体，右对齐。
- 通过以上代码，可以快速创建一个符合需求的 PPT 文档，并实现精准的格式控制。

16.2　PPT 文本提取：快速提取出信息

在办公场景中，PPT 文件往往包含大量有价值的信息，如会议记录、项目汇报、数据分析等。手动逐页复制并粘贴文本不仅效率低下，还容易出错。通过 Python 的 python-pptx 库，可以快速提取 PPT 中的文本内容，并将其保存为结构化数据（如文本文件、Excel 表格或数据库），便于后续分析和处理。

16.2.1　准备 PPT 素材

如果没有合适的 PPT 文件用于提取信息，可以使用 CodeGeeX 生成一个示例 PPT 文件。

向 CodeGeeX 提问：创建一个 PPT 文件，有两页，第一页需要包含标题、段落和文本框等元素，第二页插入一个 3 行 3 列的表格。

CodeGeeX 反馈代码如下（将文件名和保存路径修改为本地合适路径）：

```
from pptx import Presentation
```

```python
from pptx.util import Inches, Pt
from pptx.dml.color import RGBColor
from pptx.enum.text import PP_ALIGN

# 1. 创建一个 PPT 对象
prs = Presentation()

# 2. 添加第一页幻灯片（标题和内容版式）
slide_layout = prs.slide_layouts[1]  # 1 表示标题和内容版式
slide = prs.slides.add_slide(slide_layout)

# 3. 添加标题
title = slide.shapes.title
title.text = "项目进展报告"
# 设置标题字体样式
title.text_frame.paragraphs[0].font.name = "微软雅黑"
title.text_frame.paragraphs[0].font.size = Pt(36)
title.text_frame.paragraphs[0].font.color.rgb = RGBColor(0, 32, 96)     # 深蓝色
title.text_frame.paragraphs[0].font.bold = True
title.text_frame.paragraphs[0].alignment = PP_ALIGN.CENTER              # 居中对齐

# 4. 添加段落内容
content = slide.placeholders[1].text_frame  # 获取内容占位符
content.text = "这是第一段内容，描述了项目的最新进展。"
# 添加第二段内容
p = content.add_paragraph()
p.text = "这是第二段内容，详细说明了项目的下一步计划。"
p.font.name = "宋体"
p.font.size = Pt(18)
p.font.color.rgb = RGBColor(128, 128, 128)  # 灰色
p.alignment = PP_ALIGN.LEFT                 # 左对齐

# 5. 添加自定义文本框
left = Inches(1)        # 左边距 1 英寸
top = Inches(3)         # 上边距 3 英寸
width = Inches(8)       # 文本框宽度 8 英寸
height = Inches(1)      # 文本框高度 1 英寸
textbox = slide.shapes.add_textbox(left, top, width, height)
tf = textbox.text_frame
tf.text = "这是自定义文本框中的文本，用于补充说明。"
# 设置文本框字体样式
tf.paragraphs[0].font.name = "楷体"
tf.paragraphs[0].font.size = Pt(20)
tf.paragraphs[0].font.color.rgb = RGBColor(255, 0, 0)        # 红色
tf.paragraphs[0].alignment = PP_ALIGN.RIGHT                  # 右对齐

# 6. 添加第二页幻灯片（包含表格）
slide_layout = prs.slide_layouts[5]  # 5 表示空白版式
slide = prs.slides.add_slide(slide_layout)

# 7. 添加表格
left = Inches(1)  # 表格左边距
top = Inches(1)   # 表格上边距
```

```
width = Inches(8)   # 表格宽度
height = Inches(2)  # 表格高度
rows = 3  # 表格行数
cols = 3  # 表格列数
table = slide.shapes.add_table(rows, cols, left, top, width, height).table

# 填充表头
table.cell(0, 0).text = "姓名"
table.cell(0, 1).text = "年龄"
table.cell(0, 2).text = "职位"

# 填充表格内容
table.cell(1, 0).text = "张三"
table.cell(1, 1).text = "28"
table.cell(1, 2).text = "工程师"

table.cell(2, 0).text = "李四"
table.cell(2, 1).text = "32"
table.cell(2, 2).text = "项目经理"

# 8. 保存 PPT 文件
prs.save(r"C:\Users\anqi_\Desktop\PPT\示例文档2.pptx")
print("PPT 已保存为'示例文档2.pptx'")
```

以上代码分 8 个步骤完成。

（1）创建 PPT 对象：使用 Presentation()创建一个空的 PPT 对象。

（2）添加第一页幻灯片：使用 prs.slide_layouts[1]选择"标题和内容"版式，并添加一页幻灯片。

（3）添加标题：通过 slide.shapes.title 获取标题占位符，设置文本内容。调整标题的字体、大小、颜色和对齐方式。

（4）添加段落内容：使用 slide.placeholders[1]获取内容占位符，添加段落文本。通过 add_paragraph()添加第二段内容，并设置字体样式和对齐方式。

（5）添加自定义文本框：使用 add_textbox()在指定位置添加一个文本框。设置文本框中的文本内容、字体样式和对齐方式。

（6）添加第二页幻灯片：使用 prs.slide_layouts[5]选择空白版式，并添加一页幻灯片。

（7）添加表格：使用 add_table()在第二页幻灯片中添加一个 3 行 3 列的表格。填充表头和表格内容。

（8）保存 PPT 文件：使用 prs.save()将 PPT 保存为"示例文档 2.pptx"文件。

打开生成的文件，如图 16-2 所示。

该文档包含以下内容。第一页的标题为"项目进展报告"，深蓝色、36 号、微软雅黑字体，居中对齐。两段内容分别为默认样式，以及灰色、18 号、宋体字体和左对齐。自定义文本框中的文本为红色、20 号、楷体字体，右对齐。第二页是一个 3 行 3 列的表格，包含姓名、年龄和职位信息。

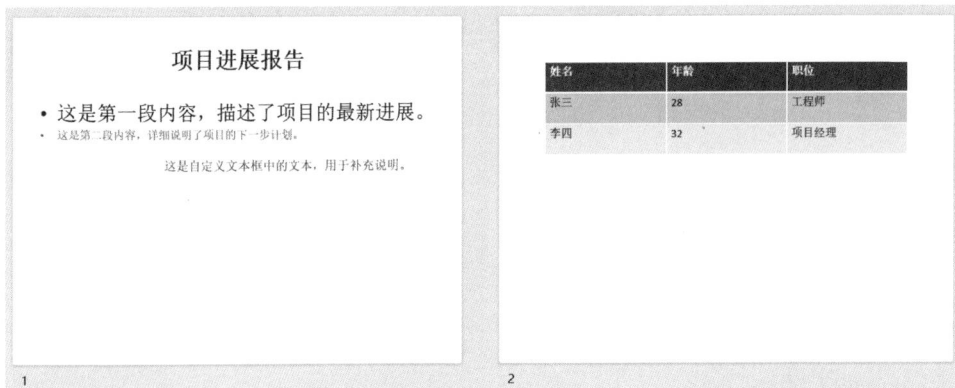

图 16-2　示例文档 2

16.2.2　提取单页 PPT 文本

向 CodeGeeX 提问：如何通过 Python 代码提取单页 PPT 中的文本？

CodeGeeX 反馈代码如下（将文件名和加载路径修改为本地合适路径）：

```python
from pptx import Presentation

def extract_slide_text(slide):
    """提取单页幻灯片中的所有文本"""
    text_content = []
    for shape in slide.shapes:
        if shape.has_text_frame:
            for paragraph in shape.text_frame.paragraphs:
                text_content.append(paragraph.text)
    return "\n".join(text_content)

# 加载 PPT 文件
prs = Presentation(r"C:\Users\anqi_\Desktop\PPT\示例文档 2.pptx")
# 提取第一页幻灯片的文本
slide_text = extract_slide_text(prs.slides[0])
print("第一页幻灯片内容：\n", slide_text)
```

这段代码关键步骤如下。

（1）定义函数：extract_slide_text(slide)，用于提取单页幻灯片中的所有文本。该函数遍历幻灯片中的形状，检查是否有文本框。提取文本框中的段落文本，拼接后返回。

（2）加载 PPT：prs = Presentation(r"文件路径")，加载指定 PPT 文件。

（3）提取文本：调用函数提取第一页幻灯片的文本并打印。

运行代码后，打印如下提取信息，文字提取完成。

```
第一页幻灯片内容：
    项目进展报告
这是第一段内容，描述了项目的最新进展。
```

这是第二段内容，详细说明了项目的下一步计划。
这是自定义文本框中的文本，用于补充说明。

16.2.3　提取 PPT 表格中的文本

向 CodeGeeX 提问：如何通过 Python 代码提取第 2 页 PPT 中的表格文字？

CodeGeeX 反馈代码如下（将文件名和加载路径修改为本地合适路径）：

```python
from pptx import Presentation

def extract_table_text(slide):
    """提取幻灯片中表格的文本"""
    table_text = []
    for shape in slide.shapes:
        if shape.has_table:
            table = shape.table
            for row in table.rows:
                row_text = []
                for cell in row.cells:
                    row_text.append(cell.text_frame.text)
                table_text.append("\t".join(row_text))
    return "\n".join(table_text)

# 假设第二页幻灯片包含表格
prs = Presentation(r"C:\Users\anqi_\Desktop\PPT\示例文档2.pptx")
table_text = extract_table_text(prs.slides[1])
print("表格内容: \n", table_text)
```

这段代码关键步骤如下。

（1）定义函数：extract_table_text(slide)，用于提取幻灯片中表格的文本。遍历幻灯片中的形状，检查是否有表格，并提取表格中每个单元格的文本，按行拼接后返回。

（2）加载 PPT：prs = Presentation(r"文件路径")，加载指定 PPT 文件。

（3）提取表格文本：调用函数提取第二页幻灯片的表格内容并打印。

运行代码后，将打印如下提取信息，PPT 中的表格信息提取完成。

```
表格内容:
 姓名    年龄    职位
张三     28     工程师
李四     32     项目经理
```

16.3　自动生成日报与周报：汇报从此不用愁

在日常工作中，经常需要编写日报与周报，特别是在项目管理中，假设你是一名项目经理，并已在 Excel 文件中统计了各项目成员的日报，现在需要将这些数据制作成 PPT，并向上级领导汇报，daily_data.xlsx 文件内容如图 16-3 所示，工作内容包含项目成员的姓名、日期和工作事项。

▲	A	B	C
1	项目成员	日期	工作事项
2	张三	2024/2/16	1、与用户、客户、销售、市场等多部门沟通，收集来自不同渠道的需求。 2、对收集到的需求进行整理、筛选和优先级排序。
3	李四	2024/2/16	1、参与需求评审会议，理解业务需求。 2、设计系统架构和模块划分。 3、编写技术设计文档，包括数据库设计、接口设计等。
4	王五	2024/2/16	1、根据产品需求和项目计划，制定详细的测试计划。包括确定测试目标、测试策略（如黑盒测试、白盒测试、灰盒测试的运用）。 2、测试进度安排以及风险评估与应对措施。

图 16-3　项目组日报 Excel

假设公司提供了一份专门的项目汇报工作日报 PPT 模板"工作日报模板.pptx"，如图 16-4 所示。

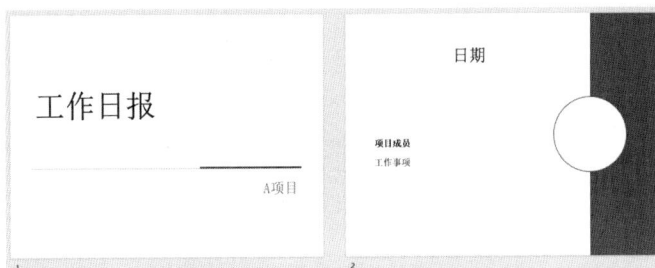

图 16-4　工作日报 PPT 模板

现在需要将 Excel 中的工作日报信息在 PPT 中呈现并保存，作为项目工作日报发送给上级领导。

向 CodeGeeX 提问：请用 python-pptx 和 pandas 库自动化生成工作日报，步骤如下。

（1）从"daily_data.xlsx"读取含"项目成员""日期""工作事项"列的数据。

（2）加载"工作日报模板.pptx"，复制其第 2 页，为每个项目成员生成 1 页幻灯片。

（3）把"项目成员""日期""工作事项"替换到对应占位符。

（4）幻灯片文本左对齐，字体设为 20pt。

（5）删除模板第 2 页。

（6）按"工作日报-YYYYMMDD.pptx"格式保存 PPT 并提示保存成功。

CodeGeeX 反馈代码如下（请将文件名和加载路径修改为本地合适路径）：

```python
import pandas as pd
from pptx import Presentation
from datetime import datetime
from copy import deepcopy
from pptx.enum.text import PP_ALIGN
```

```
from pptx.util import Pt

def duplicate_slide(prs, index):
    """
    复制指定索引的幻灯片
    :param prs: PPT 演示文稿对象
    :param index: 要复制的幻灯片索引
    :return: 复制后的幻灯片对象
    """
    template = prs.slides[index]
    blank_slide_layout = prs.slide_layouts[0]
    copied_slide = prs.slides.add_slide(blank_slide_layout)

    for shp in template.shapes:
        el = shp.element
        newel = deepcopy(el)
        copied_slide.shapes._spTree.insert_element_before(newel, 'p:extLst')

    return copied_slide

# 1. 读取 Excel 中的日报数据
excel_path = r"C:\Users\anqi_\Desktop\PPT\daily_data.xlsx"  # Excel 文件路径
df = pd.read_excel(excel_path)  # 读取 Excel 数据

# 2. 加载 PPT 模板
ppt_template_path = r"C:\Users\anqi_\Desktop\PPT\工作日报模板.pptx"  # PPT 模板路径
prs = Presentation(ppt_template_path)

# 获取当前日期，用于生成文件名
current_date = datetime.now().strftime("%Y%m%d")

# 3. 遍历数据，为每个项目成员生成幻灯片
for index, row in df.iterrows():
    # 复制模板中的第 2 页幻灯片（索引为 1）
    slide = duplicate_slide(prs, 1)

    # 替换占位符内容
    for shape in slide.shapes:
        if shape.has_text_frame:
            text_frame = shape.text_frame
            for paragraph in text_frame.paragraphs:
                if "项目成员" in paragraph.text:
                    paragraph.text = paragraph.text.replace("项目成员", str(row["项目成员"]))
                if "日期" in paragraph.text:
                    # 处理日期，只保留年月日
                    date_str = pd.to_datetime(row["日期"]).strftime("%Y-%m-%d")
                    paragraph.text = paragraph.text.replace("日期", date_str)
                if "工作事项" in paragraph.text:
                    paragraph.text = paragraph.text.replace("工作事项", str(row["工作事项"]))

                # 设置文本左对齐
                paragraph.alignment = PP_ALIGN.LEFT

                # 设置字体大小为 20pt
                for run in paragraph.runs:
                    run.font.size = Pt(20)
# 4. 删除第二页模板幻灯片
if len(prs.slides) > 1:
    xml_slides = prs.slides._sldIdLst
    slides = list(xml_slides)
```

```
    xml_slides.remove(slides[1])

# 5. 保存生成的 PPT
output_ppt_path = f"C:\\Users\\anqi_\\Desktop\\PPT\\工作日报-{current_date}.pptx"
prs.save(output_ppt_path)
print(f"工作日报已生成并保存为'{output_ppt_path}'")
```

这段代码的关键步骤如下。

（1）定义复制幻灯片函数：duplicate_slide()函数通过复制指定索引幻灯片的元素，创建新幻灯片。

（2）读取数据与加载模板：用 pandas 读取 Excel 日报数据，用 python-pptx 加载 PPT 模板。

（3）生成文件名：获取当前日期，按"工作日报-YYYYMMDD.pptx"格式生成文件名。

（4）遍历数据生成幻灯片：为每个项目成员复制模板第 2 页幻灯片，替换"项目成员""日期""工作事项"占位符，日期仅保留年月日部分，设置文本左对齐、字体大小为 20pt。

（5）删除模板页：如果幻灯片数量超过 1 页，删除第 2 页模板。

（6）保存 PPT：将生成的 PPT 按指定路径和文件名保存，并输出保存成功提示。

运行代码后，在对应路径生成一份带日期的工作日报 PPT 文件，打开该文件，可以看到日报已经整理完成，如图 16-5 所示。

图 16-5　生成工作日报 PPT

16.4　在 PPT 中添加图表：量化更具说服力

在商务演示、学术汇报等各类 PPT 展示场景中，数据的呈现至关重要。图表作为一种直观且高效的信息可视化工具，能够将复杂的数据以清晰易懂的方式展示出来，增强内容的说服力和专业性。本节将介绍如何使用 Python 的 python-pptx 库在 PPT 中添加各种类型的图表，使你的 PPT 更具量化价值。

16.4.1　添加常用图表

（1）添加柱状图。柱状图是一种常见的图表类型，用于比较不同类别之间的数据大小。以下是一个添加柱状图的示例代码：

```python
from pptx import Presentation
from pptx.chart.data import CategoryChartData
from pptx.enum.chart import XL_CHART_TYPE
from pptx.util import Inches
import pandas as pd

# 创建一个新的 PPT 演示文稿
prs = Presentation()
# 选择标题和内容幻灯片布局
title_content_layout = prs.slide_layouts[1]
slide = prs.slides.add_slide(title_content_layout)

# 生成示例数据
data = {
    '产品': ['产品 A', '产品 B', '产品 C', '产品 D'],
    '销量': [120, 150, 90, 180]
}
df = pd.DataFrame(data)

# 创建图表数据对象
chart_data = CategoryChartData()
chart_data.categories = df['产品'].tolist()
chart_data.add_series('销量', df['销量'].tolist())

# 在幻灯片上指定位置添加柱状图
x, y, cx, cy = Inches(2), Inches(2), Inches(6), Inches(4.5)
chart = slide.shapes.add_chart(
    XL_CHART_TYPE.COLUMN_CLUSTERED, x, y, cx, cy, chart_data
).chart

# 设置图表标题
chart.has_title = True
chart.chart_title.text_frame.text = '产品销量柱状图'
# 保存 PPT
prs.save(r'C:\Users\anqi_\Desktop\PPT\添加柱状图.pptx')
```

在上述代码中，首先创建了一个新的 PPT 演示文稿，并选择了标题和内容幻灯片布局。然后使用 pandas 生成示例数据，接着创建了一个 CategoryChartData 对象，并将数据添加到该对象中。最后，在幻灯片上指定位置添加了柱状图，并设置了图表标题，将生成的 PPT 保存为"添加柱状图.pptx"文件。

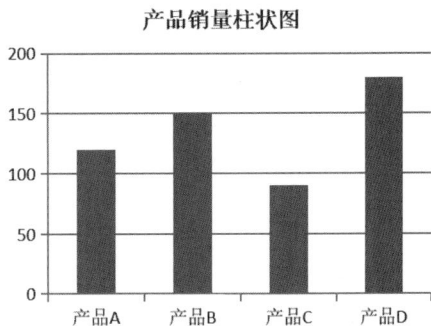

图 16-6　生成柱状图

运行代码，打开生成的"添加柱状图.pptx"文件，如图 16-6 所示。

（2）添加折线图。折线图适合展示数据随时间或其他连续变量的变化趋势。添加折线图的示例代码如下：

```python
from pptx import Presentation
from pptx.chart.data import CategoryChartData
from pptx.enum.chart import XL_CHART_TYPE
from pptx.util import Inches
import pandas as pd

prs = Presentation()   # 创建一个新的 PPT 演示文稿
title_content_layout = prs.slide_layouts[1] # 选择标题和内容幻灯片布局
slide = prs.slides.add_slide(title_content_layout)

# 生成示例数据
data = {
    '月份': ['1 月', '2 月', '3 月', '4 月', '5 月', '6 月'],
    '销售额': [2000, 2200, 2100, 2300, 2500, 2400]
}
df = pd.DataFrame(data)

# 创建图表数据对象
chart_data = CategoryChartData()
chart_data.categories = df['月份'].tolist()
chart_data.add_series('销售额', df['销售额'].tolist())

# 在幻灯片上指定位置添加折线图
x, y, cx, cy = Inches(2), Inches(2), Inches(6), Inches(4.5)
chart = slide.shapes.add_chart(
    XL_CHART_TYPE.LINE, x, y, cx, cy, chart_data
).chart

chart.has_title = True
chart.chart_title.text_frame.text = '销售额折线图'                # 设置图表标题

prs.save(r'C:\Users\anqi_\Desktop\PPT\添加折线图.pptx')          # 保存 PPT
```

在上述代码中，首先创建了一个新的 PPT 演示文稿，并选择了标题和内容幻灯片布局。然后使用 pandas 生成示例数据，接着创建了一个 CategoryChartData 对象，并将数据添加到该对象中。最后，在幻灯片上指定位置添加了折线图，并设置了图表标题，将生成的 PPT 保存为"添加折线图.pptx"文件。

运行代码，打开生成的"添加折线图.pptx"文件，展示效果如图 16-7 所示。

（3）添加饼图。饼图常用于展示各部分数据占总体的比例。添加饼图的示例代码如下：

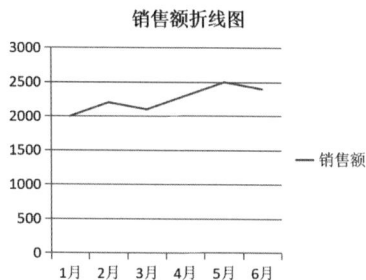

图 16-7　生成折线图

```python
from pptx import Presentation
from pptx.chart.data import CategoryChartData
from pptx.enum.chart import XL_CHART_TYPE
from pptx.util import Inches
import pandas as pd

# 创建一个新的 PPT 演示文稿
prs = Presentation()
# 选择标题和内容幻灯片布局
title_content_layout = prs.slide_layouts[1]
slide = prs.slides.add_slide(title_content_layout)

# 生成示例数据
data = {
    '部门': ['市场部', '研发部', '销售部', '客服部'],
    '人员占比': [20, 30, 35, 15]
}
df = pd.DataFrame(data)

# 创建图表数据对象
chart_data = CategoryChartData()
chart_data.categories = df['部门'].tolist()
chart_data.add_series('人员占比', df['人员占比'].tolist())

# 在幻灯片上指定位置添加饼图
x, y, cx, cy = Inches(2), Inches(2), Inches(6), Inches(4.5)
chart = slide.shapes.add_chart(
    XL_CHART_TYPE.PIE, x, y, cx, cy, chart_data
).chart

# 设置图表标题
chart.has_title = True
chart.chart_title.text_frame.text = '各部门人员占比饼图'

# 保存 PPT
prs.save(r'C:\Users\anqi_\Desktop\PPT\添加饼图.pptx')
```

在上述代码中，首先创建了一个新的 PPT 演示文稿，并选择了标题和内容幻灯片布局。然后使用 pandas 生成示例数据，接着创建了一个 CategoryChartData 对象，并将数据添加到该对象中。最后，在幻灯片上指定位置添加了饼图，并设置了图表标题，将生成的 PPT 保存为"添加饼图.pptx"文件。

运行代码，打开生成的"添加饼图.pptx"文件，展示效果如图 16-8 所示。

16.4.2 读取数据并在 PPT 中制作图表

在日常工作中，有很多办公数据存放在 Excel 中，接下来将学习如何从 Excel 中读取数据并在 PPT 中制作可视化图表。

有一个名为"kitchen_sales_data.pptx"的文件，其中包含了厨房用具的销量数据，部分数据截图如图 16-9 所示。

各部门人员占比饼图

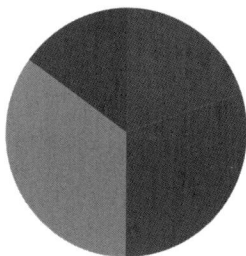

◢	A	B	C
1	月份	厨房用具	销量
2	1月	炒锅	96
3	1月	汤锅	284
4	1月	电饭煲	219
5	1月	微波炉	271
6	1月	豆浆机	282
7	2月	炒锅	108
8	2月	汤锅	186
9	2月	电饭煲	254
10	2月	微波炉	99
11	2月	豆浆机	198
12	3月	炒锅	177
13	3月	汤锅	208

图 16-8　生成饼图　　　　　　　　　图 16-9　厨房用具部分销量数据

通过折线图的变化趋势以及各类厨房用具的销量分布变化情况，采用折线图和柱状图进行可视化，同时展示厨房用具分类销量情况。

向 CodeGeeX 提问：请使用 Python 编写一段代码，实现以下功能。

（1）创建一个 PPT，添加一页幻灯片。

（2）从 kitchen_sales_data.xlsx 文件中读取销售数据（包含月份、厨房用具和销量数据）。

（3）处理数据以计算厨房用具销量按月变化情况（每月总销量）和所有厨房用具销量分布情况（每种厨房用具总销量）。

（4）在 PPT 第一页的左侧插入一个折线图，用于显示厨房用具按月销量变化情况，设定图表标题为"厨房用具销量按月变化情况"。

（5）在 PPT 第一页的右侧添加一个柱状图，展示各类厨房用具销量分布，设置图表标题为"所有厨房用具销量分布情况"。

（6）将生成的 PPT 保存为 kitchen_sales_report.pptx，并输出保存成功的提示信息。

CodeGeeX 反馈代码如下（将加载路径修改为本地合适路径）：

```
import pandas as pd
from pptx import Presentation
from pptx.chart.data import CategoryChartData
from pptx.enum.chart import XL_CHART_TYPE
from pptx.util import Inches

# 创建 PPT
prs = Presentation()
# 选择标题和内容幻灯片布局
title_content_layout = prs.slide_layouts[1]
slide = prs.slides.add_slide(title_content_layout)

# 从 Excel 读取数据
df = pd.read_excel(r'C:\Users\anqi_\Desktop\PPT\kitchen_sales_data.xlsx')

# 处理数据以获取销量按月变化情况
monthly_sales = df.groupby('月份')['销量'].sum()

# 创建销量按月变化情况的折线图数据对象
monthly_chart_data = CategoryChartData()
monthly_chart_data.categories = monthly_sales.index.tolist()
monthly_chart_data.add_series('总销量', monthly_sales.values.tolist())

# 在幻灯片左侧添加销量按月变化情况的折线图
x1, y1, cx1, cy1 = Inches(0.5), Inches(2), Inches(4), Inches(4)
monthly_chart = slide.shapes.add_chart(
    XL_CHART_TYPE.LINE, x1, y1, cx1, cy1, monthly_chart_data
).chart
monthly_chart.has_title = True
monthly_chart.chart_title.text_frame.text = '厨房用具销量按月变化情况'

# 处理数据以获取所有厨房用具销量分布情况
item_sales = df.groupby('厨房用具')['销量'].sum()

# 创建所有厨房用具销量分布情况的柱状图数据对象
item_chart_data = CategoryChartData()
item_chart_data.categories = item_sales.index.tolist()
item_chart_data.add_series('销量', item_sales.values.tolist())

# 在幻灯片右侧添加所有厨房用具销量分布情况的柱状图
x2, y2, cx2, cy2 = Inches(5), Inches(2), Inches(4), Inches(4)
item_chart = slide.shapes.add_chart(
    XL_CHART_TYPE.COLUMN_CLUSTERED, x2, y2, cx2, cy2, item_chart_data
).chart
item_chart.has_title = True
item_chart.chart_title.text_frame.text = '所有厨房用具销量分布情况'

# 保存 PPT
prs.save(r'C:\Users\anqi_\Desktop\PPT\kitchen_sales_report.pptx')
print("PPT 已生成并保存为 kitchen_sales_report.pptx")
```

在上述代码中，按顺序执行了以下步骤。

（1）PPT 创建与数据读取：使用 python-pptx 库创建一个新的 PPT 演示文稿，并添加一页幻灯片。从之前保存的 Excel 文件中读取销售数据。

（2）数据处理与图表生成：对读取的数据进行分组计算，以确定每月的总销量和每种厨房用具的总销量。利用 CategoryChartData 创建折线图和柱状图所需的数据对象。在幻灯片左侧添加展示厨房用具销量按月变化情况的折线图，并为图表设置标题为"厨房用具销量按月变化情况"，在右侧添加所有厨房用具销量分布情况的柱状图，并为图表设置标题为"所有厨房用具销量分布情况"。

（3）PPT 保存：将生成好的 PPT 保存为 kitchen_sales_report.pptx 文件，并输出保存成功的提示信息。运行代码后，生成"kitchen_sales_report.pptx"文件，打开该文件，运行结果如图 16-10 所示。

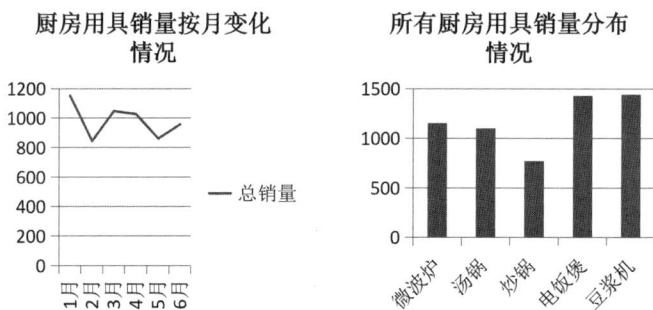

图 16-10　厨房用具销量统计图

16.5　本章小结

本章围绕 Python 的 python-pptx 库进行 PPT 自动化处理的相关介绍。首先讲解了如何使用该库进行 PPT 格式控制，使用户能精准调整格式；然后阐述了几种从 PPT 中高效提取文本的方法，可高效获取信息。

本章还深入探讨了如何将 Excel 数据与 PPT 模板结合，自动生成报告。还介绍了在 PPT 中添加柱状图、折线图、饼图等多种常见图表，并介绍了从 Excel 文件读取数据并制作可视化图表的方法。通过这些内容，读者能提升 PPT 制作效率和质量。

第 17 章　PDF 自动化处理

在日常工作与学习中，PDF 文件处理需求十分常见，如合并与拆分、提取文本表格、添加水印等。手动操作烦琐且效率低下。本章将带你开启 Python 自动化处理 PDF 的大门，详细介绍相关库的使用，让你轻松应对各类 PDF 处理难题，大幅提升工作效率。

17.1　合并与拆分 PDF：不必苦苦寻软件

PDF 文件如何拆分与合并，例如合并多个 PDF 文件或将一个 PDF 文件拆分成多个部分。许多人会寻找各种软件来完成这些任务。实际上，使用 Python 可以轻松实现这些操作。本节将介绍如何使用 Python 的 PyPDF2 库来合并和拆分 PDF 文件。

17.1.1　安装 PyPDF2

PyPDF2 是一个用于处理 PDF 文件的 Python 库，它可以实现 PDF 文件的合并、拆分、文本提取、加密解密等常见操作。通过 PyPDF2，开发者能够方便地在 Python 程序中对 PDF 文件进行自动化处理，提高工作效率。

使用 pip 可以很方便地安装 PyPDF2 库，在命令行中执行以下命令：

```
pip install PyPDF2
```

17.1.2　合并 PDF 文件

现有一份测试用例 PDF 文档和测试报告 PDF 文档，希望将其合并，采用 PyPDF2 进行操作。

要合并 PDF 文件，可以使用 PyPDF2 库的 PdfMerger 类。以下是基本步骤。

（1）创建一个 PdfMerger 对象。

（2）使用 append()方法将要合并的 PDF 文件添加到 PdfMerger 对象中。

（3）使用 write()方法将合并后的 PDF 文件保存到一个新文件中。

具体代码如下：

```
import PyPDF2

# 创建一个 PdfMerger 对象
merger = PyPDF2.PdfMerger()
```

```
# 添加要合并的 PDF 文件
merger.append(r'C:\Users\anqi_\Desktop\PDF\测试报告.pdf')
merger.append(r'C:\Users\anqi_\Desktop\PDF\测试用例.pdf')

# 将合并后的 PDF 保存到一个新文件
with open(r'C:\Users\anqi_\Desktop\PDF\测试文档整合.pdf', 'wb') as output_file:
    merger.write(output_file)

print('PDF 文件已成功合并并保存为测试文档整合.pdf')
```

按照本地文件路径调整代码，并运行代码，生成"测试文档整合.pdf"文件，如图 17-1 所示。

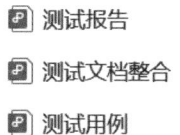

📄 测试报告

📄 测试文档整合

17.1.3　拆分 PDF 文件

📄 测试用例

图 17-1　PDF 合并

要拆分 PDF 文件，可以使用 PyPDF2 库的 PdfReader 类来读取 PDF 文件，并使用 PdfWriter 类来创建新文件。以下是基本步骤。

（1）创建一个 PdfReader 对象读取 PDF 文件。

（2）创建一个 PdfWriter 对象。

（3）使用 add_page()方法将要拆分的页面添加到 PdfWriter 对象中。

（4）使用 write()方法将拆分后的 PDF 保存到一个新文件中。

希望将"测试用例.pdf"文档按页拆分开，具体代码如下：

```
import PyPDF2

# 打开要拆分的 PDF 文件
with open(r'C:\Users\anqi_\Desktop\PDF\测试用例.pdf', 'rb') as input_file:
    reader = PyPDF2.PdfReader(input_file)

    # 获取 PDF 文件的总页数
    total_pages = len(reader.pages)

    # 遍历每一页并保存为独立的 PDF 文件
    for page_number in range(total_pages):
        writer = PyPDF2.PdfWriter()
        writer.add_page(reader.pages[page_number])

        output_filename = f'C:\\Users\\anqi_\\Desktop\\PDF\\测试用例第{page_number + 1}页.pdf'
        with open(output_filename, 'wb') as output_file:
            writer.write(output_file)

        print(f'已成功保存第{page_number + 1}页')
```

按照本地文件路径调整代码，并运行代码，在代码运行窗口打印拆分过程如下：

```
已成功保存第 1 页
已成功保存第 2 页
已成功保存第 3 页
```

已成功保存第 4 页
已成功保存第 5 页

生成 5 个测试用例拆分后的文档，如图 17-2 所示。

📄 测试用例

📄 测试用例第1页

📄 测试用例第2页

17.2 PDF 文本提取：文字提取不求人

📄 测试用例第3页

📄 测试用例第4页

📄 测试用例第5页

在日常工作和研究中，经常需要从 PDF 文件中提取文字内
容。使用 Python 可以轻松实现这一操作，接下来将介绍如何使用
PyPDF2 库从 PDF 文件中提取文本信息。

图 17-2 PDF 文档拆分

使用 PyPDF2 库提取 PDF 文本的基本步骤如下。

（1）打开 PDF 文件并创建一个 PdfReader 对象。

（2）使用 len(pdf_reader.pages)方法获取 PDF 文件的总页数。

（3）使用 pages[]获取每一页的 PageObject 对象。

（4）使用 extract_text()方法从 PageObject 对象中提取文本内容。

使用之前的"测试用例.pdf"做演示，以下代码演示了如何打开该 PDF 文件，将其
每一页文本内容提取出来并打印到控制台。具体代码如下：

```python
import PyPDF2

# 打开 PDF 文件
with open(r'C:\Users\anqi_\Desktop\PDF\测试用例.pdf', 'rb') as pdf_file:
    # 创建一个 PdfFileReader 对象
    pdf_reader = PyPDF2.PdfReader(pdf_file)

    # 获取 PDF 文件的总页数
    num_pages = len(pdf_reader.pages)

    # 遍历每一页并提取文本
    for page_num in range(num_pages):
        page = pdf_reader.pages[page_num]
        text = page.extract_text()

        # 打印每一页的文本内容
        print(f'Page {page_num + 1}:')
        print(text)
        print('------------------')
```

按照本地文件路径调整代码，并运行代码，在代码运行窗口打印该 PDF 文本的信
息，文字提取完成。

17.3 PDF 表格提取：偶有需求难处理

在处理 PDF 文件时，我们常常需要从中提取表格数据。尽管 PDF 格式广泛用于文档

的存储和传输，但其特殊的结构使得直接编辑或提取表格数据变得颇具挑战。接下来将详细介绍提取 PDF 文件中表格的方法，帮助读者高效地获取所需表格数据。

在开始之前，需要安装 pdfplumber 库，可以使用以下命令安装：

```
pip install pdfplumber
```

pdfplumber 是一个专门用于从 PDF 中提取表格的库，下面的示例展示了如何使用 pdfplumber 库提取 PDF 文件中的表格。

现在有一个名为"sales_info.pdf"的 PDF 文件，文件内容如图 17-3 所示。

下面是一个示例表格：

商品名称	商品编号	商品销量	统计月份
上衣	ID001	40	2024-07
长裤	ID002	45	2024-07
球鞋	ID003	32	2024-07

以上是商品销量情况。

图 17-3　PDF 文件中的表格

使用 pdfplumber 库提取表格的关键步骤如下。

（1）导入库，首先需要导入 pdfplumber 库。参考代码如下：

```
import pdfplumber
```

（2）打开 PDF 文件，使用 pdfplumber.open()方法打开指定路径的 PDF 文件，该方法会返回一个 pdfplumber.PDF 对象，代表整个 PDF 文件。参考代码如下：

```
pdf_path = 'your_file.pdf'
pdf = pdfplumber.open(pdf_path)
```

（3）遍历页面，通过 pdf.pages 属性可以获取 PDF 文件中的所有页面，它返回一个包含多个 pdfplumber.Page 对象的列表，每个对象代表 PDF 中的一页。可以使用循环遍历这些页面。参考代码如下：

```
for page in pdf.pages:
    # 对每一页进行操作
    pass
```

（4）提取表格数据。在 pdfplumber.Page 对象上，可以使用 extract_tables()或 extract_table()方法来提取表格数据。

extract_tables()方法用于提取当前页面中的所有表格，返回一个列表，列表中的每个元素是一个嵌套列表，代表一个表格，嵌套列表中的每个子列表代表表格的一行。参考代码如下：

```
for page in pdf.pages:
    tables = page.extract_tables()
    for table in tables:
        for row in table:
            print(row)
```

extract_table()方法用于提取当前页面中的第一个表格，返回一个嵌套列表，代表该表格，嵌套列表中的每个子列表代表表格中的一行。如果页面中没有表格，则该方法返回None。参考代码如下：

```
for page in pdf.pages:
    table = page.extract_table()
    if table:
        for row in table:
            print(row)
```

（5）关闭 PDF 文件。使用 with 语句打开 PDF 文件时，文件会在代码块结束后自动关闭，但如果选择不使用 with 语句，则需要手动调用 pdf.close()方法关闭文件。参考代码如下：

```
pdf = pdfplumber.open(pdf_path)
# 进行表格提取操作
pdf.close()
```

（6）完整代码。将以上代码组合起来，完整代码如下：

```
import pdfplumber

pdf_path = 'your_file.pdf'
with pdfplumber.open(pdf_path) as pdf:
    for page in pdf.pages:
        tables = page.extract_tables()
        for table in tables:
            for row in table:
                print(row)
```

接下来，开始实战，使用 pdfplumber 库编写提取 sales_info.pdf 文件的代码，参考代码如下：

```
# 导入pdfplumber库，该库用于处理PDF文件并提取其中的表格数据
import pdfplumber

# 定义一个名为extract_tables_from_pdf的函数，该函数接收一个PDF文件的路径作为参数
def extract_tables_from_pdf(pdf_path):
    # 初始化一个空列表tables，用于存储从PDF文件中提取的所有表格数据
    tables = []
    # 使用with语句打开指定路径的PDF文件，确保文件在使用完毕后能正确关闭
    # pdfplumber.open(pdf_path) 会返回一个表示该PDF文件的对象
    with pdfplumber.open(pdf_path) as pdf:
        # 遍历PDF文件中的每一页
        for page in pdf.pages:
            # page.extract_tables() 方法用于从当前页面中提取所有表格数据
            # 将提取到的表格数据添加到之前初始化的tables列表中
```

```
        tables.extend(page.extract_tables())
    # 函数返回存储所有表格数据的列表
    return tables

# 定义一个字符串变量 pdf_path，指定要处理的 PDF 文件的路径
pdf_path = r'C:\Users\anqi_\Desktop\PDF\sales_info.pdf'
# 调用 extract_tables_from_pdf 函数，传入 PDF 文件路径，将提取到的表格数据存储在 tables 变量中
tables = extract_tables_from_pdf(pdf_path)
# 遍历提取到的所有表格
for table in tables:
    # 对于每个表格，遍历其中的每一行数据
    for row in table:
        # 打印当前行的数据
        print(row)
```

运行成功后，打印如下内容，可见表格内容被成功提取。

```
['商品名称', '商品编号', '商品销量', '统计月份']
['上衣', 'ID001', '40', '2024-07']
['长裤', 'ID002', '45', '2024-07']
['球鞋', 'ID003', '32', '2024-07']
```

如果需要将提取的表格保存下来，可以使用 pandas 先将提取的表格转为 DataFrame，然后保存为 xlsx 或 csv 等格式。

改写上述代码，添加了将提取的表格保存到 Excel 文件功能的代码示例，具体步骤如下。

（1）定义函数和初始化合并的 DataFrame。参考代码如下：

```
def tables_to_dataframe(tables):
    combined_df = pd.DataFrame()
```

该函数接收一个参数 tables，这个参数是一个包含多个表格数据的列表。

combined_df = pd.DataFrame()创建了一个空的 Pandas DataFrame 对象 combined_df，用于存储合并后的表格数据。

（2）遍历每个表格并转换为 DataFrame。参考代码如下：

```
for table in tables:
    if table:
        df = pd.DataFrame(table[1:], columns=table[0])
```

for table in tables 可以遍历 tables 列表中的每个表格数据。if table 用来检查当前表格是否为空，如果不为空则继续处理。

df = pd.DataFrame(table[1:], columns=table[0])使用 pd.DataFrame()函数将当前表格数据转换为 Pandas DataFrame 对象。table[1:]表示取表格数据中除第一行之外的所有行，作为 DataFrame 的数据部分，columns=table[0]表示将表格的第一行数据作为 DataFrame 的列名。

（3）接下来合并 DataFrame。参考代码如下：

```
combined_df = pd.concat([combined_df, df], ignore_index=True)
```

使用 pd.concat()函数将当前的 DataFrame 对象 df 追加到之前创建的合并 DataFrame
对象 combined_df 中。ignore_index=True 表示重新设置合并后 DataFrame 的索引，避免索
引重复。

（4）返回合并后的 DataFrame。函数最后返回合并后的 DataFrame 对象。参考代码
如下：

```
return combined_df
```

将以上代码步骤合并，加入函数调用和文件保存的代码，完整代码如下。

```
# 导入 pdfplumber 库，该库用于处理 PDF 文件并提取其中的表格数据
import pdfplumber
import pandas as pd

# 定义一个名为 extract_tables_from_pdf 的函数，该函数接收一个 PDF 文件的路径作为参数
def extract_tables_from_pdf(pdf_path):
    # 初始化一个空列表 tables，用于存储从 PDF 文件中提取的所有表格数据
    tables = []
    # 使用 with 语句打开指定路径的 PDF 文件，确保文件在使用完毕后能正确关闭
    # pdfplumber.open(pdf_path) 会返回一个表示该 PDF 文件的对象
    with pdfplumber.open(pdf_path) as pdf:
        # 遍历 PDF 文件中的每一页
        for page in pdf.pages:
            # page.extract_tables() 方法用于从当前页面中提取所有表格数据
            # 将提取到的表格数据添加到之前初始化的 tables 列表中
            tables.extend(page.extract_tables())
    # 函数返回存储所有表格数据的列表
    return tables

# 定义一个字符串变量 pdf_path，指定要处理的 PDF 文件的路径
pdf_path = r'C:\Users\anqi_\Desktop\PDF\sales_info.pdf'
# 调用 extract_tables_from_pdf 函数，传入 PDF 文件路径，将提取到的表格数据存储在 tables 变量中
tables = extract_tables_from_pdf(pdf_path)
# 遍历提取到的所有表格
for table in tables:
    # 对于每个表格，遍历其中的每一行数据
    for row in table:
        # 打印当前行的数据
        print(row)

def tables_to_dataframe(tables):
    # 创建一个空的 DataFrame
    combined_df = pd.DataFrame()
    for table in tables:
        if table:
            # 将当前表格数据转换为 DataFrame
            df = pd.DataFrame(table[1:], colums=table[0])
            # 将当前 DataFrame 追加到总的 DataFrame 中
            combined_df = pd.concat([combined_df, df], ignore_index=True)
```

```
        return combined_df

df = tables_to_dataframe(tables)
df.to_excel(r'C:\Users\anqi_\Desktop\PDF\sales_info.xlsx')
```

运行以上代码，发现 PDF 中的表格已经被成功提取，并保存为 Excel 文件，打开
Excel 文档，如图 17-4 所示。

▲	A	B	C	D	E
1		商品名称	商品编号	商品销量	统计月份
2	0	上衣	ID001	40	2024-07
3	1	长裤	ID002	45	2024-07
4	2	球鞋	ID003	32	2024-07

图 17-4　提取保存的 Excel 文件

假设我们有一个包含多张表格的 PDF 文档 sales_info_1.pdf，如图 17-5 所示，需要提
取这些表格并保存为 Excel 文件。

下面是一个示例表格：

商品名称	商品编号	商品销量	统计月份
上衣	ID001	40	2024-07
长裤	ID002	45	2024-07
球鞋	ID003	32	2024-07

以上是商品销量情况。

下面是另一个表格：

商品	编号
上衣	ID001
长裤	ID002
球鞋	ID003

图 17-5　包含多张表格的 PDF 文档

如果使用以上的代码，提取出的表格如图 17-6 所示。

▲	A	B	C	D	E	F	G
1		商品名称	商品编号	商品销量	统计月份	商品	编号
2	0	上衣	ID001	40	2024-07		
3	1	长裤	ID002	45	2024-07		
4	2	球鞋	ID003	32	2024-07		
5	3					上衣	ID001
6	4					长裤	ID002
7	5					球鞋	ID003

图 17-6　多表格 PDF 提取结果

虽然成功地将两个表格提取出来了，但是并非如预想的那样能清晰区分，是否可以
将每个表格单独保存呢？答案当然是可以，需要对之前的代码进行适当调整，循环提取

表格时按序存放，而不是将所有表格全部合并在一起，这样就能区分多个表格了，具体
代码如下：

```python
# 导入 pdfplumber 库，用于从 PDF 文件中提取表格数据
import pdfplumber
# 导入 pandas 库，简称为 pd，用于数据处理和分析，将提取的表格数据转换为 DataFrame 格式
import pandas as pd
# 导入 os 库，用于处理文件和目录路径，创建目录等操作
import os

# 定义一个函数，用于从指定路径的 PDF 文件中提取所有表格数据
def extract_tables_from_pdf(pdf_path):
    # 初始化一个空列表，用于存储从 PDF 中提取的所有表格及其所在页码
    tables = []
    # 使用 with 语句打开指定路径的 PDF 文件，确保文件在使用完后正确关闭
    with pdfplumber.open(pdf_path) as pdf:
        # 遍历 PDF 文件的每一页，enumerate() 函数用于同时获取页码和页面对象，页码从 1 开始计数
        for page_num, page in enumerate(pdf.pages, start=1):
            # 从当前页面中提取所有表格数据
            page_tables = page.extract_tables()
            # 遍历当前页面中提取的所有表格
            for table in page_tables:
                # 将表格所在页码和表格数据作为一个元组添加到 tables 列表中
                tables.append((page_num, table))
    # 返回存储所有表格及其所在页码的列表
    return tables

# 定义一个函数，用于将提取的表格数据转换为 pandas 的 DataFrame 对象列表
def tables_to_dataframes(tables):
    # 初始化一个空列表，用于存储转换后的 DataFrame 对象及其所在页码
    dataframes = []
    # 遍历存储表格及其所在页码的列表
    for page_num, table in tables:
        # 检查当前表格是否不为空
        if table:
            # 将表格数据转换为 DataFrame 对象，表格的第一行作为列名，其余行作为数据
            df = pd.DataFrame(table[1:], columns=table[0])
            # 将表格所在页码和转换后的 DataFrame 对象作为一个元组添加到 dataframes 列表中
            dataframes.append((page_num, df))
    # 返回存储所有 DataFrame 对象及其所在页码的列表
    return dataframes

# 定义一个函数，用于将转换后的 DataFrame 对象保存为 Excel 文件
def save_dataframes_to_excel(dataframes, output_dir):
    # 检查指定的输出目录是否存在，如果不存在则创建该目录
    if not os.path.exists(output_dir):
        os.makedirs(output_dir)
    # 遍历存储 DataFrame 对象及其所在页码的列表，enumerate 函数用于同时获取序号，序号从 1 开始
计数
    for i, (page_num, df) in enumerate(dataframes, start=1):
        # 构建保存 Excel 文件的路径，文件名包含表格所在页码和表格序号
        output_path = os.path.join(output_dir, f'table_page_{page_num}_table_{i}.
xlsx')
        # 将 DataFrame 对象保存为 Excel 文件，不保存行索引
        df.to_excel(output_path, index=False)
```

```
# 定义主函数，用于协调从 PDF 提取表格、转换为 DataFrame 并保存为 Excel 文件的整个流程
def main(pdf_path, output_dir):
    # 调用 extract_tables_from_pdf 函数，从指定路径的 PDF 文件中提取所有表格数据
    tables = extract_tables_from_pdf(pdf_path)
    # 调用 tables_to_dataframes 函数，将提取的表格数据转换为 DataFrame 对象列表
    dataframes = tables_to_dataframes(tables)
    # 调用 save_dataframes_to_excel 函数，将转换后的 DataFrame 对象保存为 Excel 文件
    save_dataframes_to_excel(dataframes, output_dir)
    # 打印提取的表格数量和保存的输出目录信息
    print(f'Extracted {len(dataframes)} tables and saved to {output_dir}.')

# 示例代码，指定要处理的 PDF 文件路径和保存 Excel 文件的输出目录
pdf_path = r'C:\Users\anqi_\Desktop\PDF\sales_info_1.pdf'
output_dir =r'C:\Users\anqi_\Desktop\PDF\output'
# 调用主函数，开始执行表格提取、转换和保存操作
main(pdf_path, output_dir)
```

与原代码相比，新代码的改进点如下。

（1）记录页码信息：extract_tables_from_pdf 函数在提取表格时记录了每个表格所在的页码，并将(page_num, table)元组添加到结果列表，实现了表格的区分。

（2）表格拆分保存：新增 tables_to_dataframes 函数，用于将表格数据转换为 DataFrame 并关联页码，save_dataframes_to_excel 函数则负责把每个 DataFrame 保存为单独的 Excel 文件，文件名包含页码和表格序号。

（3）模块化设计：通过将不同功能封装成独立函数，通过 main 函数协调，使代码结构更清晰，便于维护和扩展。

（4）输出目录处理：在 save_dataframes_to_excel 函数中检查输出目录是否存在，若不存在则创建，以避免保存文件失败。

运行代码，发现在 output 目录下生成了两个 Excel 表格文件，如图 17-7 所示。

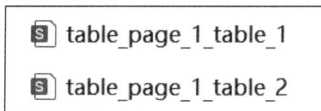

> 🅢 table_page_1_table_1
>
> 🅢 table_page_1_table_2

图17-7　提取表格分别存放

打开两个表格，其中的内容如图 17-8 所示。至此，PDF 文件中多表格提取完成。

	A	B	C	D
1	商品名称	商品编号	商品销量	统计月份
2	上衣	ID001	40	2024-07
3	长裤	ID002	45	2024-07
4	球鞋	ID003	32	2024-07

（a）

	A	B
1	商品	编号
2	上衣	ID001
3	长裤	ID002
4	球鞋	ID003

（b）

图17-8　提取表格分别存放

17.4　PDF 批量添加水印：产权归属标注清

在日常办公中，为 PDF 添加水印是一个常见需求，水印可以标注产权归属。接下来将介绍如何使用 Python 来实现 PDF 批量添加水印的功能。

使用 PyPDF2 和 reportlab 库来处理 PDF 文档和生成水印，通过如下命令安装这些库：

```
pip install PyPDF2 reportlab
```

PyPDF2 是一个纯 Python 编写的 PDF 工具包，它能够读取、修改、合并和分割 PDF 文件。reportlab 是一个用于生成 PDF 文件的库，可以创建复杂的 PDF 文档，包括文本、图像和图形。

在为 PDF 文件添加水印之前，需要先创建一个包含水印文字的 PDF 文件，可以使用 reportlab 库来实现。同时，为了自定义水印的字体样式，需要准备一份 TrueType 字体（.ttf）文件，例如"楷体_GB2312.ttf"。下面将介绍如何使用 reportlab 库创建这样一个包含水印文字的 PDF 文件。

向 CodeGeeX 提问：如何通过 reportlab 库创建水印文件？

CodeGeeX 反馈代码如下：

```python
from reportlab.pdfgen import canvas              # 导入画布模块
from reportlab.pdfbase.ttfonts import TTFont     # 导入字体模块
from reportlab.pdfbase import pdfmetrics         # 导入 PDF 度量模块

def create_watermark(watermark_text, output_path):
    # 注册自定义字体 'kaiti'，使用下载的楷体字体文件 '楷体_GB2312.ttf'
    pdfmetrics.registerFont(TTFont('kaiti', r'C:\Users\anqi_\Desktop\PDF\楷体_GB2312.ttf'))

    c = canvas.Canvas(output_path)    # 创建画布对象
    c.setFont("kaiti", 50)            # 设置字体为 'kaiti'，大小为 50
    c.saveState()                     # 保存当前画布状态
    c.translate(500, 100)             # 平移画布坐标原点至 (500, 100)，位置可以根据需要调整
    c.rotate(45)                      # 旋转画布 45 度
    c.setFillColorRGB(0.5, 0.5, 0.5, alpha=0.5)    # 设置填充颜色为灰色，透明度为 0.5
    c.drawString(-300, 200, watermark_text)        # 在调整后的位置绘制水印文本
    c.restoreState()    # 恢复之前保存的画布状态
    c.save()            # 保存并关闭画布，生成 PDF 文件

create_watermark("产权归属标注水印", r"C:\Users\anqi_\Desktop\PDF\watermark.pdf")
# 调用函数创建带水印的 PDF 文件
```

以上代码的主要步骤为导入相关模块、创建画布、设置字体、设置水印文本样式、绘制水印文字，最后保存文件。

运行代码，在设定路径下生成 watermark.pdf 文件，打开该文件，已经成功生成了相应的水印。如图 17-9 所示。

有了水印文件之后，可以使用 PyPDF2 为需要打上水印的 PDF 文件批量打水印。以下是基本步骤。

（1）导入必要的库。参考代码如下：

```
import os
from PyPDF2 import PdfReader, PdfWriter
```

os 库用于处理文件和目录的操作，如检查文件夹是否存在、创建文件夹、遍历文件夹中的文件等。PdfReader 和 PdfWriter 来自 PyPDF2 库，PdfReader 用于读取 PDF 文件的内容，PdfWriter 用于创建和写入新的 PDF 文件。

（2）定义添加水印的函数。参考代码如下：

图17-9　水印文件

```
def add_watermark(input_pdf, output_pdf, watermark_pdf):
    # 打开输入 PDF 文件和水印 PDF 文件
    with open(input_pdf, "rb") as input_file, open(watermark_pdf, "rb") as watermark_
file:
        # 创建 PDF 阅读器对象
        input_pdf_reader = PdfReader(input_file)
        watermark_pdf_reader = PdfReader(watermark_file)
        pdf_writer = PdfWriter()

        # 获取水印 PDF 的第一页
        watermark_page = watermark_pdf_reader.pages[0]

        # 遍历输入 PDF 的每一页
        for page_num in range(len(input_pdf_reader.pages)):
            page = input_pdf_reader.pages[page_num]
            # 合并水印页到当前页
            page.merge_page(watermark_page)
            pdf_writer.add_page(page)

    # 写入输出 PDF 文件
    with open(output_pdf, "wb") as output_file:
        pdf_writer.write(output_file)
```

打开文件并创建阅读器和写入器对象，使用 open()函数以二进制读取模式（rb）打开输入 PDF 文件和水印 PDF 文件。然后使用 PdfReader 创建对应的阅读器对象，同时创建一个 PdfWriter 对象用于写入处理后的 PDF 文件。

获取水印页，从水印 PDF 阅读器中获取第一页，作为要添加的水印。遍历输入 PDF 的每一页并添加水印，使用 for 循环遍历输入 PDF 的每一页，通过 merge_page()方法将水印页合并到当前页上，然后将处理后的页面添加到 PdfWriter 对象。

写入输出 PDF 文件，使用 open 函数以二进制写入模式（wb）打开输出 PDF 文件，调用 PdfWriter 对象的 write()方法将处理后的页面写入输出文件。

（3）定义文件路径和创建输出文件夹。参考代码如下：

```
# 输入文件夹和输出文件夹路径
input_pdf_folder = r"C:\Users\anqi_\Desktop\PDF\input_pdfs"
output_pdf_folder = r"C:\Users\anqi_\Desktop\PDF\output_pdfs"
# 水印 PDF 文件路径
watermark_pdf_path = r"C:\Users\anqi_\Desktop\PDF\watermark.pdf"

# 如果输出文件夹不存在，则创建
if not os.path.exists(output_pdf_folder):
    os.makedirs(output_pdf_folder)
```

定义文件路径，指定输入 PDF 文件所在的文件夹、输出 PDF 文件要保存的文件夹以及水印 PDF 文件的路径。创建输出文件夹，使用 os.path.exists 检查输出文件夹是否存在，如果不存在则使用 os.makedirs 创建该文件夹。

（4）遍历输入文件夹，为每个 PDF 文件添加水印并保存到输出文件夹中。参考代码如下：

```
# 遍历输入文件夹中的每个 PDF 文件，为每个文件添加水印并保存到输出文件夹
for pdf_filename in os.listdir(input_pdf_folder):
    if pdf_filename.endswith(".pdf"):
        input_pdf_path = os.path.join(input_pdf_folder, pdf_filename)
        output_pdf_path = os.path.join(output_pdf_folder, pdf_filename)
        add_watermark(input_pdf_path, output_pdf_path, watermark_pdf_path)
```

遍历输入文件夹，使用 os.listdir 函数获取输入文件夹中的所有文件名，然后使用 for 循环遍历这些文件名。

筛选 PDF 文件，使用 endswith()方法筛选出以.pdf 结尾的文件。构建文件路径，使用 os.path.join 函数构建输入 PDF 文件和输出 PDF 文件的完整路径。调用添加水印函数（add_watermark 函数）为每个 PDF 文件添加水印，并将处理后的文件保存到输出文件夹中。

通过以上步骤，代码实现了批量为 PDF 文件添加水印的功能。在代码中写入的路径中新建一个 input_pdfs 的文件夹，并放入两份 PDF 文件，如图 17-10 所示。

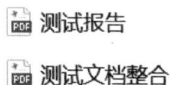

测试报告

测试文档整合

图 17-10　待添加水印的文件

运行代码，在 output_pdfs 文件夹下生成了这两份文件的带水印文件，打开其中的"测试报告"文件，如图 17-11 所示。

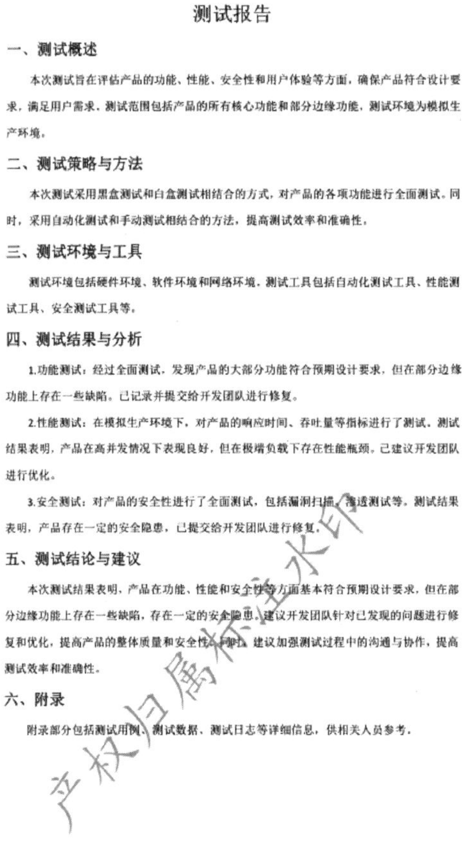

测试报告

一、测试概述

本次测试旨在评估产品的功能、性能、安全性和用户体验等方面，确保产品符合设计要求，满足用户需求。测试范围包括产品的所有核心功能和部分边缘功能，测试环境为模拟生产环境。

二、测试策略与方法

本次测试采用黑盒测试和白盒测试相结合的方式，对产品的各项功能进行全面测试。同时，采用自动化测试和手动测试相结合的方法，提高测试效率和准确性。

三、测试环境与工具

测试环境包括硬件环境、软件环境和网络环境。测试工具包括自动化测试工具、性能测试工具、安全测试工具等。

四、测试结果与分析

1.功能测试：经过全面测试，发现产品的大部分功能符合预期设计要求，但在部分边缘功能上存在一些缺陷，已记录并提交给开发团队进行修复。

2.性能测试：在模拟生产环境下，对产品的响应时间、吞吐量等指标进行了测试，测试结果表明，产品在高并发情况下表现良好，但在极端负载下存在性能瓶颈，已建议开发团队进行优化。

3.安全测试：对产品的安全性进行了全面测试，包括漏洞扫描、渗透测试等。测试结果表明，产品存在一定的安全隐患，已提交给开发团队进行修复。

五、测试结论与建议

本次测试结果表明，产品在功能、性能和安全性等方面基本符合预期设计要求，但在部分边缘功能上存在一些缺陷，存在一定的安全隐患。建议开发团队针对已发现的问题进行修复和优化，提高产品的整体质量和安全性。同时，建议加强测试过程中的沟通与协作，提高测试效率和准确性。

六、附录

附录部分包括测试用例、测试数据、测试日志等详细信息，供相关人员参考。

图 17-11　添加水印后的文件

17.5　本　章　小　结

本章围绕使用 Python 实现 PDF 自动化处理展开。

首先本章介绍使用 PyPDF2 库实现 PDF 合并与拆分，通过创建相应对象、添加文件等操作完成。

接着本章讲解借助该库从 PDF 中提取文本的步骤。对于表格提取，安装 pdfplumber 库，按导入、打开文件等流程操作，还能利用 pandas 将提取结果保存为 Excel 文件，且可优化代码实现多表格分别保存。

最后，本章利用 reportlab 创建水印文件，结合 PyPDF2 遍历输入文件夹，为 PDF 批量添加水印并保存到指定输出文件夹。

第 18 章　电子邮件自动化处理

在日常工作和生活中，电子邮件处理是一项常见且重要的任务。为了提高效率，实现自动化处理电子邮件显得尤为关键。本章将详细介绍多种电子邮件自动化处理的方法，包括定时群发邮件，让你解放双手；邮件附件下载，自动解压到预设路径；批量发送工资条等处理。通过 Python 编程和相关库的使用，帮助你轻松应对各类电子邮件处理场景。

18.1　定时群发邮件：解放双手

在工作中，可能需要定时发送邮件给多个收件人，例如定期的报告、通知或营销邮件。通过编写 Python 脚本并结合任务调度工具，可以实现自动化的定时群发邮件任务，提高效率。

18.1.1　安装所需的库

本章需要用到的 Python 库和模块有 smtplib、schedule 和 email.mime。

1. smtplib 库

smtplib 库用于通过 SMTP 协议发送电子邮件，支持文本、HTML 邮件及附件发送。smtplib 库的相关介绍如下。

- **内置优势**：作为 Python 标准库的一部分，不需要额外安装，兼容 Gmail、Outlook 等主流邮件服务商的 SMTP 服务器。
- **安全性**：支持 TLS 加密（通过 starttls()方法），建议通过环境变量或配置文件管理敏感信息（如密码）。
- **灵活性**：可结合 email 模块构建复杂邮件内容，如多部分邮件（MIMEMultipart）、HTML 格式（MIMEText）和附件（MIMEBase）。
- **典型应用场景**：自动化通知（如系统报警、用户注册验证）、批量发送报告或营销邮件、结合定时任务（如 schedule 库）实现周期性邮件推送。

构造并发送一封电子邮件的示例代码如下：

```
import smtplib
from email.mime.multipart import MIMEMultipart
from email.mime.text import MIMEText
```

```
# 创建邮件对象
msg = MIMEMultipart()
msg['From'] = 'sender@example.com'
msg['To'] = 'recipient@example.com'
msg['Subject'] = '测试邮件'
body = MIMEText('邮件正文', 'plain')
msg.attach(body)

# 发送邮件
with smtplib.SMTP('smtp.example.com', 587) as server:
    server.starttls()
    server.login('账号', '密码')
    server.send_message(msg)
```

2. schedule 库

schedule 库是一种轻量级定时任务调度工具，支持按秒、分、小时或特定时间点执行任务。schedule 库的相关介绍如下。

- **语法直观**：采用自然语言式 API（如 every().day.at("08:00")），易于配置。
- **轻量化**：无外部依赖，适合简单周期任务，但不支持毫秒级精度或持久化存储。
- **扩展功能**：支持任务标签管理（tag()）和异常捕获，避免程序因任务失败而崩溃。
- **典型应用场景**：定时备份数据库或日志文件、每日定时发送汇总报告、监控系统状态并触发邮件或消息提醒。

安装 schedule 库的代码如下：

```
pip install schedule
```

每天在特定时间执行一次指定任务的示例代码如下：

```
import schedule
import time

def job():
    print("任务执行中...")

# 每天 8 点执行一次
schedule.every().day.at("08:00").do(job)

while True:
    schedule.run_pending()
    time.sleep(1)
```

3. email 模块

email 模块用于构建和解析电子邮件内容，支持 MIME 格式（如纯文本、HTML、附件）。email 模块的相关介绍如下。

- **模块组成**：包含 MIMEText（文本内容）、MIMEMultipart（多部分邮件）、MIMEBase（附件）等子模块。
- **协作性**：需与 smtplib 库配合使用，前者负责内容构造，后者负责发送。
- **典型应用场景**：创建带格式的 HTML 邮件（如嵌入图片和链接）、添加文件附件

（如 CSV、PDF）、解析接收到的邮件内容。

示例代码如下：

```
from email.mime.multipart import MIMEMultipart
from email.mime.text import MIMEText
from email.mime.application import MIMEApplication

# 创建带附件的邮件
msg = MIMEMultipart()
msg.attach(MIMEText('正文内容', 'html'))
with open('report.pdf', 'rb') as f:
    attachment = MIMEApplication(f.read(), Name='report.pdf')
    attachment['Content-Disposition'] = 'attachment; filename="report.pdf"'
    msg.attach(attachment)
```

18.1.2　邮箱设置

在开始学习具体案例之前，需要完成邮箱的设置。使用 QQ 邮箱进行案例实战，需要先申请 QQ 邮箱的授权码，具体步骤如下。

（1）登录网页版 QQ 邮箱。打开 QQ 邮箱网页地址（https://mail.qq.com/），登录后单击"设置"，如图 18-1 所示。

图 18-1　单击 QQ 邮箱"设置"

单击"账号"标签，如图 18-2 所示。

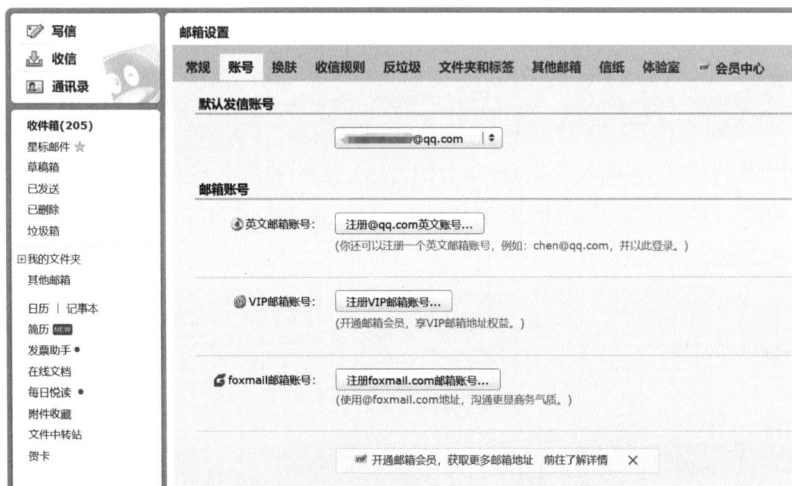

图 18-2　单击 QQ 邮箱"账号"标签

向下滑动当前页面，在如图 18-3 所示的位置，单击"开启服务"。

开启服务过程中可能需要发短信验证，之后会出现如下页面，切记要先复制保存授权码，该授权码在后续编写代码过程中会用到，如图 18-4 所示。

图 18-3　单击"开启服务"

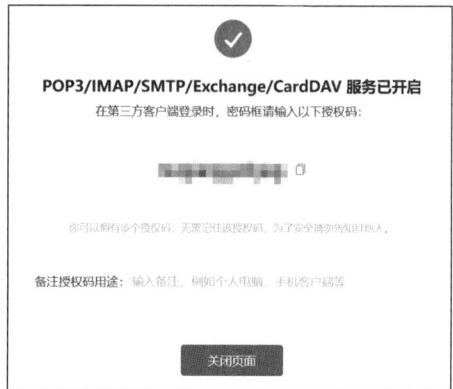

图 18-4　保存授权码

18.1.3　定时群发案例

现在计划实现使用 QQ 邮箱 SMTP 服务器发送纯文本电子邮件的功能。通过调用 send_email 函数，传入邮件主题、正文和收件人地址列表，即可尝试向指定的收件人发送邮件。如果发送成功，将打印"Email sent successfully!"；如果发送失败，将打印具体的错误信息。整个案例需要分以下 5 个步骤实现。

（1）导入必要的库：

```
import smtplib
from email.mime.multipart import MIMEMultipart
from email.mime.text import MIMEText
```

这部分代码的作用是导入 Python 中用于发送邮件的库。smtplib 库提供了与 SMTP 服务器通信的功能，MIMEMultipart 和 MIMEText 则用于创建和处理邮件的结构和内容。

（2）定义发送邮件的函数：

```
def send_email(subject, body, to_emails):
    """
    发送电子邮件的函数。

    参数:
    subject (str): 邮件主题。
    body (str): 邮件正文。
    to_emails (list): 收件人电子邮件地址列表。
    """
```

以上代码定义了一个名为 send_email 的函数，该函数接收三个参数。其中，subject 表示邮件的主题，body 表示邮件的正文，to_emails 表示包含收件人电子邮件地址的列表。

（3）设置 SMTP 服务器信息和发件人信息：

```
# QQ 邮箱的 SMTP 服务器地址和端口号
smtp_server = "smtp.qq.com"
smtp_port = 587

# 发件人的电子邮件地址和授权码
sender_email = "填入你的 QQ 邮箱号"
sender_password = "填入 QQ 邮箱的授权码"   # QQ 邮箱的授权码，不是密码
```

设置使用 QQ 邮箱发送邮件所需的 SMTP 服务器地址和端口号，同时指定发件人的邮箱地址和授权码。需要注意的是，QQ 邮箱使用的是授权码进行登录，而不是邮箱密码。

（4）创建邮件对象并设置邮件信息：

```
# 创建一个 MIMEMultipart 对象表示邮件
msg = MIMEMultipart()
msg['From'] = sender_email            # 设置发件人地址
msg['To'] = ", ".join(to_emails)      # 设置收件人地址，多个收件人使用逗号分隔
msg['Subject'] = subject              # 设置邮件主题

# 将邮件正文附加到 MIMEMultipart 对象，plain 表示文本内容是纯文本格式
msg.attach(MIMEText(body, 'plain'))
```

这部分代码创建了一个名为 msg 的 MIMEMultipart 对象表示邮件，然后设置了邮件的发件人、收件人、主题和正文。其中，收件人地址使用逗号分隔的字符串形式，正文以纯文本格式附加到邮件对象中。

（5）连接 SMTP 服务器并发送邮件：

```
try:
    # 连接到 SMTP 服务器
    server = smtplib.SMTP(smtp_server, smtp_port)

    # 启动 TLS 加密
    server.starttls()

    # 登录到 SMTP 服务器
    server.login(sender_email, sender_password)

    # 发送邮件
    server.sendmail(sender_email, to_emails, msg.as_string())

    # 关闭与 SMTP 服务器的连接
    server.close()

    print("Email sent successfully!")  # 打印成功信息
except Exception as e:
    print(f"Failed to send email. Error: {e}")  # 打印错误信息
```

使用 try-except 语句来处理可能出现的异常。首先，使用 smtplib.SMTP()方法连接到

SMTP 服务器，然后启动 TLS 加密以确保通信安全。接着，使用发件人的邮箱地址和授权码登录服务器，发送邮件，最后关闭与服务器的连接。如果发送过程中出现异常，将打印错误信息。

将以上代码合并，得到如下的完整代码。

```python
import smtplib
from email.mime.multipart import MIMEMultipart
from email.mime.text import MIMEText

def send_email(subject, body, to_emails):
    """
    发送电子邮件的函数。

    参数:
    subject (str): 邮件主题。
    body (str): 邮件正文。
    to_emails (list): 收件人电子邮件地址列表。
    """

    # QQ 邮箱的 SMTP 服务器地址和端口号
    smtp_server = "smtp.qq.com"
    smtp_port = 587

    # 发件人的电子邮件地址和授权码
    sender_email = "填入你的 QQ 邮箱号"
    sender_password = "填入 QQ 邮箱的授权码"        # QQ 邮箱的授权码，不是密码

    # 创建一个 MIMEMultipart 对象来表示邮件
    msg = MIMEMultipart()
    msg['From'] = sender_email                    # 设置发件人地址
    msg['To'] = ", ".join(to_emails)              # 设置收件人地址，多个收件人使用逗号分隔
    msg['Subject'] = subject                      # 设置邮件主题

    # 将邮件正文附加到 MIMEMultipart 对象，plain 表示文本内容是纯文本格式
    msg.attach(MIMEText(body, 'plain'))

    try:
        # 连接到 SMTP 服务器
        server = smtplib.SMTP(smtp_server, smtp_port)

        # 启动 TLS 加密
        server.starttls()

        # 登录到 SMTP 服务器
        server.login(sender_email, sender_password)

        # 发送邮件
        server.sendmail(sender_email, to_emails, msg.as_string())

        # 关闭与 SMTP 服务器的连接
        server.close()

        print("Email sent successfully!")                 # 打印成功信息
    except Exception as e:
        print(f"Failed to send email. Error: {e}")        # 打印错误信息
```

　　以上代码完成了发邮件的基础功能，接下来加上定时发送的功能。使用 schedule 库可以轻松实现定时任务调度。下面是每天发送一次邮件的代码示例，可以根据实际需要调整发送时间和频率。

```python
import schedule
import time

def job():
    """
    定时任务函数。
    该函数在被调度执行时，会发送一封包含固定主题和正文的邮件。
    """
    subject = "Scheduled Email"                    # 邮件主题
    body = "This is a scheduled email."            # 邮件正文
    to_emails = ["替换为收件人电子邮件地址列表"]    # 收件人电子邮件地址列表
    send_email(subject, body, to_emails)           # 调用 send_email 函数发送邮件

# 每天上午 9 点运行 job 函数
schedule.every().day.at("09:00").do(job)

# 保持脚本运行，不断检查是否有需要执行的调度任务
while True:
    schedule.run_pending()    # 运行所有可以运行的调度任务
    time.sleep(1)             # 等待一秒后继续循环
```

　　将以上定时设置合并到邮件发送基本代码中，得到完整定时发送邮件代码，将代码命名为 scheduled_qq_email.py。

```python
import smtplib
from email.mime.multipart import MIMEMultipart
from email.mime.text import MIMEText
import schedule
import time

def send_email(subject, body, to_emails):
    smtp_server = "smtp.qq.com"
    smtp_port = 587
    sender_email = "QQ 邮箱号"
    sender_password = "QQ 邮箱的授权码"  # QQ 邮箱的授权码，不是密码

    msg = MIMEMultipart()
    msg['From'] = sender_email
    msg['To'] = ", ".join(to_emails)
    msg['Subject'] = subject
    msg.attach(MIMEText(body, 'plain'))

    try:
        server = smtplib.SMTP(smtp_server, smtp_port)
        server.starttls()
        server.login(sender_email, sender_password)
        server.sendmail(sender_email, to_emails, msg.as_string())
        server.close()
        print("Email sent successfully!")
    except Exception as e:
```

```
        print(f"Failed to send email. Error: {e}")

def job():
    subject = "Scheduled Email"
    body = "This is a scheduled email."
    to_emails = ["替换为收件人电子邮件地址列表"]
    send_email(subject, body, to_emails)

# 每天上午 9 点运行，可以根据当前时间往后推几分钟测试下效果
schedule.every().day.at("09:00").do(job)

# 保持脚本运行
while True:
    schedule.run_pending()
    time.sleep(1)
```

修改以上代码，填入具体的 QQ 邮箱号和 QQ 邮箱授权码，在 to_emails 中输入收件人的邮箱号列表。如果想要测试代码的执行情况，建议将定时改为当前时间的几分钟后，在收件箱中填写自己的另一个邮箱，然后进入当前代码的所在路径，在命令行终端输入以下命令并按 Enter 键。

```
python scheduled_email.py
```

到规定的时间发现运行成功，运行结果如图 18-5 所示。

```
PS C:\Users\anqi_\Desktop\电子邮件> python .\scheduled_email.py
Email sent successfully!
```

图 18-5　定时发送邮件成功

在收件箱中也收到了发送来的邮件，如图 18-6 所示。

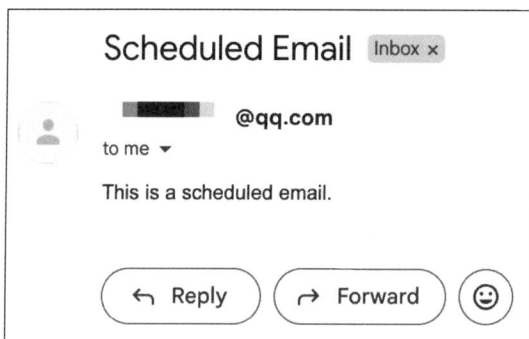

图 18-6　收到发送的邮件

在实际使用中，不要将邮箱密码硬编码在脚本中。可以使用环境变量或加密存储敏感信息。以下是使用环境变量存储密码的示例：

```
import os
# 从环境变量获取邮箱密码
sender_password = os.getenv('EMAIL_PASSWORD')
```

然后在运行脚本前设置环境变量，参考代码如下：

```
export EMAIL_PASSWORD=your_password
```

通过以上步骤，你可以实现一个简单的定时群发邮件系统。根据需要，还可以进一步扩展功能，例如添加附件、支持 HTML 格式邮件等。

18.2　邮件附件下载：提前设置存放处

有时候会有这种需求：定时从邮箱下载当天收到的一些材料并保存，比如每天运行的系统报告会推送给邮箱。在上一节实现定时邮件发送的基础上，本节将构建反向流程——定时从邮箱下载含日期压缩包的邮件附件，并自动解压到预设路径。系统架构形成完整闭环：本地文件压缩→邮件发送→定时下载→自动解压→本地存储。

18.2.1　创建压缩包并发送邮件

每日压缩本地日期文件夹的内容，并发送邮件的具体步骤如下。

（1）生成以当天日期命名的 zip 文件：编写 create_zip_file 函数生成一个以当天日期命名的 zip 文件，并将指定的文件添加到该压缩包中。

```
def create_zip_file():
    """
    创建以当天日期命名的 zip 文件，将每日报表目录下当天日期文件夹中的所有文件压缩到 zip 文件中。
    """
    # 获取当前日期并格式化为字符串
    date_str = datetime.now().strftime("%Y-%m-%d")
    # 文件夹路径
    folder_path = os.path.join(os.path.expanduser(r'C:\Users\anqi_\Desktop\电子邮件
\每日报表'), date_str)
    # zip 文件名
    zip_filename = f"{date_str}.zip"

    # 检查文件夹是否存在
    if not os.path.exists(folder_path):
        print(f"Folder {folder_path} does not exist.")
        return None

    # 获取文件夹中的所有文件
    files_to_zip = [os.path.join(folder_path, f) for f in os.listdir(folder_path)
if os.path.isfile(os.path.join(folder_path, f))]

    # 创建 zip 文件并将所有文件写入
    with zipfile.ZipFile(zip_filename, 'w') as zipf:
```

```
    for file in files_to_zip:
        zipf.write(file, os.path.basename(file))

return zip_filename
```

以上代码首先获取当前的日期字符串，确定文件夹和 zip 文件路径。然后检查对应日期文件夹是否存在，若不存在则输出提示并返回 None。再找出该文件夹下所有文件，将其路径存入列表。最后创建 zip 文件，把列表中的文件逐个写入，返回 zip 文件名。

（2）发送邮件时附加 zip 文件：编写 send_email 函数，附加由 create_zip_file 函数生成的 zip 文件。

```
def send_email(subject, body, to_emails, attachment_path):
    """
    发送包含附件的邮件。
    """
    # QQ 邮箱 SMTP 服务器配置
    smtp_server = "smtp.qq.com"
    smtp_port = 587
    sender_email = "填入你的 QQ 邮箱号码"
    sender_password = "QQ 邮箱的授权码，不是密码"  # QQ 邮箱的授权码，不是密码

    # 创建邮件对象
    msg = MIMEMultipart()
    msg['From'] = sender_email
    msg['To'] = ", ".join(to_emails)
    msg['Subject'] = subject
    msg.attach(MIMEText(body, 'plain'))

    # 添加附件
    if attachment_path:
        with open(attachment_path, "rb") as attachment:
            part = MIMEApplication(attachment.read(), Name=os.path.basename
(attachment_path))
            part['Content-Disposition'] = f'attachment; filename="{os.path.basename
(attachment_path)}"'
            msg.attach(part)

    try:
        # 连接到 SMTP 服务器并发送邮件
        server = smtplib.SMTP(smtp_server, smtp_port)
        server.starttls()
        server.login(sender_email, sender_password)
        server.sendmail(sender_email, to_emails, msg.as_string())
        server.close()
        print("Email sent successfully!")
    except Exception as e:
        print(f"发送邮件失败. 错误为: {e}")
```

在上一节代码的基础上，本节代码重点增加了添加本地附件的功能。若 attachment_path 存在，它会以二进制模式打开附件文件，创建一个 MIMEApplication 对象，设置此对象的内容处置为附件形式，随后将该附件添加到邮件对象 msg 中。

将以上代码与上一节中的邮件发送代码整合，得到最新的完整代码。

```python
import smtplib
from email.mime.multipart import MIMEMultipart
from email.mime.text import MIMEText
from email.mime.application import MIMEApplication
import schedule
import time
import os
from datetime import datetime
import zipfile

def create_zip_file():
    """
    创建当天日期命名的 zip 文件，将每日报表目录下当天日期文件夹中的所有文件压缩到 zip 文件中。
    """
    # 获取当前日期并格式化为字符串
    date_str = datetime.now().strftime("%Y-%m-%d")
    # 文件夹路径
    folder_path = os.path.join(os.path.expanduser(r'C:\Users\anqi_\Desktop\电子邮件\
每日报表'), date_str)
    # zip 文件名
    zip_filename = f"{date_str}.zip"

    # 检查文件夹是否存在
    if not os.path.exists(folder_path):
        print(f"Folder {folder_path} does not exist.")
        return None

    # 获取文件夹中的所有文件
    files_to_zip = [os.path.join(folder_path, f) for f in os.listdir(folder_path)
if os.path.isfile(os.path.join(folder_path, f))]

    # 创建 zip 文件并将所有文件写入
    with zipfile.ZipFile(zip_filename, 'w') as zipf:
        for file in files_to_zip:
            zipf.write(file, os.path.basename(file))

    return zip_filename

def send_email(subject, body, to_emails, attachment_path):
    """
    发送包含附件的邮件。
    """
    # QQ 邮箱 SMTP 服务器配置
    smtp_server = "smtp.qq.com"
    smtp_port = 587
    sender_email = "填入你的 QQ 邮箱号码"
    sender_password = "QQ 邮箱的授权码, 不是密码"  # QQ 邮箱的授权码, 不是密码

    # 创建邮件对象
    msg = MIMEMultipart()
    msg['From'] = sender_email
    msg['To'] = ", ".join(to_emails)
    msg['Subject'] = subject
    msg.attach(MIMEText(body, 'plain'))
```

```
    # 添加附件
    if attachment_path:
        with open(attachment_path, "rb") as attachment:
            part = MIMEApplication(attachment.read(), Name=os.path.basename
(attachment_path))
            part['Content-Disposition'] = f'attachment; filename="{os.path.basename
(attachment_path)}"'
            msg.attach(part)

    try:
        # 连接到 SMTP 服务器并发送邮件
        server = smtplib.SMTP(smtp_server, smtp_port)
        server.starttls()
        server.login(sender_email, sender_password)
        server.sendmail(sender_email, to_emails, msg.as_string())
        server.close()
        print("Email sent successfully!")
    except Exception as e:
        print(f"发送邮件失败. 错误为: {e}")

def job():
    """
    定时任务函数。创建当天日期命名的 zip 文件，并发送包含该文件的邮件。
    """
    subject = "每日邮件带附件"  # 邮件主题
    body = "每日邮件"  # 邮件正文
    to_emails = ["这里替换成你要发送的邮箱号"]  # 收件人电子邮件地址列表

    # 创建当天日期命名的 zip 文件
    attachment_path = create_zip_file()
    if attachment_path:
        send_email(subject, body, to_emails, attachment_path)

        # 删除生成的 zip 文件（可选）
        os.remove(attachment_path)
    else:
        print("No attachment to send.")

# 每天上午 9 点运行 job 函数
schedule.every().day.at("09:00").do(job)

# 保持脚本运行，不断检查是否有需要执行的调度任务
while True:
    schedule.run_pending()     # 运行所有可以运行的调度任务
    time.sleep(1)              # 等待一秒后继续循环
```

通过这些修改，将每天生成一个以当天日期命名的 zip 文件，并作为附件发送邮件。将以上代码命名为 scheduled_qq_zip_email.py。

修改以上代码，填入具体的 QQ 邮箱号和 QQ 邮箱授权码，在 to_emails 中输入收件人的邮箱号列表，在命令行终端运行，到定时时间后显示运行完成，运行结果如图 18-7 所示。

```
PS C:\Users\anqi_\Desktop\电子邮件> python .\scheduled_qq_zip_email.py
Email sent successfully!
```

图 18-7　定时带附件邮件发送成功

打开收件邮箱，发现收到了带压缩包附件的邮件，如图 18-8 所示。

18.2.2　定时下载压缩包

接下来，另外开发一个定时任务来每天定时从邮箱（qq 邮箱）下载压缩包，保存在本地并解压以实现流程闭环。

在开始编写代码之前，安装 chardet 库，该库可以自动检测编码格式。安装方法如下：

```
pip install chardet
```

然后按以下步骤编写代码。

（1）导入必要的库：

图 18-8　收到带附件的邮件

```
import os              # 用于文件和目录操作
import zipfile         # 用于创建和读取 zip 文件
from datetime import datetime  # 用于获取当前日期
import schedule        # 用于任务调度
import time            # 用于暂停执行，以控制循环频率
import chardet         # 用于检测字符串的编码
import imaplib         # 用于连接 IMAP 服务器
import email           # 用于解析邮件
from email.header import decode_header  # 用于解码邮件头
```

这部分代码导入了程序运行所需的所有库，包括文件操作、日期处理、任务调度、邮件处理等相关的库。

（2）设置邮箱信息：

```
# 设置 QQ 邮箱账号和密码
username = "填写 QQ 邮箱号"
password = "填入 QQ 邮箱的授权码，不是密码"  # QQ 邮箱的授权码，不是密码

# QQ 邮箱的 IMAP 服务器地址
imap_server = "imap.qq.com"
```

这里设置了登录 QQ 邮箱所需的账号、授权码以及 IMAP 服务器地址。

（3）定义下载附件的函数：

```
def download_attachments():
    # 连接到邮箱的 IMAP 服务器
```

```python
mail = imaplib.IMAP4_SSL(imap_server)
# 登录邮箱
mail.login(username, password)
# 选择收件箱
mail.select("inbox")

# 获取今天的日期，格式为"DD-MMM-YYYY"
date = datetime.now().strftime("%d-%b-%Y")
# 获取今天的日期，格式为"YYYY-MM-DD"
subject_date = datetime.now().strftime("%Y-%m-%d")
print(subject_date)

# 搜索标题为"报表结果 YYYY-MM-DD"的邮件
status, messages = mail.search(None, f'(SUBJECT "{subject_date}")')

# 如果没有找到邮件
if status != "OK" or not messages[0]:
    print("No emails found.")
    return
```

此函数完成了与 QQ 邮箱 IMAP 服务器的连接、登录和选择收件箱的操作，同时获取了当前日期的两种不同格式，用于搜索特定标题的邮件。如果未找到符合条件的邮件，则输出提示信息并返回。

（4）处理搜索到的邮件：

```python
# 处理每封邮件
for num in messages[0].split():
    # 获取邮件数据, (RFC822): 指定要获取邮件的完整原始内容
    # 包括头部、正文和所有附件。RFC 822 是描述电子邮件格式的一个标准。
    status, msg_data = mail.fetch(num, "(RFC822)")
    # 如果获取邮件数据失败
    if status != "OK":
        print("Failed to fetch email.")
        continue

    # 解析邮件数据，[(b'邮件编号', (b'RFC822', b'邮件内容'))]
    msg = email.message_from_bytes(msg_data[0][1])
    # 解码邮件主题，因为可能是 [(b'Hello World', 'utf-8')]，取第 0 位
    subject = decode_header(msg["Subject"])[0][0]
    # 如果主题是字节类型
    if isinstance(subject, bytes):
        try:
            # 尝试用 utf-8 解码
            subject = subject.decode('utf-8')
        except UnicodeDecodeError:
            # 如果 utf-8 解码失败，使用 chardet 检测编码并解码
            detected = chardet.detect(subject)
            encoding = detected.get('encoding')
            if encoding:
                try:
                    # 尝试用检测到的编码解码
                    subject = subject.decode(encoding)
                except UnicodeDecodeError:
                    # 如果检测到的编码解码失败，使用 gbk 解码
```

```
            subject = subject.decode('gbk')
        else:
            # 如果无法检测到编码，使用 latin-1 解码
            subject = subject.decode('latin-1')

    print(f"Processing email with subject: {subject}")
```

这部分代码遍历搜索到的每封邮件，获取邮件的完整原始内容并进行解析。同时，对邮件主题进行解码，处理可能出现的编码问题，最后输出正在处理的邮件主题。

（5）下载并解压附件：

```
    # 遍历邮件的各个部分，下载附件
    for part in msg.walk():
        # 如果部分内容是多部分的，跳过（这部分主要是去过滤有附件的内容）
        if part.get_content_maintype() == "multipart":
            continue
        # 如果部分没有 Content-Disposition，跳过（这部分主要是去过滤有附件的内容）
        if part.get("Content-Disposition") is None:
            continue

        # 获取文件名
        filename = part.get_filename()
        if filename:
            # 解码文件名
            filename = decode_header(filename)[0][0]
            if isinstance(filename, bytes):
                filename = filename.decode()

            # 如果附件是 zip 文件，则下载
            if filename.endswith(".zip"):
                # 获取今天的日期，格式为"YYYY-MM-DD"
                date_str = datetime.now().strftime("%Y-%m-%d")
                # 设置下载文件夹路径
                download_folder = os.path.join(os.path.expanduser(r"C:\Users\anqi_
\Desktop\电子邮件\每日下载报表"), date_str)
                # 创建文件夹
                os.makedirs(download_folder, exist_ok=True)
                # 设置文件路径
                filepath = os.path.join(download_folder, filename)

                # 将附件写入文件
                with open(filepath, "wb") as f:
                    f.write(part.get_payload(decode=True))
                print(f"Downloaded {filename} to {filepath}")

                # 解压 zip 文件
                with zipfile.ZipFile(filepath, "r") as zip_ref:
                    zip_ref.extractall(download_folder)
                print(f"Extracted {filename} to {download_folder}")

# 登出并关闭连接
mail.logout()
```

这部分代码遍历邮件的各个部分，筛选出 zip 格式的附件，对文件名进行解码，创建

下载文件夹，将附件保存到本地，最后解压下载的 zip 文件。处理完所有邮件后，退出邮箱并关闭连接。

（6）定义定时任务函数并运行：

```
def job():
    """
    定时任务函数，下载邮件附件。
    """
download_attachments()

# 调用 job 函数进行测试
job()
```

调用 job 函数，执行一次邮件附件的下载和解压操作，用于测试程序的功能。

将以上代码整合，命名为 down_email_zip.py，完整代码如下。

```
import imaplib      # 用于连接到 IMAP 服务器
import email        # 用于解析电子邮件
from email.header import decode_header  # 用于解码邮件头
import os           # 用于文件和目录操作
import zipfile      # 用于创建和读取 zip 文件
from datetime import datetime           # 用于获取当前日期
import schedule     # 用于任务调度
import time         # 用于暂停执行，以控制循环频率
import chardet      # 用于检测字符串的编码

# 设置 QQ 邮箱账号和密码
username = "填写 QQ 邮箱号"
password = "填入 QQ 邮箱的授权码，不是密码"  # QQ 邮箱的授权码，不是密码

# QQ 邮箱的 IMAP 服务器地址
imap_server = "imap.qq.com"

def download_attachments():
    """
    从 QQ 邮箱中下载当天邮件标题为"报表结果 YYYY-MM-DD"的邮件附件，并解压 zip 文件。
    """
    # 连接到邮箱的 IMAP 服务器
    mail = imaplib.IMAP4_SSL(imap_server)
    # 登录邮箱
    mail.login(username, password)
    # 选择收件箱
    mail.select("inbox")

    # 获取今天的日期，格式为"DD-MMM-YYYY"
    date = datetime.now().strftime("%d-%b-%Y")
    # 获取今天的日期，格式为"YYYY-MM-DD"
    subject_date = datetime.now().strftime("%Y-%m-%d")
    print(subject_date)

    # 搜索标题为"报表结果 YYYY-MM-DD"的邮件
    status, messages = mail.search(None, f'(SUBJECT "{subject_date}")')

    # 如果没有找到邮件
```

```python
if status != "OK" or not messages[0]:
    print("No emails found.")
    return

# 处理每封邮件
for num in messages[0].split():
    # 获取邮件数据, (RFC822): 指定要获取邮件的完整原始内容
    # 包括头部、正文和所有附件。RFC 822 是描述电子邮件格式的一个标准。
    status, msg_data = mail.fetch(num, "(RFC822)")
    # 如果获取邮件数据失败
    if status != "OK":
        print("Failed to fetch email.")
        continue

    # 解析邮件数据, [(b'邮件编号', (b'RFC822', b'邮件内容'))]
    msg = email.message_from_bytes(msg_data[0][1])
    # 解码邮件主题, 因为可能是 [(b'Hello World', 'utf-8')], 取第 0 位
    subject = decode_header(msg["Subject"])[0][0]
    # 如果主题是字节类型
    if isinstance(subject, bytes):
        try:
            # 尝试用 utf-8 解码
            subject = subject.decode('utf-8')
        except UnicodeDecodeError:
            # 如果 utf-8 解码失败, 使用 chardet 检测编码并解码
            detected = chardet.detect(subject)
            encoding = detected.get('encoding')
            if encoding:
                try:
                    # 尝试用检测到的编码解码
                    subject = subject.decode(encoding)
                except UnicodeDecodeError:
                    # 如果检测到的编码解码失败, 使用 gbk 解码
                    subject = subject.decode('gbk')
            else:
                # 如果无法检测到编码, 使用 latin-1 解码
                subject = subject.decode('latin-1')

    print(f"Processing email with subject: {subject}")

    # 遍历邮件的各个部分, 下载附件
    for part in msg.walk():
        # 如果部分内容是多部分的, 跳过 (这部分主要是去过滤有附件的内容)
        if part.get_content_maintype() == "multipart":
            continue
        # 如果部分没有 Content-Disposition, 跳过 (这部分主要是去过滤有附件的内容)
        if part.get("Content-Disposition") is None:
            continue

        # 获取文件名
        filename = part.get_filename()
        if filename:
            # 解码文件名
            filename = decode_header(filename)[0][0]
            if isinstance(filename, bytes):
                filename = filename.decode()
```

```
            # 如果附件是 zip 文件，则下载
            if filename.endswith(".zip"):
                # 获取今天的日期，格式为"YYYY-MM-DD"
                date_str = datetime.now().strftime("%Y-%m-%d")
                # 设置下载文件夹路径
                download_folder = os.path.join(os.path.expanduser(r"C:\Users\anqi_
\Desktop\电子邮件\每日下载报表"), date_str)
                # 创建文件夹
                os.makedirs(download_folder, exist_ok=True)
                # 设置文件路径
                filepath = os.path.join(download_folder, filename)

                # 将附件写入文件
                with open(filepath, "wb") as f:
                    f.write(part.get_payload(decode=True))
                print(f"Downloaded {filename} to {filepath}")

                # 解压 zip 文件
                with zipfile.ZipFile(filepath, "r") as zip_ref:
                    zip_ref.extractall(download_folder)
                print(f"Extracted {filename} to {download_folder}")

    # 登出并关闭连接
    mail.logout()

def job():
    """
    定时任务函数，下载邮件附件。
    """
    download_attachments()

# 调用 job 函数进行测试
job()
```

修改以上代码，填入具体的 QQ 邮箱号和 QQ 邮箱授权码，修改下载路径，在命令行终端运行，参考代码如下：

```
python download_email_zip.py
```

运行结果如图 18-9 所示。

```
PS C:\Users\anqi_\Desktop\电子邮件> python .\download_email_zip.py
2025-03-02
Processing email with subject: 报表结果2025-03-02
Downloaded 2025-03-02.zip to C:\Users\anqi_\Desktop\电子邮件\每日下载报表\2025-03-02\2025-03-02.zip
Extracted 2025-03-02.zip to C:\Users\anqi_\Desktop\电子邮件\每日下载报表\2025-03-02
```

图 18-9　获取邮件附件

代码运行之后，可以发现文件已经下载到本地的具体路径下，并且已经解压，如图 18-10 所示。

如果需要每天定时运行以上代码，不要直接调用 job，可以参考如下代码：

图 18-10　附件下载完成

```
# 每天上午 9 点运行 job 函数
schedule.every().day.at("09:00").do(job)

# 保持脚本运行，不断检查是否有需要执行的调度任务
while True:
    schedule.run_pending()    # 运行所有可以运行的调度任务
    time.sleep(1)             # 等待一秒后继续循环
```

18.3　批量发送工资条：信息隐私很重要

如何批量发送不同的邮件内容给不同的人呢？例如需要实现的需求是从一个 Excel 文件中读取包含员工当月工资信息的数据，为每个员工生成一个独立的工资条 Excel 文件，并将这些文件作为附件通过电子邮件发送给每个员工。

现在有一个包含全公司员工工资信息的 Excel 文件，如图 18-11 所示。

▲	A	B	C	D	E	F
1	工号	姓名	部门	年月	工资	邮箱
2	E0001	张三	科技部	202503	15000	填入张三的邮箱
3	E0002	李四	财务部	202503	20000	填入李四的邮箱

图 18-11　工资信息 Excel

在测试代码执行情况时，可以将表格中的邮箱替换为你自己的多个邮箱，方便预览群发效果。该案例代码可以分为三个主要部分：导入模块、定义发送邮件函数、主程序执行。

下面分步骤进行介绍。

（1）这部分导入代码执行所需的各种库和模块，包括用于处理 Excel 文件的 pandas 和 openpyxl，用于发送邮件的 smtplib 和 email 模块。

```
import os                     # 导入系统模块
import pandas as pd           # 导入 pandas 库，用于处理 Excel 数据
                              # 导入 openpyxl 库中的 Workbook 类，用于创建和操作 Excel 工作簿
from openpyxl import Workbook
import smtplib                # 导入 smtplib 库，用于发送电子邮件
# 从 email.mime.multipart 导入 MIMEMultipart 类，用于创建多部分的电子邮件消息
from email.mime.multipart import MIMEMultipart
# 从 email.mime.base 导入 MIMEBase 类，用于处理电子邮件附件
from email.mime.base import MIMEBase
from email import encoders    # 从 email 导入 encoders 模块，用于编码附件
from email import policy
# 从 email.mime.application 导入 MIMEApplication 类，用于处理邮件附件
from email.mime.application import MIMEApplication
# 从 email.mime.text 导入 MIMEText 类，用于创建电子邮件正文
from email.mime.text import MIMEText
# 从 openpyxl.utils.dataframe 导入 dataframe_to_rows 函数，用于将 DataFrame 转换为行
from openpyxl.utils.dataframe import dataframe_to_rows
```

确保已经安装了 pandas 和 openpyxl 库，可以通过以下命令安装。

```
pip install pandas openpyxl
```

（2）定义发送邮件函数。定义一个函数 send_email，用于发送带有工资条附件的电子邮件。该函数接收两个参数：收件人的电子邮件地址和附件的路径。

```python
def send_email(to_email, attachment_path):
    from_email = '你的邮箱@qq.com'              # 发件人的 QQ 邮箱地址
    from_password = '你的邮箱密码'               # QQ 邮箱的授权码，不是密码
    subject = '2025 年 3 月工资条'               # 邮件主题
    body = '请查收附件中的 2025 年 3 月工资条。'  # 邮件正文内容

    # 创建一个多部分的邮件消息
    msg = MIMEMultipart(policy=policy.default)
    msg['From'] = from_email
    msg['To'] = to_email
    msg['Subject'] = subject

    # 添加邮件正文
    msg.attach(MIMEText(body, 'plain'))

    if attachment_path:
        with open(attachment_path, "rb") as attachment:
            part = MIMEApplication(attachment.read(), Name=os.path.basename
(attachment_path))
            part['Content-Disposition'] = f'attachment; filename="{os.path.basename
(attachment_path)}"'
            msg.attach(part)

    # 连接到 SMTP 服务器并发送邮件
    server = smtplib.SMTP('smtp.qq.com', 587)
    server.starttls()
    server.login(from_email, from_password)
    server.send_message(msg)
    server.quit()

    print(f"邮件发送成功：{to_email}")
```

在 send_email 函数中，将 from_email 和 from_password 替换为你的 QQ 邮箱地址和邮箱授权码。确保你已经在 QQ 邮箱中开启了 SMTP 服务并获取了邮箱授权码。

（3）执行主程序。主程序部分首先读取包含员工工资信息的 Excel 文件，然后遍历每个员工的信息，为每个员工创建一个独立的工资条 Excel 文件并发送邮件。

```python
if __name__ == "__main__":
    # 读取 Excel 文件并处理
    df = pd.read_excel(r'C:\Users\anqi_\Desktop\电子邮件\202503 工资条.xlsx')
    # 假设 Excel 文件名为 '202503 工资条.xlsx'

    # 遍历每一行，提取个人信息并保存为独立的 Excel 文件
    for index, row in df.iterrows():
        # 提取个人信息
        personal_data = row.to_frame().transpose()
```

```
    # 创建一个新的 Excel 文件
    wb = Workbook()
    ws = wb.active

    # 将个人信息写入新的 Excel 文件
    for r in dataframe_to_rows(personal_data, index=False, header=True):
        ws.append(r)

    # 保存个人工资条文件，文件名为：个人姓名_工资条.xlsx
    filename = f"{row['姓名']}_工资条.xlsx"   # 假设 Excel 中有一列为'姓名'
    wb.save(filename)

    # 发送邮件
    send_email(row['邮箱'], filename)

  print("所有邮件发送完毕")
```

将以上代码整合，完整代码如下：

```
Import os
import pandas as pd
from openpyxl import Workbook
import smtplib
from email.mime.multipart import MIMEMultipart
from email.mime.base import MIMEBase
from email import encoders
from email import policy
from email.mime.application import MIMEApplication
from email.mime.text import MIMEText
from openpyxl.utils.dataframe import dataframe_to_rows
# 从openpyxl.utils. dataframe 导入 dataframe_to_rows 函数，用于将 DataFrame 转换为行

def send_email(to_email, attachment_path):
    from_email = '填入你的 QQ 邮箱号'   # QQ 邮箱地址
from_password = 'QQ 邮的授权码'          # QQ 邮箱的授权码，不是密码
subject = '2025 年 3 月工资条'
    body = '请查收附件中的 2025 年 3 月工资条。'

    # 创建一个多部分的邮件消息
    msg = MIMEMultipart(policy=policy.default)
    msg['From'] = from_email
    msg['To'] = to_email
    msg['Subject'] = subject

    # 添加邮件正文
    msg.attach(MIMEText(body, 'plain'))

    if attachment_path:
        with open(attachment_path, "rb") as attachment:
            part = MIMEApplication(attachment.read(), Name=os.path.basename
(attachment_path))
            part['Content-Disposition'] = f'attachment; filename="{os.path.basename
(attachment_path)}"'
            msg.attach(part)
```

```
    # 连接到 SMTP 服务器并发送邮件
    server = smtplib.SMTP('smtp.qq.com', 587)
    server.starttls()
    server.login(from_email, from_password)
    server.send_message(msg)
    server.quit()

    print(f"邮件发送成功: {to_email}")

# 示例用法
if __name__ == "__main__":
    # 读取 Excel 文件并处理
    # 假设 Excel 文件名为'202503 工资条.xlsx'
    df = pd.read_excel(r'C:\Users\anqi_\Desktop\电子邮件\202503 工资条.xlsx')

    # 遍历每一行，提取个人信息并保存为独立的 Excel 文件
    for index, row in df.iterrows():
        # 提取个人信息
        personal_data = row.to_frame().transpose()

        # 创建一个新的 Excel 文件
        wb = Workbook()
        ws = wb.active

        # 将个人信息写入新的 Excel 文件
        for r in dataframe_to_rows(personal_data, index=False, header=True):
            ws.append(r)

        # 保存个人工资条文件，文件名为：个人姓名_工资条.xlsx
        filename = f"{row['姓名']}_工资条.xlsx"  # 假设 Excel 中有一列为'姓名'
        wb.save(filename)

        # 发送邮件
        send_email(row['邮箱'], filename)

    print("所有邮件发送完毕")
```

准备好包含员工工资信息的 Excel 文件，并确保文件路径和列名与代码中假设的一致（例如，包含"姓名"和"邮箱"列）。

将完整代码保存为 send_payroll_emails.py，在命令行运行该 Python 文件：

```
python send_payroll_emails.py
```

运行后，输出发送成功的通知，如图 18-12 所示。

```
PS C:\Users\anqi_\Desktop\电子邮件> python .\send_payroll_emails.py
邮件发送成功:          @gmail.com
邮件发送成功:          @qq.com
所有邮件发送完毕
```

图 18-12　邮件发送成功

对应收件邮箱收到对应员工的工资条邮件，如图 18-13 所示。

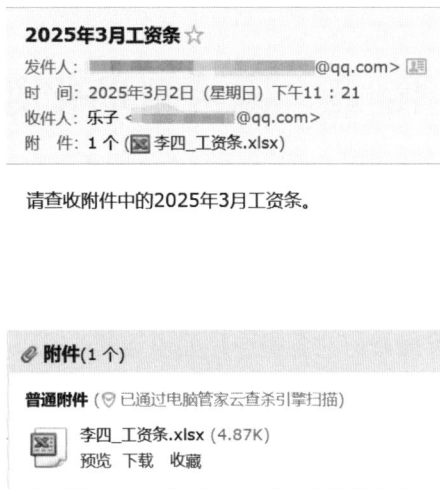

2025年3月工资条 ☆

发件人：██████████@qq.com> 💳
时　间：2025年3月2日（星期日）下午11：21
收件人：乐子 <██████████@qq.com>
附　件：1 个（🖂 李四_工资条.xlsx）

请查收附件中的2025年3月工资条。

📎 **附件(1 个)**

普通附件 (🛡 已通过电脑管家云查杀引擎扫描)

　🖾 李四_工资条.xlsx (4.87K)
　　预览　下载　收藏

图 18-13　收到工资条邮件

18.4　本章小结

本章围绕电子邮件自动化处理展开，介绍了定时群发邮件、邮件附件下载、批量发送工资条等内容。

定时群发邮件：利用 smtplib、schedule 和 email.mime 库，首先完成邮箱设置并获取授权码，接着编写代码实现纯文本邮件的发送，并结合 schedule 库实现邮件的定时群发功能。

邮件附件下载：创建一个以当天日期命名的 zip 文件并压缩指定文件夹内容，再将其作为附件发送邮件。利用 imaplib 库连接邮箱，搜索特定标题的邮件，随后下载并解压邮件中的 zip 附件。

批量发送工资条：从 Excel 文件读取员工工资信息，为每位员工生成独立工资条 Excel 文件，并将其作为附件通过邮件发送，实现批量个性化邮件发送。

第 19 章　图片自动化处理

在当今数字化浪潮中，图片处理的需求无处不在。无论是企业宣传、网站建设，还是日常办公、社交分享，都离不开对图片的高效处理。本章将深入介绍图片自动化处理的相关知识，涵盖图片 OCR 文字提取、格式转换、二维码生成、图片压缩、拼接、添加水印等多个实用技能，让你轻松应对各类图片处理难题。

19.1　图片 OCR：文字提取需求大

19.1.1　OCR 技术概述

OCR（optical character recognition，光学字符识别）是一种将图像中的文字转换为可编辑文本的技术，其核心是通过算法分析图像中的像素模式，识别并输出字符编码。

OCR 技术广泛应用于文档数字化、自动化数据录入、车牌识别、身份证信息提取等领域，显著提升了信息处理效率并减少了人工错误。

19.1.2　OCR 工作流程

（1）图像预处理：进行灰度化、二值化、去噪和倾斜校正，以优化图像质量，提高识别精度。

（2）文字定位与分割：通过边缘检测或连通区域分析确定文字位置，并将字符分割为独立单元。

（3）特征提取与识别：利用深度学习模型（如 CNN、RNN）提取字符特征并完成分类。

（4）后处理：校正识别错误（如误识、断笔），并格式化输出结果。

19.1.3　ddddocr 库

ddddocr 是一个基于深度学习的开源 OCR 工具库，支持多种场景的文字识别，包括印刷体、手写体、验证码等，具有高精度和灵活性。其特点概括如下。

（1）内置针对字母、数字、中文等的预训练模型，支持自定义训练。

（2）采用卷积神经网络（CNN）和循环神经网络（RNN）相结合的方式，解决复杂场景下的文字重叠和模糊问题。

（3）提供目标检测、滑块验证码识别等辅助扩展功能。

通过 pip 命令安装 ddddocr 库的示例代码如下：

```
pip install ddddocr
```

使用 ddddocr 库进行光学字符识别的基本代码如下：

```
import ddddocr

ocr = ddddocr.DdddOcr()  # 初始化 OCR 实例
image_path = open( 'image.png', 'rb').read()
result = ocr.classification(image_path)
print(result)
```

19.1.4　验证码识别

在实现网页自动登录程序时，需处理验证码，在这种场景下会用到 OCR 技术，常见的验证码包含中文、字母或数字。使用 ddddocr 可以根据不同的识别模式进行区分，以实现更精准的内容识别。

现有两张验证码图片，分别包含中文、字母和数字，如图 19-1 所示。

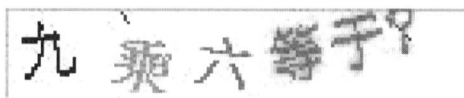 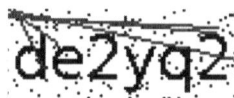

（a）验证码 1　　　　　　　　　　　　　　（b）验证码 2

图 19-1　验证码图片

在以上基本代码的基础上增加图片路径，以实现调用并打印提取结果，示例代码如下：

```
import ddddocr

ocr = ddddocr.DdddOcr()  # 初始化 OCR 实例
captcha1 = open(r'C:\Users\anqi_\Desktop\picture\captcha1.png', 'rb').read()
captcha2 = open(r'C:\Users\anqi_\Desktop\picture\captcha2.png', 'rb').read()

# 识别验证码
def recognize_captcha(image_path):
    result = ocr.classification(image_path)
    return result

print(recognize_captcha(captcha1))
print(recognize_captcha(captcha2))
```

代码运行结果如下：

```
九乘六等于?
de2yq2
```

验证码中的中文、字母和数字都被正确识别。

19.2　图片格式转换：上传格式无限制

在工作中，有时需要进行图片格式转换，例如在上传特定网站要求的图片格式时。本节讲述如何通过 Python 编程快速实现这一需求。

19.2.1　常见的图片格式

常见的图片格式有 JPEG/JPG、PNG、GIF、WebP、BMP、TIFF、SVG 和 PSD，表19-1 对这些格式进行了详细介绍及对比，涵盖了它们的技术特性和应用场景。

表 19-1　多种图片格式的对比

格式	压缩类型	适用场景	优点	缺点
JPEG	有损压缩	照片、网页图片	高压缩率，广泛兼容	多次编辑质量下降
PNG	无损压缩	图标、透明背景设计	保留细节，支持透明	文件较大
GIF	无损压缩	简单动画、表情包	支持动画，低内存	仅 256 色，画质低
WebP	有损/无损压缩	网页优化、移动端	高压缩效率，支持动画	兼容性不足
BMP	无压缩	Windows 系统图像处理	保留原始质量	文件极大，不适用于网络
TIFF	无损压缩	专业印刷、医学影像	多通道支持，高精度	文件大，不适合 Web
SVG	矢量无损	矢量图形、响应式设计	无限缩放，清晰度高	不适合复杂位图
PSD	无压缩	专业图像设计	保留编辑信息，支持图层	仅限 Photoshop，文件大

19.2.2　实现图片格式转换

编写 Python 脚本实现图片格式转换功能时，首先需要了解使用的 Pillow 库。Pillow 是 Python 图像库（PIL）的一个友好分支。它允许打开、操作和保存多种图像的格式。可通过以下命令安装：

```
pip install pillow
```

现在有一张 TIFF 格式的图片，如图 19-2 所示。

编写一个 convert_image 函数来转换图片，示例代码如下：

```
from PIL import Image
```

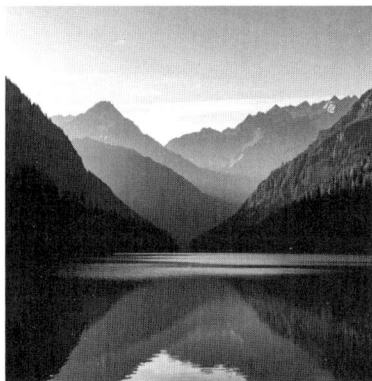

图 19-2　待转换格式的图片

```
def convert_image(input_path, output_path, output_format):
    """
    将图像从一种格式转换为另一种格式

    参数:
    input_path (str): 输入图像文件路径
    output_path (str): 输出图像文件路径
    output_format (str): 输出图像格式 (如 'JPEG', 'PNG', 'TIFF')
    """
    image = Image.open(input_path)            # 打开输入图像
    image.save(output_path, output_format)    # 保存为新的格式
```

该函数输入 3 个参数，分别为待转换图片的路径、转换后保存的路径和转换后的格式。假设需要将 TIFF 转换为 JPG 格式，输入这 3 个参数的具体值并调用该函数，代码如下。

```
from PIL import Image

def convert_image(input_path, output_path, output_format):
    """
    将图像从一种格式转换为另一种格式

    参数:
    input_path (str): 输入图像文件路径
    output_path (str): 输出图像文件路径
    output_format (str): 输出图像格式 (如 'JPEG', 'PNG', 'TIFF')
    """
    image = Image.open(input_path)            # 打开输入图像
    image.save(output_path, output_format)    # 保存为新的格式

convert_image(r'C:\Users\anqi_\Desktop\picture\pic1.tif',
r'C:\Users\anqi_\Desktop\picture\pic1.jpg', 'JPEG')
```

运行代码，在输出路径发现转换后的图片已经生成。若要转换为其他格式，直接修改参数即可。例如，JPG 格式转换为 PNG 格式，参考代码如下：

```
convert_image(r'C:\Users\anqi_\Desktop\picture\pic1.jpg',r'C:\Users\anqi_\Desktop\
picture\pic1.png', 'PNG')
```

JPG 格式转换为 BMP 格式，参考代码如下：

```
convert_image(r'C:\Users\anqi_\Desktop\picture\pic1.jpg',r'C:\Users\anqi_\Deskto
p\ picture\pic1.bmp', 'BMP')
```

19.2.3　实现图片上传 GUI 界面

若希望无须修改代码即可转换图片格式，可以编写一个带 GUI 界面的图片格式转换工具。例如，使用 Tkinter 创建一个简单的 GUI，允许用户通过该界面上传图像并选择所需的输出格式。

向 CodeGeeX 提问：我现在需要实现一个图片转换的工具，使用 Tkinter 创建一个简单的 GUI，用户单击"选择图片"按钮后，单击"选择转换格式"，单击"转换并保

存"，图片转换成功后提示转换成功，转换后的图片可以选择保存位置和图片命名，操作成功后有成功提示，需要支持 JPEG、PNG、GIF、BMP、TIFF 等常见格式相互转换，使用 Python 的 Pillow 库实现图片格式转换。

CodeGeeX 返回代码如下：

```python
import tkinter as tk                        # 导入 tkinter 模块，用于创建 GUI 界面
from tkinter import filedialog              # 导入 filedialog 模块，用于文件选择对话框
from tkinter import ttk                     # 导入 ttk 模块，用于高级 Tkinter 小部件
from PIL import Image                       # 导入 PIL 的 Image 模块，用于图像处理

def upload_file():
    # 打开文件选择对话框，让用户选择文件
    file_path = filedialog.askopenfilename()
    if file_path:                           # 如果用户选择了文件
        file_entry.delete(0, tk.END)        # 清空文件路径输入框
        file_entry.insert(0, file_path)     # 将选择的文件路径插入输入框

def convert_and_save():
    input_path = file_entry.get()                       # 获取文件路径输入框中的文件路径
    output_format = format_combobox.get()               # 获取下拉菜单中选择的文件格式
    # 打开文件保存对话框，设置默认文件扩展名和文件类型
    output_path = filedialog.asksaveasfilename(defaultextension=f".{output_format.lower()}",
                                        filetypes=[(f"{output_format} files", f"*.{output_format.lower()}")])
    if output_path:                                     # 如果用户选择了保存路径
        image = Image.open(input_path)                  # 打开输入的图像文件
        image.save(output_path, output_format)          # 保存图像为指定格式
        tk.messagebox.showinfo("Success", f"Image saved as {output_path}")
        # 弹出成功提示框

# 创建主窗口
root = tk.Tk()
root.title("图片格式转换工具")  # 设置窗口标题

# 创建文件上传按钮和输入框
upload_button = tk.Button(root, text="选择图片", command=upload_file)  # 创建上传按钮
upload_button.grid(row=0, column=0, padx=10, pady=10)  # 设置按钮在窗口中的位置和边距
file_entry = tk.Entry(root, width=50)                   # 创建文件路径输入框
file_entry.grid(row=0, column=1, padx=10, pady=10)      # 设置输入框在窗口中的位置和边距

# 创建格式选择下拉菜单
format_label = tk.Label(root, text="选择转换格式:")      # 创建格式选择标签
format_label.grid(row=1, column=0, padx=10, pady=10)    # 设置标签在窗口中的位置和边距
format_combobox = ttk.Combobox(root, values=["JPEG", "PNG", "TIFF", "BMP", "GIF"])
#创建格式选择下拉菜单
format_combobox.grid(row=1, column=1, padx=10, pady=10)
# 设置下拉菜单在窗口中的位置和边距
format_combobox.current(0)                                      # 设置下拉菜单的默认选项

# 创建转换按钮
convert_button = tk.Button(root, text="转换并保存", command=convert_and_save)
```

```
#设置按钮在窗口中的位置和边距，并跨越两列
convert_button.grid(row=2, column=0, columnspan=2, pady=20)

# 运行主循环
root.mainloop()  # 启动 Tkinter 主循环，显示窗口
```

将以上代码保存，并命名为 image_converter.py，运行代码，结果如图 19-3 所示。
选择本地的 JPG 格式图片，选择转换格式，如图 19-4 所示。

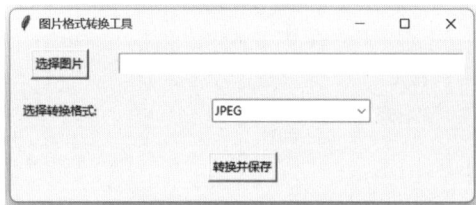

图 19-3　图片转换 GUI 界面　　　　　　　　图 19-4　选择转换参数

转换完成后，在原始图片路径下生成了转换后的图片。

19.3　生成二维码：特定场景有需求

在日常工作中，可能需要制作一些二维码。例如，公司的宣传物料上需要二维码。
通过 Python 编程可以快速定制所需的二维码。

19.3.1　qrcode 库

qrcode 是一个用 Python 编写的库，用于生成二维码。二维码（QR code）是一种能够
编码各种数据（如文本、URL、联系方式等）的矩阵条码。qrcode 库使用简单且功能强
大，适用于各种需要快速生成二维码的应用场景。

qrcode 库的主要功能和特点描述如下。

（1）简单易用，只需几行代码即可生成二维码并保存为图像文件。

（2）支持多种数据类型。可以生成包含文本、URL、电话号码、电子邮件等数据的
二维码。

（3）设计定制化，支持设置二维码的版本、错误纠正水平、格子大小、边框宽度等
参数。可以定制二维码的前景色和背景色。

（4）操作高效，能快速生成二维码，适合各种规模的项目。

通过 pip 命令安装 qrcode 库的示例代码如下。

```
pip install qrcode
```

19.3.2　生成基本二维码

向 CodeGeeX 提问：如何使用 qrcode 库生成基本的二维码，使扫码结果是百度网址？
CodeGeeX 反馈代码，将路径更改为本地路径后的参考代码如下：

```python
import qrcode  # 导入生成二维码的库

# 要生成二维码的数据（可以是文本、URL 等）
data = "https://www.baidu.com/"

# 生成二维码对象
qr = qrcode.QRCode(
    version=1,  # 二维码的版本，数字越大表示容纳的信息越多，尺寸也越大
    # 误差纠正水平，这里选择 L，即最低级别
    error_correction=qrcode.constants.ERROR_CORRECT_L,
    box_size=10,  # 每个小格子的像素大小
    border=4,  # 边框的格子数，值越大生成的二维码边框越宽
)

# 添加数据到二维码中
qr.add_data(data)  # 将数据添加到二维码对象中
qr.make(fit=True)  # 生成二维码，fit=True 表示自动调整大小以适应数据

# 创建 PIL 图像对象
img = qr.make_image(fill_color="black", back_color="white")
# 创建二维码图像，黑色前景，白色背景

# 保存二维码图像到文件
img.save(r'C:\Users\anqi_\Desktop\picture\qrcode1.png')  #保存二维码图像为 PNG 格式的文件

# 显示二维码（可选）
img.show()  # 可选：显示二维码图像，便于查看生成的二维码
```

以上代码实现了根据指定链接生成二维码并保存的功能，具体步骤如下。

（1）导入库，使用 import qrcode 导入用于生成二维码的 qrcode 库。

（2）准备数据，将需要生成二维码的链接 https://www.baidu.com/赋值给变量 data。

（3）创建二维码对象，调用 qrcode.QRCode 创建二维码对象 qr，同时设置版本、误差纠正水平、小格子像素大小和边框格子数。

（4）添加数据并生成二维码，调用 qr.add_data()方法将数据添加到二维码对象中，再调用 qr.make()方法生成二维码。

（5）创建图像对象，调用 qr.make_image()方法创建二维码图像对象 img，并设置前景色为黑色，背景色为白色。

（6）保存二维码图像，调用 img.save()方法将生成的二维码图像保存为指定路径下的PNG 格式文件。

（7）显示二维码（可选），调用 img.show()方法在系统默认图像查看器中显示生成的

二维码。

生成的二维码图如图 19-5 所示，扫码后可以打开百度搜索页面。

19.3.3　自定义二维码颜色

图 19-5　生成的二维码

qrcode 库还支持更多高级用法。例如，创建一个带有自定义颜色的二维码，二维码颜色为蓝色，背景色为黄色，在之前的基础代码上修改 qr.make_image()方法，示例代码如下。

```
import qrcode        # 导入生成二维码的库

# 要生成二维码的数据（可以是文本、URL 等）
data = "https://www.baidu.com/"

# 生成二维码对象
qr = qrcode.QRCode(
    version=1,        # 二维码的版本，数字越大表示容纳的信息越多，尺寸也越大
    # 误差纠正水平，这里选择 L，即最低级别
    error_correction=qrcode.constants.ERROR_CORRECT_L,
    box_size=10,      # 每个小格子的像素大小
    border=4,         # 边框的格子数，值越大生成的二维码边框越宽
)

# 添加数据到二维码中
qr.add_data(data)     # 将数据添加到二维码对象中
qr.make(fit=True)     # 生成二维码，fit=True 表示自动调整大小以适应数据

# 创建 PIL 图像对象
# 创建二维码图像，蓝色前景，黄色背景
img = qr.make_image(fill_color="blue", back_color="yellow")

# 保存二维码图像到文件
# 保存二维码图像为 PNG 格式的文件
img.save(r'C:\Users\anqi_\Desktop\picture\qrcode1.png')

# 显示二维码（可选）
img.show()    # 可选：显示二维码图像，便于查看生成的二维码
```

运行代码，打开生成的二维码，如图 19-6 所示。

19.3.4　自定义背景图位置

现有一张自定义图片（见图 19-7），假设该图片是某公司的 logo，需要将其放置在二维码中心。

需要在基本代码基础上添加打开 logo 图片并调整大小和位置的代码，具体如下：

图 19-6　生成的自定义颜色二维码

```
# 打开 logo 图像并调整大小
logo = Image.open(r'C:\Users\anqi_\Desktop\
picture\logo.png')  # 替换为你的 logo 路径
box_size = 70  # 定义 logo 的大小
logo = logo.resize((box_size, box_size), Image.LANCZOS)
# 调整 logo 大小

# 获取二维码图像的大小
img_w, img_h = img.size

# 计算 logo 位置，使其位于二维码的中心
logo_pos = ((img_w - box_size) // 2, (img_h - box_size) // 2)

# 将 logo 粘贴到二维码图像中
img.paste(logo, logo_pos)
```

图 19-7　图片 logo

将该代码与基本代码合并，得到完整代码，具体如下：

```
import qrcode  # 导入生成二维码的库
from PIL import Image  # 导入图像处理库

# 要生成二维码的数据（可以是文本、URL 等）
data = "https://www.baidu.com/"

# 生成二维码对象
qr = qrcode.QRCode(
    version=1,  # 二维码的版本，数字越大表示容纳的信息越多，尺寸也越大
    error_correction=qrcode.constants.ERROR_CORRECT_H,  # 误差纠正水平，这里选择 H，即
最高级别，以便插入 logo
    box_size=10,  # 每个小格子的像素大小
    border=4,     # 边框的格子数，值越大生成的二维码边框越宽
)

# 添加数据到二维码中
qr.add_data(data)  # 将数据添加到二维码对象中
qr.make(fit=True)  # 生成二维码，fit=True 表示自动调整大小以适应数据

# 创建 PIL 图像对象
img = qr.make_image(fill_color="black", back_color="white").convert('RGB')
# 创建二维码图像，黑色前景，白色背景

# 打开 logo 图像并调整大小
logo = Image.open(r'C:\Users\anqi_\Desktop\picture\logo.png')  # 替换为你的 logo 路径
box_size = 70                                                   # 定义 logo 的大小
logo = logo.resize((box_size, box_size), Image.LANCZOS)         # 调整 logo 大小

# 获取二维码图像的大小
img_w, img_h = img.size

# 计算 logo 位置，使其位于二维码的中心
logo_pos = ((img_w - box_size) // 2, (img_h - box_size) // 2)

# 将 logo 粘贴到二维码图像中
img.paste(logo, logo_pos)

# 保存带有 logo 的二维码图像到文件
```

```
# 保存带有 logo 的二维码图像为 PNG 格式的文件
img.save(r'C:\Users\anqi_\Desktop\picture\logo_qrcode.png')

# 显示二维码（可选）
img.show()  # 可选：显示二维码图像，便于查看生成的二维码
```

运行代码，结果如图 19-8 所示，得到附带公司 logo 的二
维码。

图 19-8　带 logo 的二维码

19.4　图片压缩：文件上传无烦恼

19.4.1　图片压缩的场景与需求

在数字化时代，图片压缩已成为提升用户体验和优化系统性能的关键技术。例如，网站与移动应用网页的加载速度直接影响用户留存率，压缩图片可减少 80% 的传输体积（如将 5MB 图片压缩至 500KB），显著提升加载效率。又如电商平台商品图、社交媒体的用户头像，均需在保持视觉质量的前提下缩小文件体积。多数平台对上传图片有严格的大小限制。通过压缩可避免因尺寸超标导致上传失败而反复重试的问题。

Pillow 作为 Python 生态中主流的图像处理库之一，在图片压缩上具有以下核心优势。

（1）灵活的压缩控制。通过质量参数（1～100）、尺寸缩放、色彩模式转换等组合策略，实现精准压缩。例如将 JPEG 质量从 95 降至 75，体积可缩减 50%，而视觉差异极小。

（2）批量处理能力。结合 Python 脚本，可自动化处理数千张图片。电商平台常用此功能批量生成商品缩略图。

19.4.2　图片压缩案例

使用 Pillow 库压缩图片的基础语法如下。

```
from PIL import Image

def compress_image(input_path, output_path, quality=85):
    with Image.open(input_path) as img:
        # 处理透明背景（转换为 RGB 模式）
        if img.mode in ('RGBA', 'P'):
            img = img.convert('RGB')
        # 动态调整压缩质量
        img.save(output_path, "JPEG", optimize=True, quality=quality)
```

以上代码定义了 compress_image 函数，它用于压缩图像。首先导入 Pillow 库的 Image 模块。函数接收输入路径、输出路径和压缩质量（默认 85）三个参数。打开输入图像，若图像有透明背景（RGBA 或 P 模式），将其转为 RGB 模式。以指定质量将图像保存为 JPEG 格式并优化大小。

将图 19-2 的压缩质量设置为 50，具体代码如下：

```python
from PIL import Image

def compress_image(input_path, output_path, quality=80):
    with Image.open(input_path) as img:
        # 处理透明背景（转换为 RGB 模式）
        if img.mode in ('RGBA', 'P'):
            img = img.convert('RGB')
        # 动态调整压缩质量
        img.save(output_path, "JPEG", optimize=True, quality=quality)

compress_image(r'C:\Users\anqi_\Desktop\picture\pic1.tif',r'C:\Users\anqi_\Deskt
op\ picture\pic1-50.tif', 50)
```

图片压缩结果如图 19-9 所示，可以看到压缩前后图片的大小相差较大。

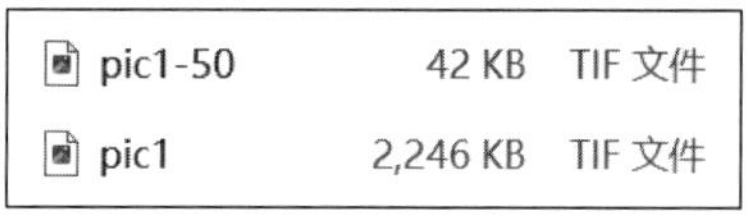

| | pic1-50 | 42 KB | TIF 文件 |
| | pic1 | 2,246 KB | TIF 文件 |

图 19-9　图片压缩前后的大小

如果需要批量压缩某个文件夹下的图片，可以使用如下代码实现：

```python
from PIL import Image
import os

def compress_image(input_path, output_path, quality=80):
    with Image.open(input_path) as img:
        # 处理透明背景（转换为 RGB 模式）
        if img.mode in ('RGBA', 'P'):
            img = img.convert('RGB')
        # 动态调整压缩质量
        img.save(output_path, "JPEG", optimize=True, quality=quality)

def batch_compress(input_dir, output_dir, quality=80):
    # 确保输出文件夹存在
    os.makedirs(output_dir, exist_ok=True)

    # 遍历输入文件夹中的所有文件
    for filename in os.listdir(input_dir):
        # 检查文件是否为图片（支持常见格式）
        if filename.lower().endswith(('.png', '.jpg', '.jpeg', '.tif', '.tiff',
'.bmp', '.gif')):
            input_path = os.path.join(input_dir, filename)
            # 生成输出文件名（在原文件名后添加 "_compressed"）
            output_filename = f"{os.path.splitext(filename)[0]}_compressed.jpg"
            output_path = os.path.join(output_dir, output_filename)
            # 调用压缩函数
            compress_image(input_path, output_path, quality)
            print(f"压缩完成：{filename} -> {output_filename}")

# 示例调用
```

```
input_folder = r'C:\Users\anqi_\Desktop\picture'
output_folder = r'C:\Users\anqi_\Desktop\picture\compressed'
batch_compress(input_folder, output_folder, quality=50)
```

以上代码在原有的图片压缩代码基础上，增加了一个 batch_compress 函数用于遍历输入路径下所有图片格式的文件，批量压缩并保存。

运行以上代码，生成了 compressed 文件夹，在文件夹中保存了压缩之后的图片。

19.5　图片拼接：拼接长图与九宫格

图像拼接是一种常见的图像处理技术，通常用于将多张图片组合成一张更大的图片。常见的拼接需求包括拼接长图和拼接九宫格。拼接后的图在营销物料场景中使用较多。下面将详细介绍如何实现这两种拼接方法，并附上对应的代码片段。

19.5.1　拼接长图

拼接长图通常是将多张图片在垂直方向上依次排列组合成一张长图。可以通过 Python 的 Pillow 库为图片添加水印。

现在有 3 张尺寸不同的图片，需要拼接为长图，3 张图片如图 19-10 所示。

图 19-10　待拼接的 3 张图片

使用以下步骤进行图片拼接。

（1）加载图片。首先，使用 Pillow 库加载所有需要拼接的图片，并获取它们的尺寸信息。

```
from PIL import Image

# 加载图片
images = [Image.open(path) for path in image_paths]
```

（2）计算拼接后的尺寸。确定拼接后长图的总宽度（取所有图片的最大宽度）和总高度（所有图片高度的总和）。

```
# 获取最大宽度和总高度
max_width = max(img.width for img in images)
total_height = sum(img.height for img in images)
```

（3）创建新图像。创建一个新的空白图像，尺寸为最大宽度和总高度。这是为了保证所有图片缩放到相同宽度后拼接为一个矩形。

```
# 创建新图像
new_image = Image.new('RGB', (max_width, total_height))
```

（4）垂直拼接。将每张图片依次粘贴到新图像中，垂直方向通过 y_offset 进行偏移。

```
# 垂直拼接
current_height = 0
for img in images:
    # 如果图片宽度不同，居中处理
    x_offset = (max_width - img.width) // 2
    new_image.paste(img, (x_offset, current_height))
    current_height += img.height
```

（5）保存结果，将拼接后的长图保存到指定路径。

```
# 保存结果
new_image.save(output_path)
```

将以上代码合并封装为函数，按照本地具体图片路径修改代码，得到完整代码如下。

```
from PIL import Image

def concatenate_images_vertically(image_paths, output_path):
    # 加载图片
    images = [Image.open(path) for path in image_paths]

    # 获取最大宽度和总高度
    max_width = max(img.width for img in images)
    total_height = sum(img.height for img in images)

    # 创建新图像
    new_image = Image.new('RGB', (max_width, total_height))

    # 垂直拼接
    current_height = 0
    for img in images:
        x_offset = (max_width - img.width) // 2
        new_image.paste(img, (x_offset, current_height))
        current_height += img.height

    # 保存结果
    new_image.save(output_path)

image_paths = [r'C:\Users\anqi_\Desktop\picture\pic2.png',r'C:\Users\anqi_\Desktop\
picture\pic3.png',r'C:\Users\anqi_\Desktop\picture\pic4.png']
output_path = r'C:\Users\anqi_\Desktop\picture\merged_image.jpg'
concatenate_images_vertically(image_paths, output_path)
```

运行以上代码，生成拼接后的长图，如图 19-11 所示。

19.5.2 拼接九宫格

拼接九宫格是将多张图片在水平和垂直方向上组合成一个九宫格的大图。现在有 9 张尺寸不一的图，希望能拼接成九宫格效果，使用 Pillow 库实现，以下是实现步骤和代码。

（1）加载图片，加载所有需要拼接的图片，并确保它们的尺寸一致。

```
from PIL import Image

# 加载图片
images = [Image.open(path) for path in image_paths]
```

（2）统一图片尺寸，将所有图片缩放至第一张图片的尺寸，确保尺寸一致。

```
# 获取第一张图片的尺寸
base_width, base_height = images[0].size

# 统一图片尺寸
scaled_images = [img.resize((base_width, base_height),
Image.LANCZOS) for img in images]
```

（3）创建新图像，创建一个新的空白图像，宽度为九宫格中所有图片宽度的总和，高度为所有图片高度的总和。

图 19-11 拼接后的长图

```
# 创建新图像
grid_image   =   Image.new('RGB',   (base_width   *   grid_width,   base_height   *
grid_height))
```

（4）九宫格拼接，通过两层循环将每张图片粘贴到新图像中，计算粘贴位置。

```
# 九宫格拼接
index = 0
for y in range(grid_height):
    for x in range(grid_width):
        grid_image.paste(scaled_images[index], (x * base_width, y * base_height))
        index += 1
```

（5）保存结果，将拼接后的九宫格图像保存到指定路径。

```
# 保存结果
grid_image.save(output_path)
```

将以上代码合并封装为函数，按照本地具体图片路径修改代码，得到完整代码如下。

```
from PIL import Image

def concatenate_images_grid(image_paths, grid_size, output_path):
```

```
    # 加载图片
    images = [Image.open(path) for path in image_paths]

    # 获取第一张图片的尺寸
    base_width, base_height = images[0].size

    # 统一图片尺寸
    scaled_images = [img.resize((base_width, base_height), Image.LANCZOS) for img
in images]

    # 创建新图像
    grid_width, grid_height = grid_size
    grid_image = Image.new('RGB', (base_width * grid_width, base_height *
grid_height))

    # 九宫格拼接
    index = 0
    for y in range(grid_height):
        for x in range(grid_width):
            grid_image.paste(scaled_images[index], (x * base_width, y * base_height))
            index += 1

    # 保存结果
    grid_image.save(output_path)

base_path = 'C:\\Users\\anqi_\\Desktop\\picture\\'
base_image_paths = [
    "pic1.png", "pic2.png", "pic3.png",
    "pic4.png", "pic5.png", "pic6.png",
    "pic7.png", "pic8.png", "pic9.png"
]
image_paths = [base_path + path for path in base_image_paths]
grid_size = (3, 3)  # 设置九宫格的大小为 3 行 3 列
output_path = r'C:\Users\anqi_\Desktop\picture\grid_image.jpg'
# 设置输出的九宫格图像路径

concatenate_images_grid(image_paths, grid_size, output_path)
```

运行以上代码，生成拼接后的九宫格图，如图 19-12 所示。

图 19-12　拼接后的九宫格图

19.6　图片添加水印：标明归属权

在数字化时代，图片的传播和分享变得极其便捷，但这也带来了版权保护、品牌推广和信息真实性等问题。为了应对这些挑战，图片加水印成为一种常见且有效的解决方案。

19.6.1　图片水印与作用

图片水印是一种在图片上叠加文字、logo 或其他标识的技术，用于保护图片版权、推广品牌或标注信息。水印可以是透明的、半透明的，也可以是彩色的，通常不影响图片的整体观感。

水印的作用如下。

（1）版权保护：防止他人未经授权使用图片。

（2）品牌推广：在图片上添加品牌名称或 logo，提升品牌曝光度。

（3）信息标注：标注图片的来源、拍摄时间或其他重要信息。

19.6.2　基础图片水印

在日常工作中，可能会接触到给图片添加水印的需求，可以通过 Python 的 Pillow 库实现给图片添加水印的功能。最基础的是在图片右下角增加水印文字，需要分以下步骤实现。

（1）加载图片与创建画布。

首先，使用 Pillow 库中的 Image.open()方法加载原始图片，并将其转换为 RGBA 模式以支持透明度。然后，通过 ImageDraw.Draw()创建一个画布对象，用于在图片上绘制水印。

```
from PIL import Image, ImageDraw, ImageFont
img = Image.open("input.jpg").convert("RGBA")    # 加载图片并转换为 RGBA 模式
draw = ImageDraw.Draw(img)                       # 创建画布对象
```

（2）设置水印参数。

接下来，设置水印的字体、文字内容和颜色。这里使用楷体字体（需确保字体文件存在），水印文字为"版权所有 2025"，颜色为白色，透明度为 128（范围 0～255，0 为完全透明，255 为完全不透明）。

```
font = ImageFont.truetype("楷体.ttf", 30) # 设置字体和大小

# 设置水印文字和颜色
text = "版权所有 2025"
```

```
text_color = (255, 255, 255, 128)  # 白色，透明度 128
```

（3）计算右下角位置。

为了将水印放置在图片的右下角，需要计算水印文字的宽度和高度，并设置一个边距（如 20 像素）。通过 draw.textbbox()方法获取文字的实际尺寸，然后计算出水印的绘制位置。

```
# 计算水印文字的宽度和高度
text_width, text_height = draw.textbbox((0, 0), text, font=font)[2:]

margin = 20            # 设置边距

# 计算水印的右下角位置
x = img.width - text_width - margin
y = img.height - text_height - margin
```

（4）绘制并保存。

使用 draw.text()方法在计算出的位置绘制水印文字，最后将带有水印的图片保存到指定路径。

```
draw.text((x, y), text, font=font, fill=text_color)    # 绘制水印文字
img.save("output.png")                                 # 保存结果
```

以下是调整为本地具体文件路径的完整代码实现。

```
from PIL import Image, ImageDraw, ImageFont

def add_watermarks(input_path, output_path):
    img = Image.open(input_path).convert("RGBA")  # 加载原图

    draw = ImageDraw.Draw(img)                        # 添加右下角文字水印
    font_small = ImageFont.truetype(r'C:\Users\anqi_\Desktop\picture\楷体_GB2312.
ttf', 30)  # 请确保字体文件存在
    text_small = "版权所有 2025"
    text_width, text_height = draw.textbbox((0, 0), text_small, font=font_small)
[2:]
    draw.text((img.width - text_width - 20, img.height - text_height - 20),
            text_small, font=font_small, fill=(255, 255, 255, 128))

    img.convert("RGB").save(output_path)             # 保存结果

# 调用函数
input_path = r'C:\Users\anqi_\Desktop\picture\pic_raw.png'
output_path = r'C:\Users\anqi_\Desktop\picture\pic-右下角水印.png'
add_watermarks(input_path, output_path)
```

运行上述代码，生成结果图（见图 19-13），打开图片发现水印位于右下角，半透明不遮挡主体内容。

图 19-13　图片增加右下角水印

19.6.3　图片添加平铺水印

如果需要在整张图片上都加上水印文字，可以使用 Pillow 库创建透明图层、平铺文字实现覆盖式平铺水印。

（1）加载原图。

首先，使用 Pillow 库中的 Image.open()方法加载原始图片，并将其转换为 RGBA 模式以支持透明度操作。

```
from PIL import Image, ImageDraw, ImageFont

# 加载原图并转换为 RGBA 模式
img = Image.open(input_path).convert("RGBA")
```

（2）创建透明图层。

创建一个与原图尺寸相同的透明图层，用于绘制水印文字。透明图层的背景颜色设置为(0, 0, 0, 0)，表示完全透明。

```
# 创建透明图层
txt_layer = Image.new("RGBA", img.size, (0, 0, 0, 0))
txt_draw = ImageDraw.Draw(txt_layer)
```

（3）设置水印参数。

设置水印文字的字体、内容和颜色。这里使用楷体字体，文字内容为"内部使用"，颜色为红色(255, 0, 0, 128)，其中最后一个参数 128 表示透明度。

```
# 设置水印文字和字体
font = ImageFont.truetype("楷体.ttf", 40)
text = "内部使用"
text_color = (255, 0, 0, 128)  # 红色
```

（4）绘制水印文字。

通过嵌套循环，在透明图层上平铺绘制水印文字。水印文字的间隔为横向 300 像素，纵向 150 像素。

```
# 绘制水印文字
for y in range(0, img.height, 150):
    for x in range(0, img.width, 300):
        txt_draw.text((x, y), text, font=font, fill=text_color)
```

（5）放大水印图层。

将绘制好水印文字的图层放大到与原图相同的尺寸，确保水印覆盖整张图片。

```
txt_layer = txt_layer.resize(img.size, Image.Resampling.LANCZOS)  # 放大水印图层
```

（6）合并图层。

使用 Image.alpha_composite()方法将水印图层与原图合并，生成最终的带水印图片。

```
final_img = Image.alpha_composite(img, txt_layer)                  # 合并图层
```

（7）保存结果。

将合并后的图片保存到指定路径，并转换为 RGB 模式以确保兼容性。

```
final_img.convert("RGB").save(output_path)                          # 保存结果
```

以下是调整为本地具体文件路径的完整代码实现。

```
from PIL import Image, ImageDraw, ImageFont

def add_watermarks(input_path, output_path):
    img = Image.open(input_path).convert("RGBA")            # 加载原图

    txt_layer = Image.new("RGBA", img.size, (0, 0, 0, 0)) # 创建透明图层
    txt_draw = ImageDraw.Draw(txt_layer)

    # 设置水印文字和字体
    font = ImageFont.truetype(r'C:\Users\anqi_\Desktop\picture\楷体_GB2312.ttf', 40)
    text = "内部使用"
    text_color = (255, 0, 0, 128)                         # 红色

    # 绘制水印文字
    for y in range(0, img.height, 150):
        for x in range(0, img.width, 300):
            txt_draw.text((x, y), text, font=font, fill=text_color)

    txt_layer = txt_layer.resize(img.size, Image.Resampling.LANCZOS) # 放大水印图层

    final_img = Image.alpha_composite(img, txt_layer)                # 合并图层
```

```
        final_img.convert("RGB").save(output_path)                    # 保存结果

# 调用函数
input_path = r'C:\Users\anqi_\Desktop\picture\pic_raw.png'
output_path = r'C:\Users\anqi_\Desktop\picture\pic_平铺水印后.png'
add_watermarks(input_path, output_path)
```

运行上述代码，生成结果图（见图 19-14），打开图片发现水印平铺在图片上。

图 19-14　图片平铺水印

19.7　本 章 小 结

在本章中，深入探索了图片自动化处理的丰富领域。通过 OCR 技术实现文字提取，能高效处理文档数字化等任务；借助 Pillow 库，轻松完成图片格式转换、压缩、拼接与添加水印等操作，满足格式要求、提升加载速度、制作长图与保护版权。qrcode 库助力生成各种二维码，满足工作及生活中数据编码需求。这些知识与技术，为日常办公、项目开发中的图片处理难题提供了有效的解决方案，可大幅提升工作效率。

第 20 章　音频与视频处理

音频与视频处理是数字内容创作的核心技术。本章将介绍如何使用 Python 的 pydub 库和 ffmpeg 工具链进行高效操作。涵盖音频文件的读写、格式转换与混音，以及视频格式的批量处理方法。读者将通过简洁示例代码掌握 WAV 到 MP3 的转换、环境音效与背景音乐的合成，以及针对不同平台调整视频格式的技巧。无论是解决设备兼容性问题，还是优化存储与传输效率，本章都将提供多媒体处理所需的全面指导，助你轻松应对各种挑战。

20.1　音频文件读写与格式转换：特定格式不求人

20.1.1　音频文件读写与格式转换

音频文件的读写与格式转换在日常工作和生活中极为常见，尤其是需要使音频文件适配不同设备或平台时。以下是一些典型的需求和应用场景。

（1）设备兼容性。不同设备支持的音频格式可能不同。例如，MP3 播放器通常只支持 MP3 格式，而某些录音设备可能生成 WAV 格式文件。为了确保音频文件能在不同设备上播放，进行格式转换是必要的。

（2）节省存储空间。无损格式（如 WAV）虽然音质好，但文件体积较大。当存储空间有限时，将无损格式转换为有损格式（如 MP3），能在保证可接受音质的同时显著降低文件大小。

（3）分享与传输。在分享音频文件时，如果对方的设备不支持特定格式，可能导致文件无法播放。通过将文件转换为更通用的格式（如 MP3），可以确保文件能被顺利接收并播放。

（4）编辑与处理。在对音频文件进行剪辑、合并或添加特效等操作时，可能需要先将音频文件转换为适合编辑的特定格式。

（5）多媒体制作。制作视频或多媒体内容时，通常需要将不同来源的音频文件统一为相同格式，以确保它们能够无缝融合。

20.1.2　环境准备

可以通过 Python 使用 pydub 库来读取、写入和转换音频文件，该库提供了简单易用的方法来处理音频文件。首先，需要使用如下命令安装 pydub 库及其依赖项。

```
pip install pydub
```

为了处理不同的音频格式，需要安装 ffmpeg 库。

FFmpeg 是一个开源多媒体框架，可以用来录制、转换、编辑、处理和流式传输音视频内容。它提供了丰富的工具和库，可以处理几乎所有的已知多媒体格式。FFmpeg 的功能包括音视频格式转换、音视频剪辑、特效应用、屏幕录制以及实时流媒体传输等。

FFmpeg 包含的主要工具介绍如下。

- ffmpeg：用于转换、剪辑和处理音视频文件。
- ffplay：一个简单的媒体播放器，能够播放多媒体文件。
- ffprobe：用于分析多媒体文件的详细信息，包括编码格式、码率、分辨率等。

FFmpeg 支持的格式非常广泛，包括但不限于 MP4、AVI、MKV、MP3、AAC、WAV等。其强大之处在于能通过命令行执行各种复杂的音视频处理任务，并可以与多种编程语言及工具集成，以满足不同的开发需求。

在 Windows 上，可以通过访问 FFmpeg 官方网站（https://ffmpeg.org/download.html）下载并安装所需文件，打开该网站，可以看到如图 20-1 所示的页面。

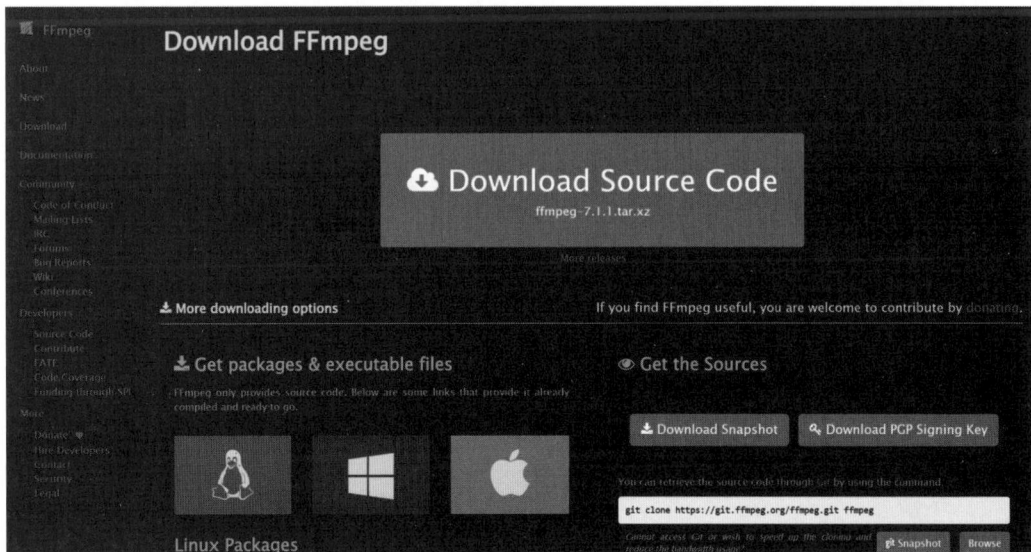

图 20-1　FFmpeg 网站

单击左下方 Windows 图标，在展开的选项中单击"Windows builds from gyan.dev"，如图 20-2 所示。

图 20-2　选择 Windows 系统

单击后跳转到 https://www.gyan.dev/ffmpeg/builds/ 网站，如图 20-3 所示。

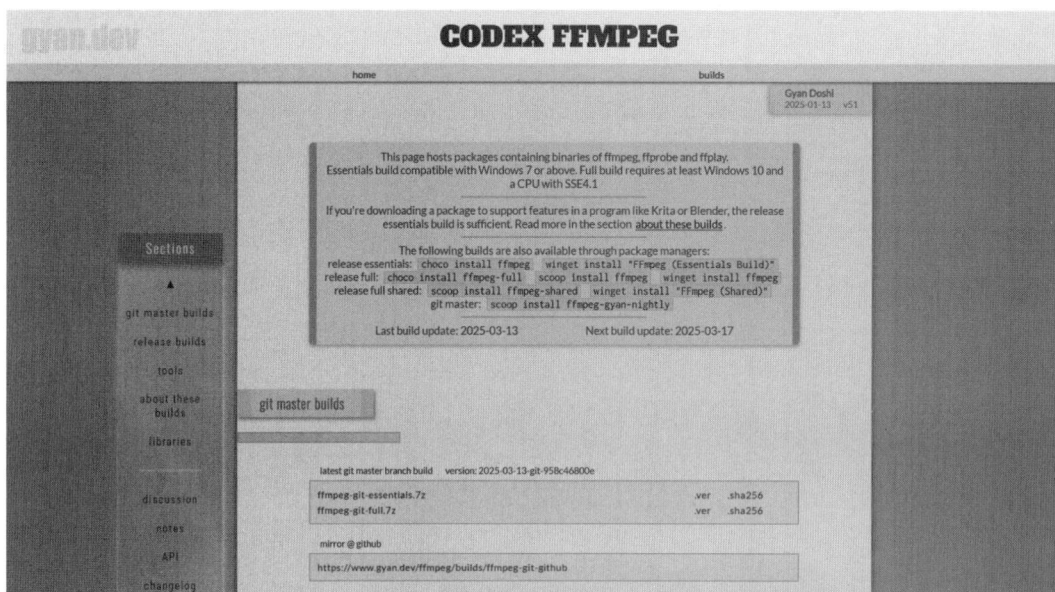

图 20-3　gyan.dev 网站

在该网站往下翻页，单击"ffmpeg-git-essentials.7z"下载安装文件，如图 20-4 所示。

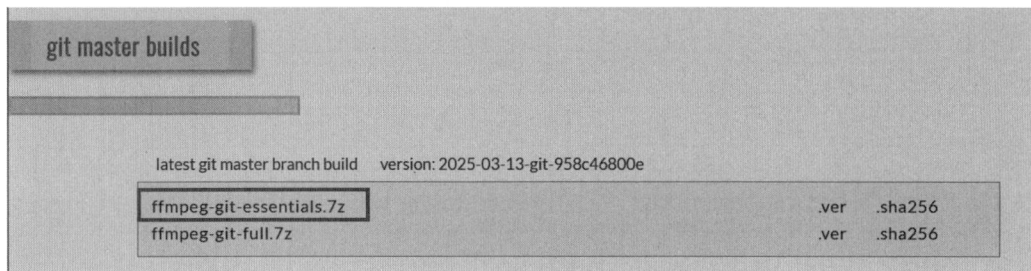

图 20-4　下载安装包

下载后，解压该压缩包，将其中的 bin 目录路径添加到系统环境变量中并保存，然后打开命令提示符对话框输入如下命令：

```
ffmpeg -version
```

如图 20-5 所示，在命令提示符对话框中能够看到 ffmpeg 的版本信息，说明安装完成。

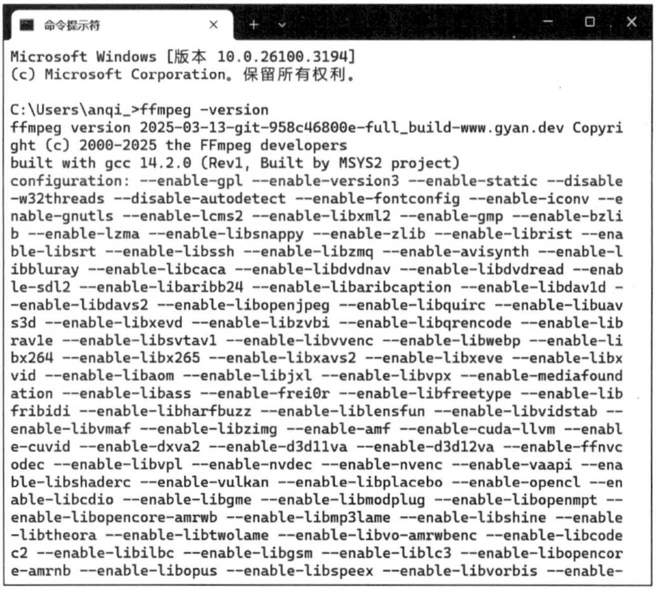

图 20-5　验证 ffmpeg 环境变量

20.1.3　读取音频文件

现有一个名为"demo.wav"的音频文件，可以使用 pydub 库中的 AudioSegment.from_

file()方法读取音频文件。以下是读取音频文件的代码示例：

```python
from pydub import AudioSegment

# 加载音频文件
audio = AudioSegment.from_file(r"C:\Users\anqi_\Desktop\media\demo.wav")

# 打印音频信息
print(f"声道数: {audio.channels}")
print(f"采样宽度: {audio.sample_width}")
print(f"帧率（采样率）: {audio.frame_rate}")
print(f"帧宽: {audio.frame_width}")
print(f"长度（毫秒）: {len(audio)}")
```

运行后输出如下的音频信息：

```
声道数: 2
采样宽度: 2
帧率（采样率）: 48000
帧宽: 4
长度（毫秒）: 16584
```

20.1.4　转换音频格式

若需要将音频文件从一种格式转换为另一种格式，向 CodeGeeX 提问：如何将音频文件从 WAV 转为 MP3 格式？

CodeGeeX 反馈代码，指定代码中的本地相关路径后示例如下：

```python
from pydub import AudioSegment

# 加载音频文件
audio = AudioSegment.from_file(r"C:\Users\anqi_\Desktop\media\demo.wav")

# 指定 ffmpeg 的路径
AudioSegment.converter = r"C:\Users\anqi_\Downloads\ffmpeg-full_build\ffmpeg-2025-03-13-git-958c46800e-full_build\bin\ffmpeg.exe"

# 转换为 MP3 格式
audio.export(r"C:\Users\anqi_\Desktop\media\demo_mp3.mp3", format="mp3")
```

上述代码先导入 pydub 库，然后加载音频文件，并指定 ffmpeg 的路径，最终将文件输出为 MP3 格式。运行后，在对应路径下会生成 MP3 格式的文件，其大小约为源文件的十分之一。

如果需要转为其他格式，只需修改以上代码的最后一行即可，例如，转为 OGG 格式文件，修改代码如下：

```python
# 转换为 OGG 格式
audio.export(r"C:\Users\anqi_\Desktop\media\demo_ogg.ogg", format="ogg")
```

20.2　音频混音：专属音乐易搞定

20.2.1　音频混音的概念

音频混音是将多个音频信号合并为一个音频信号的过程。其间可根据需求调整不同音频的音量、声道、时间等参数，以创造出所需的音频效果。例如，在音乐制作中，主唱、伴奏、和声等多个音轨可被混合在一起，构成一首完整的歌曲；在电影制作中，通过混音将对话、音效和背景音乐等音频元素结合，营造出逼真的听觉体验。

音频混音的常见应用场景如下。

（1）音乐制作：将不同乐器的演奏、人声录制等音轨进行混音，制作出专业的音乐作品。

（2）影视制作：为影片添加音效和背景音乐，并与原始对话音频混合，提升影片的听觉效果。

（3）游戏开发：整合游戏中的各种音效，如角色动作音效、环境音效、背景音乐等，增强游戏的沉浸感。

（4）语音合成：在语音合成中，混合不同的语音片段和音效，生成更加自然生动的语音输出。

20.2.2　pydub 混音常见操作的语法介绍

（1）导入必要的库。在使用 pydub 进行音频混音前，需要先导入 AudioSegment 类，它是 pydub 中处理音频的核心类。示例代码如下：

```
from pydub import AudioSegment
```

（2）读取音频文件。使用 AudioSegment.from_file()方法可以读取音频文件，该方法接收文件路径作为参数，并返回一个 AudioSegment 对象。示例代码如下：

```
audio1 = AudioSegment.from_file("audio1.wav")
audio2 = AudioSegment.from_file("audio2.wav")
```

（3）调整音频音量。在混音之前，可能需要调整不同音频的音量，以达到合适的混音效果。可以使用"+"或"−"运算符来增加或减少音频的音量，单位为分贝（dB）。示例代码如下：

```
# 将音频 1 的音量增加 5dB
audio1 = audio1 + 5

# 将音频 2 的音量减少 3dB
```

```
audio2 = audio2 - 3
```

（4）混音操作。使用 overlay()方法可以将两个音频进行混合。该方法接收另一个 AudioSegment 对象作为参数，并可以指定混音的起始时间（单位为毫秒）。示例代码如下：

```
# 将音频 2 混合到音频 1 上，从第 2 秒开始
mixed_audio = audio1.overlay(audio2, position=2000)
```

（5）导出混音后的音频。使用 export()方法可以将混音后的音频保存到文件中，该方法接收文件路径和音频格式作为参数。示例代码如下：

```
mixed_audio.export("mixed_audio.wav", format="wav")
```

本地有一个鸟鸣声音频文件"bird.wav"，还有一个海浪声音频文件"sea.wav"，现在将两者混合起来以得到混音效果，代码如下：

```
from pydub import AudioSegment

audio1 = AudioSegment.from_file(r"C:\Users\anqi_\Desktop\media\sea.wav")
audio2 = AudioSegment.from_file(r"C:\Users\anqi_\Desktop\media\bird.wav")

# 将音频 1 的音量增加 5dB
audio1 = audio1 + 5

# 将音频 2 的音量减少 3dB
audio2 = audio2 - 3

# 将音频 2 混合到音频 1 上，从第 2 秒开始
mixed_audio = audio1.overlay(audio2, position=2000)

mixed_audio.export(r"C:\Users\anqi_\Desktop\media\mixed_audio.wav",
format="wav")
```

运行代码，生成混合后的音频文件"mixed_audio.wav"，打开该文件，可以发现从第 2 秒开始出现了鸟鸣声和海浪声混合的音效。

20.3　视频文件读写与格式转换：特定格式不求人

20.3.1　视频转换格式需求

1. 不同平台的兼容性需求

不同操作系统、设备及软件对视频格式的支持存在差异。例如，苹果设备原生支持".mov"格式，安卓设备则对".mp4"格式有更好的兼容性；某些视频编辑软件可能对".avi"格式的处理更为优化。因此，为了确保视频能够在各种平台和设备上正常播放和处理，进行格式转换是必要的。

2. 存储和传输的优化

不同的视频格式在文件大小和画质上各有特点。例如，高质量的视频格式".mkv"虽然画质好，但文件体积较大，不利于存储和传输。相比之下，".mp4"格式在画质和文件大小之间有较好的平衡。当需要在有限的存储空间内存储大量视频或者需要快速传输视频时，将视频转换为更合适的格式，例如，将多个".mkv"格式的电影转换为".mp4"格式，可以节省硬盘空间并提高传输效率。

3. 视频编辑和处理的需求

在视频编辑过程中，通常需要将不同格式的视频素材进行统一，以便更好地进行剪辑、合并等操作。同时，某些视频编辑软件可能对特定格式的视频有更优的支持。因此，在进行视频编辑时，将各种不同格式的素材转换为项目预设的格式，能够提高编辑效率和质量。

4. 视频分发和分享的需求

不同的视频平台对视频格式有不同的要求。例如，YouTube 推荐使用".mp4"格式，抖音虽支持多种常见格式，但".mp4"在兼容性和性能方面表现更佳。为了顺利地将视频上传到各个平台，需要将视频转换为符合平台要求的格式。

20.3.2　ffmpeg-python 库介绍

ffmpeg-python 是一个 Python 的 FFmpeg 命令行工具的封装库，它允许在 Python 脚本中方便地调用 FFmpeg 的强大功能，实现音视频文件的转换、剪辑、处理等任务。通过 ffmpeg-python，可以避免直接编写复杂的 FFmpeg 命令行，而是使用 Python 的语法来完成各种操作，大大提高了开发效率。

可以通过 pip 命令安装 ffmpeg-python 库：

```
pip install ffmpeg-python
```

20.3.3　视频格式转换

使用 ffmpeg-python 可以很方便地进行视频格式转换，以下是基本步骤。

（1）导入必要的库，首先，导入 ffmpeg 库。

（2）设置输入和输出文件路径。定义输入和输出文件的路径。假设输入文件是一个".mp4"格式的视频文件，输出文件为".mkv"格式。

（3）使用 ffmpeg-python 进行格式转换。通过 ffmpeg.input()和 output()方法指定输入和输出文件路径，然后调用 run()方法执行转换。

完整代码示例如下：

```python
import ffmpeg

# 输入和输出文件路径
input_path = r"C:\Users\anqi_\Desktop\media\input_video.mp4"
output_path = r"C:\Users\anqi_\Desktop\media\output_video.mkv"

# 进行格式转换
ffmpeg.input(input_path).output(output_path).run()
```

转换完成后，生成了名为"output_video.mkv"的视频文件。除了 MKV 格式，还可以按需转换为 AVI、MOV 和 WMV 等常用格式，参考代码如下：

```python
import ffmpeg

# 输入和输出文件路径
input_path = r"C:\Users\anqi_\Desktop\media\input_video.mp4"
output_path_avi = r"C:\Users\anqi_\Desktop\media\output_video.avi"
output_path_mov = r"C:\Users\anqi_\Desktop\media\output_video.mov"
output_path_wmv = r"C:\Users\anqi_\Desktop\media\output_video.wmv"

# 转换为 AVI 格式
ffmpeg.input(input_path).output(output_path_avi).run()

# 转换为 MOV 格式
ffmpeg.input(input_path).output(output_path_mov).run()

# 转换为 WMV 格式
ffmpeg.input(input_path).output(output_path_wmv).run()
```

运行完成后，在指定路径生成转换后的3个视频文件。

20.4　本　章　小　结

本章探讨了音频与视频处理的核心技术与应用场景。通过 pydub 和 FFmpeg 工具链，学习了音频文件的读写、格式转换、混音合成，以及视频格式的适配与处理。音频处理部分涵盖了从 WAV 到 MP3 的转换、多音轨动态混音等实用技巧；视频处理部分则聚焦于跨平台格式转换与批量处理，确保视频在不同设备与平台上的兼容性。这些技术不仅解决了设备兼容性问题，还优化了存储与传输效率，为多媒体创作提供了强大的支持。通过本章的学习，读者将掌握从基础语法到实战应用的能力。

第 21 章　文　件　管　理

在数字化工作中，文件管理直接影响效率。本章通过 Python 的 zipfile 库实现文件压缩与解压，解决大文件传输限制与存储成本问题；利用 os 模块和正则表达式批量重命名文件，提升文档管理效率；使用 PyInstaller 将脚本打包为可执行文件，实现零环境依赖的跨平台分发。通过代码实例解析，帮助读者掌握从基础操作到自动化部署的完整技能链。

21.1　文件压缩与解压：上传大小不受限

21.1.1　文件压缩与解压的价值

在数字化时代，文件处理面临着存储成本、传输效率和安全性的多重挑战。文件压缩技术通过算法优化，将数据体积压缩至原大小的 10%～50%，同时支持分卷上传、加密保护等功能，成为解决这些问题的关键技术。文件压缩典型的应用场景如下。

（1）突破传输瓶颈。当云盘单文件上限为 4GB 时，分卷压缩技术可将 10GB 安装包拆分为 5 个 2GB 文件，实现分片上传后合并还原。

（2）存储成本优化。企业级日志系统每天产生数百吉字节数据，压缩后可节省 80%以上存储空间，显著降低云存储费用。

（3）数据安全防护。医疗影像、金融交易记录等敏感数据通过加密压缩，配合 AES-256 算法，确保在传输和存储过程中的机密性。

（4）跨平台兼容性。Windows 系统下生成的压缩包通过 tar.gz 格式，可在 Linux 服务器上无缝解压，避免编码格式冲突。

21.1.2　Python 压缩库

Python 生态提供了丰富的压缩工具，从内置库到第三方扩展，覆盖不同场景需求。一些 Python 内置库可实现压缩和解压功能。以下是主流库的技术特性对比。

（1）zipfile：Python 标准库，支持 ZIP 格式的压缩、分卷（需配合系统命令）及加密。适合日常文件处理，尤其在 Windows 环境下兼容性最佳。

（2）shutil：高层封装工具，提供 make_archive()和 unpack_archive()方法，一行代码实现目录压缩、解压，适合快速脚本开发。

（3）tarfile：专注 TAR 家族格式（tar.gz、tar.bz2 等），支持流式压缩和解压，在 Linux/Unix 系统中表现优异。

以下 Python 第三方库也可以实现压缩和解压。

（1）py7zr：7Z 格式的完整实现，支持分卷压缩（如每卷 500MB）、AES-256 加密，压缩率比 ZIP 高 20%～40%。

（2）rarfile：RAR 文件读取工具，但压缩功能需依赖系统命令，适合处理历史遗留的 RAR 文件。

（3）patool：它能够处理多种不同格式的压缩文件，如 ZIP、RAR、7Z 等，还能实现文件的压缩与解压操作。

21.1.3　压缩与解压案例

首先，使用内置库 zipfile 实现文件的压缩和解压。该库不需要额外安装，语法简单，以下是压缩和解压的基本语法：

```python
import zipfile

def compress_to_zip(input_file, output_zip):
    with zipfile.ZipFile(output_zip, 'w') as zipf:
        zipf.write(input_file)

def decompress_zip(zip_file, output_dir):
    with zipfile.ZipFile(zip_file, 'r') as zipf:
        zipf.extractall(output_dir)
```

以上代码使用 Python 的 zipfile 模块来实现文件的压缩与解压功能。具体包含两个函数：compress_to_zip 用于把单个文件压缩成 ZIP 文件；decompress_zip 用于将 ZIP 文件解压到指定目录。

创建一个待压缩文件"input_file.txt"，在以上代码中添加具体调用函数，写入相应的压缩和解压路径，最终代码如下：

```python
import zipfile

def compress_to_zip(input_file, output_zip):
    with zipfile.ZipFile(output_zip, 'w') as zipf:
        zipf.write(input_file)

def decompress_zip(zip_file, output_dir):
    with zipfile.ZipFile(zip_file, 'r') as zipf:
        zipf.extractall(output_dir)

compress_to_zip(r"C:\Users\anqi_\Desktop\file\input_file.txt",
r"C:\Users\anqi_\Desktop\file\output.zip")

decompress_zip(r"C:\Users\anqi_\Desktop\file\output.zip", "output_dir")
```

运行以上代码，在 file 文件夹中生成一个 output.zip 压缩包文件，并解压压缩包，生成 output_dir 文件夹，但是 output_dir 文件夹中嵌套了很多文件夹，这不是预想的效果。

将以上代码和疑惑向 CodeGeeX 提问，它给出的解决方案如下：出现路径嵌套问题是因为压缩时默认存储了文件的绝对路径，解压时这些绝对路径会与输出目录拼接，导致路径重复嵌套。可以修改为如下代码解决该问题。

```python
import zipfile
import os  # 新增 os 模块

def compress_to_zip(input_file, output_zip):
    with zipfile.ZipFile(output_zip, 'w') as zipf:
        # 关键修改：通过 basename 仅保留文件名
        zipf.write(input_file, os.path.basename(input_file))

def decompress_zip(zip_file, output_dir):
    with zipfile.ZipFile(zip_file, 'r') as zipf:
        zipf.extractall(output_dir)

# 使用示例
compress_to_zip(r"C:\Users\anqi_\Desktop\file\input_file.txt",
r"C:\Users\anqi_\Desktop\file\output.zip")
decompress_zip(r"C:\Users\anqi_\Desktop\file\output.zip", "output_dir")
```

删除原有内容，运行以上代码，发现实现了预想中的解压效果。接下来，演示 Python 第三方库 patool 的压缩和解压操作。安装 patool 的代码如下：

```
pip install patool
```

patool 使用 patoolib.create_archive() 创建压缩文件，使用 patoolib.extract_archive() 解压缩文件，使用 patool 完成压缩和解压操作的代码如下：

```python
import patoolib

def compress_to_zip(input_file, output_zip):
    patoolib.create_archive(output_zip, [input_file])

def decompress_zip(zip_file, output_dir):
    patoolib.extract_archive(zip_file, outdir=output_dir)

# 压缩操作示例
input_file = r"C:\Users\anqi_\Desktop\file\input_file.txt"
output_zip = r"C:\Users\anqi_\Desktop\file\output1.zip"
compress_to_zip(input_file, output_zip)
print(f'{input_file} 已压缩为 {output_zip}')

# 解压操作示例
zip_file = r"C:\Users\anqi_\Desktop\file\output1.zip"
output_dir = r"C:\Users\anqi_\Desktop\file\output_dir1"
decompress_zip(zip_file, output_dir)
print(f'{zip_file} 已解压至 {output_dir}')
```

运行后也出现了解压路径问题，在压缩时使用相对路径也可以实现，代码如下：

```python
import patoolib
import os

def compress_to_zip(input_file, output_zip):
    # 获取文件所在目录和文件名
    file_dir = os.path.dirname(input_file)
    file_name = os.path.basename(input_file)
    # 切换工作目录到文件所在目录
    original_dir = os.getcwd()
    os.chdir(file_dir)
    try:
        # 使用相对路径创建压缩包
        patoolib.create_archive(output_zip, [file_name])
    finally:
        os.chdir(original_dir)   # 恢复原始工作目录

def decompress_zip(zip_file, output_dir):
    patoolib.extract_archive(zip_file, outdir=output_dir)

# 使用示例
input_file = r"C:\Users\anqi_\Desktop\file\input_file.txt"
output_zip = r"C:\Users\anqi_\Desktop\file\output1.zip"
compress_to_zip(input_file, output_zip)
print(f'压缩完成: {output_zip}')

zip_file = output_zip
output_dir = r"C:\Users\anqi_\Desktop\file\output_dir1"
decompress_zip(zip_file, output_dir)
print(f'解压完成至: {output_dir}')
```

以上代码对压缩函数进行了修改，使用 os.chdir()临时切换到文件所在目录，确保压缩时仅包含文件名而非绝对路径。创建压缩包后切换回原始目录，避免影响后续代码。

解压后的文件会直接存放在 output_dir 下，路径为 output_dir\input_file.txt，不再包含嵌套的绝对路径。

21.2　文件与文件夹批量重命名：批量处理效率高

21.2.1　需求来源

在日常办公中，常常会遇到需要处理大量文件和文件夹的情况。例如，从公司内部系统下载了大量客户报告和数据文件，这些文件的文件名包含日期和编号。随着业务的发展和数据量的增加，杂乱无章的文件名会给文件的管理和查找带来极大的困难。为了提高工作效率，更好地进行文件的归档和管理，需要对这些文件进行批量重命名。

传统的手动重命名方式不仅效率低下，而且容易出错，尤其是在处理大量文件时，工作量巨大。而使用 Python 进行批量重命名，可以根据特定的规则自动完成重命名任务，大大提高了处理效率，减少了人为错误。

21.2.2　相关库介绍

为实现批量重命名，以下这些库较为常用。

1. os 模块

os 模块是 Python 中用于与操作系统进行交互的标准库，在文件和文件夹操作中很常用。常用如下方法。

- os.path.join()：用于将多个路径组合成一个完整的路径。例如：

```
import os

path1 = "Downloads"
path2 = "content"
full_path = os.path.join(path1, path2)
print(full_path)  # 输出: Downloads\content
```

- os.makedirs()：用于递归创建目录。如果目录已经存在，则会抛出错误，使用 exist_ok=True 参数可以避免这种情况。例如：

```
import os

dir_path = "new_directory"
os.makedirs(dir_path, exist_ok=True)
```

- os.listdir()：用于返回指定目录下的所有文件和文件夹的名称列表。例如：

```
import os

directory = "Downloads"
files = os.listdir(directory)
print(files)  # 输出 Downloads 目录下的所有文件和文件夹名称
```

- os.rename()：用于重命名文件或文件夹，也可以用于移动文件或文件夹。例如：

```
import os

old_name = "old_file.txt"
new_name = "new_file.txt"
os.rename(old_name, new_name)
```

2. re 模块

re 模块是 Python 中用于处理正则表达式的标准库。正则表达式是一种强大的字符串匹配工具，可以根据特定的模式来查找、替换和提取字符串。我们将在下一节使用正则表达式来提取文件名中的日期部分。

re.search()用于在字符串中查找第一个匹配的模式。如果找到匹配项，则返回一个匹配对象；否则返回 None。例如：

```
import re

string = "report_2025-04-01.txt"
pattern = r'\d{4}-\d{2}-\d{2}'
match = re.search(pattern, string)
if match:
    print(match.group())  # 输出：2025-04-01
```

3. datetime 模块

datetime 模块提供了处理日期和时间的类和函数。我们将在下一节使用 datetime 模块来解析日期字符串并格式化日期。常用的方法如下。

- datetime.strptime()：用于将字符串解析为日期对象。例如：

```
from datetime import datetime

date_str = "2025-04-01"
date = datetime.strptime(date_str, "%Y-%m-%d")
print(date)  # 输出：2025-04-01 00:00:00
```

- datetime.strftime()：用于将日期对象格式化为字符串。例如：

```
from datetime import datetime

date = datetime(2025, 4, 1)
formatted_date = date.strftime("%Y%m%d")
print(formatted_date)  # 输出：20250401
```

21.2.3　具体案例

　　假设你需要从公司内部系统处理大量客户报告（report）和数据文件（data），每份报告和数据文件的文件名包含日期和编号，你希望将它们按照特定格式进行重命名以便更好地归档和管理。现状如图 21-1 所示。

sales_data_2025-04-01_1
sales_data_2025-04-01_2
sales_data_2025-04-02_1
sales_data_2025-04-03_1
sales_info_2025-04-01_report
sales_info_2025-04-02_report
sales_info_2025-04-03_report

图 21-1　待整理的材料

　　目标是根据文件名中的关键词（"reports"或"data"）将文件分类，并提取文件名中的日期部分，按照日期格式重命名文件后放入对应的文件夹中。具体步骤如下。

- 创建"reports"和"data"两个目标文件夹。
- 遍历指定目录下的所有文件。
- 根据文件名中的关键词将文件分类到不同的目标文件夹中。
- 提取文件名中的日期部分，按照日期格式重命名文件。

　　在整个代码中，创建两个函数来封装具体代码，分别是 organize_files_by_keyword 函数和 organize_and_rename_file 函数，organize_files_by_keyword 函数根据文件名中的关键

词（"reports"或"data"）将文件分类并重命名后放入对应的文件夹中，organize_and_
rename_file 函数提取文件名中的日期部分，并按照日期格式重命名文件后移动到目标文
件夹。

1. organize_files_by_keyword 函数

在该函数中，完成以下具体功能。

（1）创建目标文件夹路径：使用 os.path.join()函数将指定目录和目标文件夹名组合成
完整的路径。示例代码如下：

```
report_dir = os.path.join(directory, "reports")
data_dir = os.path.join(directory, "data")
```

（2）创建目标文件夹：使用 os.makedirs()函数创建目标文件夹，如果文件夹已经存
在，则不会抛出错误。示例代码如下：

```
os.makedirs(report_dir, exist_ok=True)
os.makedirs(data_dir, exist_ok=True)
```

（3）遍历源目录中的文件：使用 os.listdir()函数获取指定目录下的所有文件和文件夹
名称列表，然后遍历该列表。示例代码如下：

```
for filename in os.listdir(directory):
```

（4）根据关键词分类文件：根据文件名中是否包含"reports"或"data"来调用
organize_and_rename_file 函数进行文件的重命名和移动操作。例如：

```
if "report" in filename.lower():
    new_filename = organize_and_rename_file(directory, filename, report_dir)
elif "data" in filename.lower():
    new_filename = organize_and_rename_file(directory, filename, data_dir)
```

2. organize_and_rename_file 函数

在该函数中，完成以下具体功能。

（1）提取日期部分：使用正则表达式 r'\d{4}-\d{2}-\d{2}'来查找文件名中的日期部
分。示例代码如下：

```
date_pattern = r'\d{4}-\d{2}-\d{2}'
match = re.search(date_pattern, filename)
```

（2）解析日期字符串：如果找到日期部分，则使用 datetime.strptime()函数将日期字
符串解析为日期对象。示例代码如下：

```
date_str = match.group()
date = datetime.strptime(date_str, "%Y-%m-%d")
```

（3）构建新的文件名：使用 datetime.strftime()函数将日期对象格式化为"YYYYMMDD"
的字符串，并添加到原文件名的前面。示例代码如下：

```
new_filename = f"{date.strftime('%Y%m%d')}_{filename}"
```

（4）重命名并移动文件：使用 os.rename()函数将源文件重命名并移动到目标文件夹。示例代码如下：

```
source_file_path = os.path.join(source_dir, filename)
dest_file_path = os.path.join(dest_dir, new_filename)
os.rename(source_file_path, dest_file_path)
```

完整代码如下：

```
import os
import re
from datetime import datetime

def organize_files_by_keyword(directory):
    """
    根据文件名中的关键词（"report"或"data"）将文件分类并重命名后放入对应的文件夹中。

    Parameters:
    - directory (str): 要处理的目录路径。
    """
    # 创建目标文件夹路径
    report_dir = os.path.join(directory, "reports")
    data_dir = os.path.join(directory, "data")

    # 创建目标文件夹（如果不存在）
    os.makedirs(report_dir, exist_ok=True)
    os.makedirs(data_dir, exist_ok=True)

    # 遍历源目录中的文件
    for filename in os.listdir(directory):
        if "report" in filename.lower():  # 如果文件名包含"report"
            new_filename = organize_and_rename_file(directory, filename, report_dir)
        elif "data" in filename.lower():  # 如果文件名包含"data"
            new_filename = organize_and_rename_file(directory, filename, data_dir)

def organize_and_rename_file(source_dir, filename, dest_dir):
    """
    提取文件名中的日期部分，并按照日期格式重命名文件后移动到目标文件夹。

    Parameters:
    - source_dir (str): 源文件所在的目录路径。
    - filename (str): 要处理的文件名。
    - dest_dir (str): 目标文件夹路径。

    Returns:
    - new_filename (str): 重命名后的文件名，如果未找到日期部分则返回 None。
    """
    # 提取日期部分的正则表达式模式
    date_pattern = r'\d{4}-\d{2}-\d{2}'
    match = re.search(date_pattern, filename)

    if match:
        # 提取到的日期字符串
        date_str = match.group()
```

```
     # 将日期字符串解析为日期对象
     date = datetime.strptime(date_str, "%Y-%m-%d")
     # 构建新的文件名，添加日期前缀
     new_filename = f"{date.strftime('%Y%m%d')}_{filename}"
     # 源文件的完整路径
     source_file_path = os.path.join(source_dir, filename)
     # 目标文件的完整路径
     dest_file_path = os.path.join(dest_dir, new_filename)
     # 重命名文件并移动到目标文件夹
     os.rename(source_file_path, dest_file_path)

     return new_filename
   else:
     return None
# 示例：按关键词将文件分类和重命名
directory = r"C:\Users\anqi_\Desktop\file\content"  # 替换为实际的目录路径
organize_files_by_keyword(directory)
```

将 directory 变量替换为实际要处理的目录路径，然后调用 organize_files_by_keyword 函数即可完成文件的分类和重命名操作。

运行以上代码，发现在对应文件夹中，材料已经分类整理完毕，如图 21-2 所示。

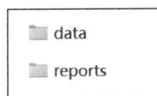

图 21-2　整理后的材料

21.3　打包为可执行文件：一键处理更容易

21.3.1　Python 文件打包需求

编写的 Python 代码通常是在本地执行，如果需要让其更为通用，可以考虑将其打包为可执行文件，打包后的可执行文件有如下优点。

（1）不需要 Python 环境。

打包后的文件可在未安装 Python 解释器的计算机上直接运行，降低用户使用门槛。尤其适合向非技术人员分发工具类程序，例如数据分析脚本或自动化工具。

（2）简化部署与分发。

- 单文件分发：通过工具（如 PyInstaller）将程序及其依赖库打包为单一可执行文件，避免用户手动配置环境。
- 跨平台兼容性：支持生成 Windows、Linux、macOS 系统的可执行文件，满足多平台需求。

（3）保护源代码与安全性。

- 代码编译为二进制：通过打包工具可将 Python 代码编译为机器码，增加反编译难度。

- 防止依赖冲突：打包过程会锁定依赖库版本，避免因环境差异导致的兼容性问题。

（4）提升用户体验。

- 双击运行：用户无须通过命令行进行操作，符合普通用户的使用习惯。
- 资源集成：可嵌入图标、配置文件等资源，避免路径错误或文件丢失。

21.3.2　打包方法与常用Python库

Python 文件打包主流工具对比如表 21-1 所示。

表 21-1　Python 文件打包主流工具对比

工具名称	特点	适用场景
PyInstaller	跨平台支持，单文件打包，支持加密和图标嵌入	通用型项目，需快速部署
cx_Freeze	轻量级，支持多平台，依赖分析精准	简单脚本或小型项目
Nuitka	将 Python 编译为 C++代码，提升运行性能	对性能要求较高的程序

以 PyInstaller 为例，安装方法如下：

```
pip install pyinstaller
```

打包命令如下：

```
pyinstaller --onefile your_script.py
```

21.3.3　打包为可执行文件案例

现在有这样的需求，开发一款支持压缩和解压常见格式的 Python 代码并将其打包为可执行文件，方便分发给同事使用。

向 CodeGeeX 提问：

帮我使用 tkinter 框架写一个 GUI 程序，打开之后可以选择压缩或者解压文件，单击任意一个选项，就会弹出选择本地文件，即单击"解压"选择解压路径，单击"压缩"选择压缩格式（支持几个常用格式），然后选择解压或压缩文件保存路径和文件名，最后单击确认，弹出解压或压缩成功或失败的弹窗。

CodeGeeX 返回代码如下：

```
import tkinter as tk
from tkinter import ttk, filedialog, messagebox
import zipfile
import tarfile
import py7zr
import os
```

```python
class CompressionApp:
    def __init__(self, root):
        self.root = root
        self.root.title("文件压缩/解压工具")
        self.root.geometry("400x200")

        # 操作选择
        self.operation = tk.StringVar(value="compress")
        ttk.Label(root, text="选择操作:").pack(pady=10)
        ttk.Radiobutton(root, text="压缩", variable=self.operation, value="compress").
pack()
        ttk.Radiobutton(root, text="解压", variable=self.operation, value="decompress").
pack()

        # 功能按钮
        ttk.Button(root, text="开始", command=self.start_process).pack(pady=20)

    def start_process(self):
        op = self.operation.get()
        if op == "compress":
            self.compress_file()
        else:
            self.decompress_file()

    def compress_file(self):
        # 选择待压缩文件
        file_path = filedialog.askopenfilename(title="选择待压缩文件")
        if not file_path:
            return

        # 选择压缩格式
        format_window = tk.Toplevel()
        format_window.title("选择压缩格式")
        formats = [("ZIP", ".zip"), ("7Z", ".7z"), ("TAR", ".tar")]
        selected_format = tk.StringVar(value=".zip")
        for text, fmt in formats:
            ttk.Radiobutton(format_window, text=text, variable=selected_format, value=
fmt).pack(padx=10, pady=5)

        ttk.Button(format_window, text="确认", command=lambda: self.save_compressed
(file_path, selected_format.get(), format_window)).pack(pady=10)

    def save_compressed(self, file_path, fmt, window):
        window.destroy()
        save_path = filedialog.asksaveasfilename(defaultextension=fmt, filetypes=
[(fmt.upper(), f"*{fmt}")])
        if not save_path:
            return

        try:
            if fmt == ".zip":
                with zipfile.ZipFile(save_path, 'w') as zipf:
                    zipf.write(file_path, os.path.basename(file_path))
            elif fmt == ".7z":
                with py7zr.SevenZipFile(save_path, 'w') as z7:
                    z7.write(file_path, os.path.basename(file_path))
```

```
        elif fmt == ".tar":
            with tarfile.open(save_path, 'w') as tar:
                tar.add(file_path, arcname=os.path.basename(file_path))
        messagebox.showinfo("成功", "压缩完成！")
    except Exception as e:
        messagebox.showerror("错误", f"压缩失败：{str(e)}")

def decompress_file(self):
    # 选择待解压文件
    file_path = filedialog.askopenfilename(title="选择待解压文件", filetypes=
[("压缩文件", "*.zip *.7z *.tar")])
    if not file_path:
        return

    # 选择解压路径
    dest_path = filedialog.askdirectory(title="选择解压路径")
    if not dest_path:
        return

    try:
        if file_path.endswith(".zip"):
            with zipfile.ZipFile(file_path, 'r') as zipf:
                zipf.extractall(dest_path)
        elif file_path.endswith(".7z"):
            with py7zr.SevenZipFile(file_path, 'r') as z7:
                z7.extractall(dest_path)
        elif file_path.endswith(".tar"):
            with tarfile.open(file_path, 'r') as tar:
                tar.extractall(dest_path)
        messagebox.showinfo("成功", "解压完成！")
    except Exception as e:
        messagebox.showerror("错误", f"解压失败：{str(e)}")

if __name__ == "__main__":
    root = tk.Tk()
    app = CompressionApp(root)
    root.mainloop()
```

对以上代码进行拆解分析。

（1）类初始化。整个代码部分通过 CompressionApp 类实现，类初始化代码如下：

```
def __init__(self, root):
    # GUI 框架初始化
    self.root = root
    self.root.title("文件压缩/解压工具")
    self.root.geometry("400x200")

    # 操作选择控件
    self.operation = tk.StringVar(value="compress")
    ttk.Label(root, text="选择操作:").pack(pady=10)
    ttk.Radiobutton(root, text="压缩", variable=self.operation, value="compress").
pack()
    ttk.Radiobutton(root, text="解压", variable=self.operation, value="decompress").
pack()

    # 功能触发按钮
```

```
ttk.Button(root, text="开始", command=self.start_process).pack(pady=20)
```

这是 CompressionApp 类的构造函数，用于初始化应用程序的主窗口，设置窗口标题、大小，并创建操作选择的单选按钮和开始按钮。

root 是 tkinter 的主窗口对象，将传入的主窗口对象赋值给 self.root，设置窗口标题为"文件压缩/解压工具"，并将窗口大小设置为 400×200 像素。

然后创建一个 StringVar 类型的变量 self.operation，初始值为"compress"，用于存储用户选择的操作。创建一个标签提示用户选择操作，然后创建两个单选按钮，分别对应"压缩"和"解压"操作。创建一个"开始"按钮，单击该按钮会调用 self.start_process()方法。

（2）start_process(self)的函数代码如下：

```
def start_process(self):
    op = self.operation.get()
    if op == "compress":
        self.compress_file()
    else:
        self.decompress_file()
```

这个函数根据用户选择的操作（压缩或解压），调用相应的处理函数。获取 self.operation 的值，若为"compress"则调用 self.compress_file()方法进行压缩操作，否则调用 self.decompress_file()方法进行解压操作。

（3）compress_file(self)函数的代码如下：

```
def compress_file(self):
    # 选择待压缩文件
    file_path = filedialog.askopenfilename(title="选择待压缩文件")
    if not file_path:
        return

    # 选择压缩格式
    format_window = tk.Toplevel()
    format_window.title("选择压缩格式")
    formats = [("ZIP", ".zip"), ("7Z", ".7z"), ("TAR", ".tar")]
    selected_format = tk.StringVar(value=".zip")
    for text, fmt in formats:
        ttk.Radiobutton(format_window, text=text, variable=selected_format,
value=fmt).pack(padx=10, pady=5)

    ttk.Button(format_window, text="确认", command=lambda: self.save_compressed
(file_path, selected_format.get(), format_window)).pack(pady=10)
```

该函数让用户选择待压缩的文件，并弹出窗口让用户选择压缩格式。

使用 filedialog.askopenfilename()方法让用户选择待压缩的文件，若用户未选择文件则直接返回。

创建一个新的顶层窗口 format_window，用于让用户选择压缩格式。定义一个包含三

种压缩格式的列表 formats，创建一个 StringVar 类型的变量 selected_format，初始值为
".zip"，并为每种压缩格式创建一个单选按钮。

创建一个"确认"按钮，单击该按钮会调用 self.save_compressed()方法，将用户选择
的文件路径、压缩格式和当前窗口对象作为参数传入。

（4）save_compressed(self, file_path, fmt, window)函数的代码如下：

```python
def save_compressed(self, file_path, fmt, window):
    window.destroy()
    save_path = filedialog.asksaveasfilename(defaultextension=fmt, filetypes=
[(fmt.upper(), f"*{fmt}")])
    if not save_path:
        return

    try:
        if fmt == ".zip":
            with zipfile.ZipFile(save_path, 'w') as zipf:
                zipf.write(file_path, os.path.basename(file_path))
        elif fmt == ".7z":
            with py7zr.SevenZipFile(save_path, 'w') as z7:
                z7.write(file_path, os.path.basename(file_path))
        elif fmt == ".tar":
            with tarfile.open(save_path, 'w') as tar:
                tar.add(file_path, arcname=os.path.basename(file_path))
        messagebox.showinfo("成功", "压缩完成！")
    except Exception as e:
        messagebox.showerror("错误", f"压缩失败：{str(e)}")
```

该函数根据用户选择的压缩格式，将文件压缩并保存到指定路径。函数参数部分如下。

● file_path：待压缩文件的路径。

● fmt：用户选择的压缩格式（.zip、.7z 或.tar）。

● window：选择压缩格式的窗口对象。

关闭选择压缩格式的窗口，使用 filedialog.asksaveasfilename()方法让用户选择保存压
缩文件的路径，若用户未选择路径则直接返回。根据用户选择的压缩格式，使用相应的
库（zipfile、py7zr 或 tarfile）将文件压缩并保存到指定路径。若压缩成功，弹出消息框提
示"压缩完成！"；若压缩失败，弹出消息框显示错误信息。

（5）decompress_file(self)函数的代码如下：

```python
def decompress_file(self):
    # 选择待解压文件
    file_path = filedialog.askopenfilename(title="选择待解压文件", filetypes=[("
压缩文件", "*.zip *.7z *.tar")])
    if not file_path:
        return

    # 选择解压路径
    dest_path = filedialog.askdirectory(title="选择解压路径")
    if not dest_path:
```

```
        return

    try:
        if file_path.endswith(".zip"):
            with zipfile.ZipFile(file_path, 'r') as zipf:
                zipf.extractall(dest_path)
        elif file_path.endswith(".7z"):
            with py7zr.SevenZipFile(file_path, 'r') as z7:
                z7.extractall(dest_path)
        elif file_path.endswith(".tar"):
            with tarfile.open(file_path, 'r') as tar:
                tar.extractall(dest_path)
        messagebox.showinfo("成功", "解压完成！")
    except Exception as e:
        messagebox.showerror("错误", f"解压失败: {str(e)}")
```

该函数让用户选择待解压的文件和解压路径，并进行解压操作。

使用 filedialog.askopenfilename()方法让用户选择待解压的文件，若用户未选择文件则直接返回。

使用 filedialog.askdirectory()方法让用户选择解压路径，若用户未选择路径则直接返回。

根据文件的扩展名，使用相应的库（zipfile、py7zr 或 tarfile）将文件解压到指定路径。若解压成功，弹出消息框提示"解压完成！"；若解压失败，弹出消息框显示错误信息。

（6）主程序部分的代码如下：

```
if __name__ == "__main__":
    root = tk.Tk()
    app = CompressionApp(root)
    root.mainloop()
```

主程序部分创建 tkinter 的主窗口对象 root，实例化 CompressionApp 类并传入主窗口对象，最后调用 root.mainloop()进入主事件循环，使窗口保持显示状态。运行以上代码，弹出如图 21-3 所示页面。

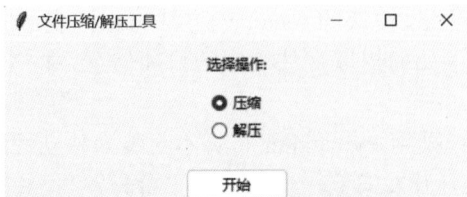

图 21-3 选择操作页面

选择"压缩"，单击"开始"按钮，选择本地需要压缩的文件，然后跳转到选择压缩格式的界面，如图 21-4 所示。

选择任意一个压缩格式，单击"确认"按钮。选择保存压缩文件的路径并给压缩文件命名，最后弹出压缩完成的窗口，如图 21-5 所示。

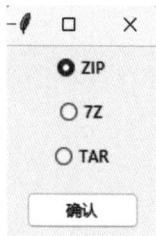

图 21-4　选择压缩格式

图 21-5　压缩完成

在本地相应的文件夹下可以发现生成了压缩后的文件。解压缩的操作类似，读者可以实操体验一下压缩和解压的全流程。程序开发完成，需要将其打包为可执行文件，进入代码所在路径下，通过如下命令打包该文件：

```
pyinstaller --onefile make_exe.py
```

其中 make_exe.py 为该代码名称。

打包完成后，会生成一个 dist 文件夹和一个 build 文件夹，打开 dist 文件夹中的 make_exe.exe 文件，发现弹出的页面效果和直接双击运行代码时相同。将该文件发给需要的用户即可分享该工具。

21.4　本 章 小 结

文件管理是提升工作效率的关键技术。本章重点讲解了三个核心场景。

（1）文件压缩与解压：通过 Python 内置的 zipfile 库实现文件体积优化，支持突破传输限制（如 25MB 邮箱附件），结合第三方库实现更高压缩率。在代码实践中需注意路径处理，通过 os.path.basename 避免绝对路径嵌套问题。

（2）批量重命名：运用 os 模块的 rename()方法与正则表达式，实现文件的智能分类与标准化命名。案例展示了如何提取文件名中的日期信息并按 YYYYMMDD 格式重构，提升归档效率。

（3）可执行文件打包：采用 PyInstaller 将脚本封装为独立程序，解决非技术人员的环境依赖难题。通过 GUI 工具开发案例，演示了跨平台分发与一键操作的实现路径。

这些技术可显著降低存储成本，提升数据处理自动化水平。

第 22 章 测 试 辅 助

在软件开发中，测试是保障质量的关键。本章将带你了解单元测试、集成测试和接口测试。从 Python 的 unittest 框架验证购物车代码，到模块协同的集成测试，再到 Flask 电商 API 接口测试。一步步教你掌握测试方法，为编写可靠软件打基础。

22.1 单 元 测 试

22.1.1 单元测试概念

单元测试（unit testing）是软件开发中的一种测试方法，用于验证程序的各个独立单元（通常是函数、方法或类）是否按预期工作。其核心目的是在开发过程中检测和排除代码中的错误，确保每个单元的功能正确且独立运行。

关键特点和优势包括如下几个方面。

- 独立性：单元测试独立于程序的其他部分，每个单元都被单独测试，不受其他代码影响。
- 自动化：单元测试通常是自动化执行的，可以轻松地集成到开发流程中。
- 定位问题：当单元测试失败时，可以更快速地定位问题所在，因为单元测试通常测试的是特定功能或逻辑。
- 提升设计质量：编写单元测试通常要求开发者关注函数、方法或类的接口和实现细节，从而提升代码的模块化和清晰度。
- 支持重构：单元测试可以确保重构代码后原有功能依然正常工作，提高了代码的可维护性。

在实践中，单元测试通常使用特定的测试框架（如 Python 中的 unittest、pytest 或者其他语言的类似框架）编写。通过对每个函数或方法进行测试，开发者可以更有信心地修改和扩展代码，同时确保整体功能的稳定性和可靠性。

22.1.2 实战案例

在这个实战案例中，将使用 Python 的 unittest 框架编写和运行单元测试，以验证电商平台购物车的核心功能。将创建一个简单的购物车类 ShoppingCart 和商品类 Product，并编写多个测试用例来测试其功能。

创建两个类：Product 类表示商品，ShoppingCart 类表示购物车。Product 类示例代码如下：

```
class Product:
    def __init__(self, name, price):
        self.name = name
        self.price = price
```

这是一个简单的商品类，用于表示电商系统中的商品。__init__是构造函数，在创建 Product 对象时自动调用，包含两个属性：name 表示商品名称（字符串类型）；price 表示商品价格（数值类型）。ShoppingCart 类示例代码如下：

```
class ShoppingCart:
    def __init__(self):
        self.items = []

    def add_product(self, product):
        self.items.append(product)

    def remove_product(self, product):
        if product in self.items:
            self.items.remove(product)
        else:
            raise ValueError(f"{product.name} is not in the cart")

    def total_price(self):
        return sum(product.price for product in self.items)
```

这是一个购物车类，用于管理用户选择的商品，包含以下方法和属性。

- items：列表，用于存储添加的商品对象。
- add_product()：向购物车添加商品。
- remove_product()：从购物车移除商品（如果商品不存在会抛出异常）。
- total_price()：计算购物车中所有商品的总价。

这个类包含了基本的购物车功能实现，包括添加、删除和计算总价。

这两个类的关系是：ShoppingCart 类通过包含 Product 对象来实现购物车功能。这是面向对象编程中常见的"组合"关系，即一个类包含另一个类的实例作为其属性。Product 类负责维护商品信息，ShoppingCart 类负责管理购物流程。

使用 CodeGeeX 的/explain 命令自动生成单元测试代码，代码如下：

```
import unittest
from shopping_cart import ShoppingCart
from product import Product

class TestShoppingCart(unittest.TestCase):

    def setUp(self):
```

```
        # 初始化购物车实例和商品实例
        self.cart = ShoppingCart()
        self.product1 = Product("Laptop", 1200)
        self.product2 = Product("Headphones", 200)
        self.product3 = Product("Mouse", 50)

    def test_add_product(self):
        # 测试添加商品到购物车
        self.cart.add_product(self.product1)
        self.cart.add_product(self.product2)
        self.assertIn(self.product1, self.cart.items)
        self.assertIn(self.product2, self.cart.items)

    def test_remove_product(self):
        # 测试从购物车中移除商品
        self.cart.add_product(self.product1)
        self.cart.add_product(self.product2)
        self.cart.remove_product(self.product1)
        self.assertNotIn(self.product1, self.cart.items)
        self.assertIn(self.product2, self.cart.items)

    def test_total_price(self):
        # 测试计算购物车的总价
        self.cart.add_product(self.product1)
        self.cart.add_product(self.product2)
        self.cart.add_product(self.product3)
        self.assertEqual(self.cart.total_price(), 1450)

    def test_remove_product_not_in_cart(self):
        # 测试移除不在购物车中的商品
        self.cart.add_product(self.product1)
        with self.assertRaises(ValueError):
            self.cart.remove_product(self.product2)

if __name__ == '__main__':
    unittest.main()
```

以上测试用例覆盖了购物车类的核心功能，确保其在不同情况下的行为都符合预期。通过编写和运行这些单元测试，可以有效地验证代码的正确性和稳定性。

保存上述测试代码到 test_shopping_cart.py 文件，将两个类定义代码分别保存在 product.py 和 shopping_cart.py 中，三个文件放在相同文件夹下。使用 unittest 来组织和运行测试，运行 test_shopping_cart.py 文件，可以看到测试通过，输出如下信息：

```
....
----------------------------------------------------------------------
Ran 4 tests in 0.001s

OK
```

由上述运行结果可以得出结论：测试通过。

22.2　集　成　测　试

22.2.1　集成测试概念

在软件开发过程中，集成测试（integration testing）是一种重要的测试方法，用于验证多个软件组件或模块在集成后的协同工作是否符合预期。它的目标是确保系统的各个部分能够正确地交互和协作，以满足功能需求和质量标准。

（1）测试范围。集成测试通常涵盖以下几个方面。

- 模块间接口测试：验证模块之间的数据传输和交互是否正确。
- 功能集成测试：确保整体功能在集成后能够正常工作，不仅仅是各个模块单独工作的测试。
- 性能和负载测试：在集成环境中评估系统的性能和响应能力。
- 错误处理和异常情况测试：验证系统在不同情况下（如错误输入、网络中断）的行为和处理能力。

（2）测试方法。集成测试可以使用自动化测试工具和手动测试方法结合，确保测试的全面性和效率。

- 自动化集成测试：使用测试框架（如 JUnit、unittest 等）自动化执行测试用例，提高测试覆盖率和重复性。
- 手动集成测试：测试人员通过模拟用户操作或特定场景来验证系统的集成行为，捕获可能的边界情况和未预料的问题。

（3）优点和重要性。集成测试的优点包括如下几点。

- 问题早期发现：在开发早期就可以发现和解决系统集成问题，减少后期修复成本。
- 功能保证：确保各个模块在集成后能够正常协作，提供用户期望的功能和体验。
- 系统稳定性：通过测试不同部分的集成，增强系统的稳定性和可靠性，降低系统故障风险。

集成测试是确保软件系统功能和质量的重要步骤之一。通过综合性的测试方法和工具，可以有效地发现和修复系统集成问题，提高软件的稳定性和用户满意度。

22.2.2　实战案例

在这个案例中，将编写购物车模块和订单处理模块，展示如何管理购物车中的商品，生成订单并进行支付。然后使用 Python 编写电商购物的集成测试。

创建两个类：ShoppingCart 类表示购物车，OrderProcessor 类表示订单处理。

shopping_cart_new.py 代码如下：

```python
class ShoppingCart:
    def __init__(self):
        """初始化购物车对象，用于存储购物车中的商品和数量。"""
        self.items = {}

    def add_item(self, item_id, quantity):
        """向购物车中添加商品及其数量。

        Args:
            item_id (str): 商品 ID。
            quantity (int): 添加的数量。
        """
        if item_id in self.items:
            self.items[item_id] += quantity
        else:
            self.items[item_id] = quantity

    def remove_item(self, item_id, quantity):
        """从购物车中移除指定商品及其数量。

        Args:
            item_id (str): 商品 ID。
            quantity (int): 移除的数量。
        """
        if item_id in self.items:
            if self.items[item_id] <= quantity:
                del self.items[item_id]
            else:
                self.items[item_id] -= quantity

    def get_items(self):
        """获取购物车中所有商品及其数量。

        Returns:
            dict: 包含商品 ID 及对应数量的字典。
        """
        return self.items
```

这是一个购物车类，用于管理用户选择的商品，包含以下方法和属性。

- 字典 items：存储商品 ID 和数量。
- add_item()：向购物车中添加商品及其数量。
- remove_item()：从购物车中移除指定商品及其数量。
- get_items()：获取购物车中所有商品及其数量。

这个类包含了基本的购物车功能实现，包括添加商品、移除商品和获取商品和数量。order_processing.py 代码如下：

```python
class OrderProcessor:
    def __init__(self):
        """初始化订单处理器，用于管理生成的订单列表。"""
        self.orders = []
```

```python
def process_order(self, shopping_cart, payment_info):
    """处理订单，生成新订单并将其添加到订单列表中。

    Args:
        shopping_cart (ShoppingCart): 购物车对象，包含用户购买的商品信息。
        payment_info (dict): 支付信息，包含支付方式和金额。

    Returns:
        int: 生成的订单 ID。
    """
    total_amount = self.calculate_total(shopping_cart)
    order_id = self.generate_order_id()
    order = {
        'order_id': order_id,
        'items': shopping_cart.get_items(),
        'total_amount': total_amount,
        'payment_info': payment_info
    }
    self.orders.append(order)
    return order_id

def calculate_total(self, shopping_cart):
    """计算购物车中商品的总金额。

    Args:
        shopping_cart (ShoppingCart): 购物车对象，包含用户购买的商品信息。

    Returns:
        float: 购物车中商品的总金额。
    """
    total = 0
    items = shopping_cart.get_items()
    for item_id, quantity in items.items():
        # 假设每个商品有价格（此处示例未显示价格）
        total += quantity * 10  # 假设每个商品价格为10，用于简化计算
    return total

def generate_order_id(self):
    """生成订单号。

    Returns:
        int: 新订单的 ID。
    """
    return len(self.orders) + 1
```

这是一个订单处理类（OrderProcessor），用于管理电商系统中的订单流程，包含以下核心功能。

- 初始化订单处理器，用于管理生成的订单列表。

- process_order()：订单处理，接收购物车对象和支付信息，生成结构化订单数据。

- calculate_total()：金额计算，计算购物车中商品金额。

- generate_order_id()：订单号生成，生成递增的订单号。

这两个类的关系是：OrderProcessor 依赖 ShoppingCart 提供商品数据，共同完成电商核心业务流程。

编写集成测试 test_ecommerce_integration.py，确保购物车和订单处理模块能够正确协同工作。

（1）测试场景。模拟完整购物流程：添加商品到购物车→生成订单→支付验证。核心验证点如下。

- 购物车能否正确记录商品及数量（{'item1': 2, 'item2': 1}）。
- 订单处理器能否生成包含完整信息的订单（商品、总价、支付方式）。
- 订单 ID 与订单列表的一致性。

（2）测试方法。增量式集成测试：采用自底向上策略，先验证独立模块功能（购物车），再测试模块间交互（生成订单）。

灰盒测试：既检查接口数据（如订单字典结构），又验证内部状态（如 orders 列表长度）测试代码如下：

```python
import unittest
from shopping_cart_new import ShoppingCart
from order_processing import OrderProcessor

class TestEcommerceIntegration(unittest.TestCase):

    def setUp(self):
        """在每个测试方法执行前设置测试环境，创建购物车和订单处理器实例。"""
        self.cart = ShoppingCart()
        self.processor = OrderProcessor()

    def test_add_to_cart_and_checkout(self):
        """测试向购物车中添加商品、生成订单并支付的整个流程。"""
        # 向购物车中添加商品
        self.cart.add_item('item1', 2)
        self.cart.add_item('item2', 1)

        # 处理订单
        order_id = self.processor.process_order(self.cart, {'payment_method': 'credit_card', 'amount': 30})

        # 断言订单详细信息是否符合预期
        self.assertEqual(len(self.processor.orders), 1)
        order = self.processor.orders[0]
        self.assertEqual(order['order_id'], order_id)
        self.assertEqual(order['items'], {'item1': 2, 'item2': 1})
        self.assertEqual(order['total_amount'], 30)
        self.assertEqual(order['payment_info']['payment_method'], 'credit_card')
        self.assertEqual(order['payment_info']['amount'], 30)

if __name__ == '__main__':
    unittest.main()
```

运行 test_ecommerce_integration.py 文件，可以看到测试通过，输出如下信息：

```
.
----------------------------------------------------------------------
Ran 1 test in 0.000s

OK
```

由上述运行结果可以得出结论：测试通过。

22.3 接 口 测 试

22.3.1 接口测试概念

接口测试是软件测试中专门用于验证系统组件间交互的一种测试方法，主要检测系统内部模块之间或与外部系统之间的数据交换、传递逻辑及控制管理过程。其核心特点和价值如下所述。

（1）核心目标。

● 验证接口功能正确性（输入/输出是否符合预期）。

● 检查数据传递完整性，涵盖字段值、格式、边界条件等维度。

● 保障系统间逻辑依赖关系稳定。

（2）典型应用场景。

● 多系统集成开发（如支付系统对接银行接口）。

● 微服务架构中的服务间通信。

● 前后端分离架构的API验证。

（3）主流测试工具链。

主流测试工具与适用场景见表22-1。

表22-1　测试工具与适用场景

工具类型	代表工具	适用场景
功能测试	Postman, Apifox	日常接口调试
性能测试	JMeter, LoadRunner	压力/并发测试
自动化测试	unittest+Requests	持续集成场景

为了演示电商场景的接口测试，创建一个简单的电商 API，模拟用户管理和订单处理功能。使用 Flask 框架来创建这些 API，并使用 Python 的 requests 库来编写接口测试。

安装相关的库的示例代码如下：

```
pip install flask
```

22.3.2　实战案例

创建一个简单的 Flask 应用来模拟电商场景的 API。首先，是基础结构，代码如下：

```
from flask import Flask, jsonify, request
app = Flask(__name__)
users = {}  # 内存数据库，临时存储用户数据
```

这里使用 Flask 创建 Web 应用实例，users 字典模拟用户数据库。然后，创建一个用户注册接口，代码如下：

```
@app.route('/register', methods=['POST'])
def register():
    data = request.get_json()  # 获取 JSON 请求体
    username = data['username']
    email = data['email']
    users[username] = email  # 存储用户信息
    return jsonify({'message': f'User {username} registered'}), 200
```

代码说明如下。

- 访问路径：POST /register。
- 接收参数：username（用户名）、email（邮箱）。
- 响应格式：JSON（包含操作结果）。

开发一个订单创建接口，代码如下：

```
@app.route('/order', methods=['POST'])
def create_order():
    data = request.get_json()
    username = data['username']
    items = data['items']  # 商品列表
    return jsonify({
        'message': f'Order for {username} created',
        'items': items
    }), 200
```

其中部分代码介绍如下。

- 访问路径：POST/order。
- 接收参数：username（用户名）、items（商品列表）。

当前代码为简化实现，实际应用中需添加库存校验、支付等逻辑。最后，启动服务，代码如下：

```
if __name__ == '__main__':
    app.run(debug=True)  # 调试模式运行
```

默认监听 5000 端口，debug=True 表示开启自动重载和错误调试。完整代码如下：

```
from flask import Flask, jsonify, request
```

```
app = Flask(__name__)

# 模拟用户数据库
users = {}

@app.route('/register', methods=['POST'])
def register():
    data = request.get_json()
    username = data['username']
    email = data['email']
    users[username] = email
    return jsonify({'message': f'User {username} registered with email {email}'}), 200

@app.route('/order', methods=['POST'])
def create_order():
    data = request.get_json()
    username = data['username']
    items = data['items']
    # 在真实场景中，这里可以加入更复杂的订单处理逻辑
    return jsonify({'message': f'Order created for user {username} with items
{items}'}), 200

if __name__ == '__main__':
    app.run(debug=True)
```

将以上代码命名为 ecommerce_api.py，在这个文件中定义了一个简单的 Flask 应用，包含两个路由/register 和/order，分别实现用户注册和订单创建功能，并返回 JSON 格式的结果。

接下来，使用 requests 库编写一个简单的集成测试，测试用户注册和订单创建接口的功能。代码命名为 test_ecommerce_api.py，代码如下：

```
import unittest
import requests

class TestEcommerceAPI(unittest.TestCase):

    def setUp(self):
        self.base_url = 'http://127.0.0.1:5000'  # 假设 API 运行在本地 5000 端口

    def test_register_api(self):
        # 测试用户注册接口
        url = f'{self.base_url}/register'
        data = {'username': 'testuser', 'email': 'testuser@example.com'}
        response = requests.post(url, json=data)
        self.assertEqual(response.status_code, 200)
        self.assertIn('registered', response.json()['message'])

    def test_create_order_api(self):
        # 测试创建订单接口
        url = f'{self.base_url}/order'
        data = {'username': 'testuser', 'items': ['item1', 'item2']}
        response = requests.post(url, json=data)
```

```
        self.assertEqual(response.status_code, 200)
        self.assertIn('Order created', response.json()['message'])
if __name__ == '__main__':
    unittest.main()
```

使用 unittest 编写了两个测试方法，分别测试用户注册和订单创建接口。每个测试方法发送一个 POST 请求到对应的 API 端点，并断言返回的状态码和结果是否符合预期。

打开终端，运行 ecommerce_api.py 启动 API 服务器，代码如下：

```
python ecommerce_api.py
```

服务运行后打印如下内容。

```
 * Serving Flask app 'ecommerce_api'
 * Debug mode: on
WARNING: This is a development server. Do not use it in a production deployment.
Use a production WSGI server instead.
 * Running on http://127.0.0.1:5000
Press CTRL+C to quit
 * Restarting with stat
 * Debugger is active!
 * Debugger PIN: 462-277-240
```

然后打开命令行，进入测试代码所在路径下，运行 test_ecommerce_api.py 代码进行测试：

```
python test_ecommerce_api.py
```

测试结果如下：

```
..
----------------------------------------------------------------------
Ran 2 tests in 0.017s

OK
```

接口测试通过。

通过这个案例，演示了如何使用 Python 编写简单的电商场景 API 接口测试，验证用户注册和订单创建接口在不同输入条件下的行为是否符合预期。

22.4　本 章 小 结

本章介绍了软件测试的类型。通过对单元测试的讲解，结合 Python 中 unittest 框架在电商购物车功能上的实践，展示了其验证独立单元的作用。集成测试以购物车与订单处理模块协同为例，阐述模块协作验证要点。接口测试则利用 Flask 构建电商 API 并测试。通过实战案例学习，为读者提供了软件测试的清晰思路，助力掌握多种测试方法。

第23章 定时任务

在企业数据处理与日常运维中，手动操作易导致效率低下、管理混乱等问题。本章围绕定时任务开发，通过 Python 实现自动化报表生成、系统资源监控及垃圾清理。利用 Python 编程解决人工统计耗时易错、文件存储冗余等痛点，实现每日凌晨自动生成带日期的 Excel 报表并清理旧文件，同时介绍系统资源监控与定时垃圾清理的实践方案，助力提升数据处理与系统管理效率。

23.1 定时数据处理：工作提效更省心

23.1.1 需求描述

在企业日常运营中，查看日常分析报表是必不可少的。如果没有搭建专门的报表系统，则需要人工对数据库中的数据进行统计分析，然后导出结果使用。传统的人工处理方式存在以下问题。

- 耗时易错：人工操作导出的数据和报表容易发生错误。
- 存储压力：历史文件的堆积会占用大量的磁盘空间。
- 管理混乱：由于文件命名不规范，查找所需文件变得困难。

为了提升效率并管理导出的报表，对于 7 天前的每日报表不需要保存在本地，可以通过设置自动化定时任务，在每天凌晨 1 点自动生成带日期的 Excel 格式统计报表，并自动删除本地文件夹内超过 7 天的旧文件。假设本案例使用的是 SQLite 数据库。

报表的数据源涉及数据库中的 3 张表，分别为商品表、客户表和订单表，如表 23-1、23-2、23-3 所示。

表 23-1　商品表

字段英文名	字段中文名	字段类型
product_id	商品 ID	INTEGER
product_name	商品名称	TEXT
price	商品价格	REAL

表 23-2　客户表

字段英文名	字段中文名	字段类型
customer_id	客户 ID	INTEGER
customer_name	客户名称	TEXT

表 23-3　订单表

字段英文名	字段中文名	字段类型
order_id	订单 ID	INTEGER
product_id	产品 ID	INTEGER
customer_id	客户 ID	INTEGER
order_date	订单日期	TEXT
payment_amount	订单金额	REAL

报表统计需求：Excel 中第一个工作表展示前一天销售额最高的前 10 个产品信息；Excel 中第二个工作表展示前一天支付金额最高的前 5 个客户。

23.1.2　实战案例

为了完成这一需求，可按以下步骤实现。

（1）配置参数。首先，导入需要的相关库，包括如下库。

- sqlite3：Python 内置库，用于操作 SQLite 数据库。
- schedule：第三方库，用于定时任务调度（如每天/每小时执行任务）。
- time：提供时间相关功能，配合 schedule 使用。
- os：用于文件路径操作和系统交互。
- datetime：处理日期时间计算。
- pandas：数据处理库，用于将查询结果导出为 Excel。

然后编写一些数据库配置和文件配置，代码如下：

```
import sqlite3
import schedule
import time
import os
from datetime import datetime, timedelta
import pandas as pd


# 数据库配置
DB_PATH = r'C:\Users\anqi_\Desktop\timing\sales.db'  # 数据库路径
TABLE_PRODUCT = 'products'
```

```
TABLE_ORDER = 'orders'
TABLE_CUSTOMER = 'customers'

# 文件配置
OUTPUT_FOLDER = r'C:\Users\anqi_\Desktop\timing\output'  # 输出目录，需要先手动创建目录
FILE_PREFIX = '统计结果_'  # 文件前缀
FILE_EXTENSION = '.xlsx'  # 文件扩展名
```

关键配置说明如下。

- DB_PATH：指定 SQLite 数据库文件路径。
- OUTPUT_FOLDER：定义生成文件的存储位置，需要先手动创建目录。
- FILE_PREFIX：统一文件名前缀便于管理。

（2）准备数据。定义函数create_tables，功能为在数据库中创建三张数据表，代码如下：

```
def create_tables():
    conn = sqlite3.connect(DB_PATH)
    cursor = conn.cursor()

    # 创建商品表
    cursor.execute(f'''
        CREATE TABLE IF NOT EXISTS {TABLE_PRODUCT} (
            product_id INTEGER PRIMARY KEY AUTOINCREMENT,
            product_name TEXT NOT NULL,
            price REAL NOT NULL
        )
    ''')

    # 创建订单表
    cursor.execute(f'''
        CREATE TABLE IF NOT EXISTS {TABLE_ORDER} (
            order_id INTEGER PRIMARY KEY AUTOINCREMENT,
            product_id INTEGER NOT NULL,
            customer_id INTEGER NOT NULL,
            order_date TEXT NOT NULL,
            payment_amount REAL NOT NULL,
            FOREIGN KEY (product_id) REFERENCES {TABLE_PRODUCT}(product_id),
            FOREIGN KEY (customer_id) REFERENCES {TABLE_CUSTOMER}(customer_id)
        )
    ''')

    # 创建客户表
    cursor.execute(f'''
        CREATE TABLE IF NOT EXISTS {TABLE_CUSTOMER} (
            customer_id INTEGER PRIMARY KEY AUTOINCREMENT,
            customer_name TEXT NOT NULL
        )
    ''')

    conn.commit()
    conn.close()
```

定义函数 insert_sample_data，功能为在数据库表中插入数据，代码如下：

```
def insert_sample_data():
```

```
    conn = sqlite3.connect(DB_PATH)
    cursor = conn.cursor()

    # 插入商品数据
    products = [
        ('Product A', 10.0),
        ('Product B', 20.0),
        ('Product C', 30.0),
        ('Product D', 40.0),
        ('Product E', 50.0),
    ]
    cursor.executemany(f'INSERT INTO {TABLE_PRODUCT} (product_name, price) VALUES
(?,?)', products)

    # 插入客户数据
    customers = [
        ('Customer 1',),
        ('Customer 2',),
        ('Customer 3',),
        ('Customer 4',),
        ('Customer 5',),
    ]
    cursor.executemany(f'INSERT INTO {TABLE_CUSTOMER} (customer_name) VALUES (?)',
customers)

    # 插入订单数据
    yesterday = (datetime.now() - timedelta(days=1)).strftime('%Y-%m-%d')
    orders = [
        (1, 1, yesterday, 10.0),
        (2, 2, yesterday, 20.0),
        (3, 3, yesterday, 30.0),
        (4, 4, yesterday, 40.0),
        (5, 5, yesterday, 50.0),
    ]
    cursor.executemany(f'INSERT  INTO  {TABLE_ORDER}  (product_id,  customer_id,
order_date, payment_amount) VALUES (?,?,?,?)',orders)

    conn.commit()
    conn.close()
```

　　然后通过调用 create_tables 和 insert_sample_data 创建数据表并插入数据。

　　（3）文件清理机制。当文件成功导出到执行路径后，需要调用 clean_old_files 函数清理 7 天前的输出文件，清理逻辑如下：首先计算 7 天前的时间戳，便于做后续的时间判断，然后遍历输出目录以筛选目标文件，即筛选以"统计结果_"开头且为 xlsx 格式的文件，解析文件名中的日期信息并比较文件日期与过期时间，若符合删除策略，则删除过期文件，为清理的文件打印清理日志，若程序运行失败，则打印失败提示和异常原因。具体代码如下：

```
def clean_old_files():
    """清理 7 天前的旧文件"""
    try:
        seven_days_ago = datetime.now() - timedelta(days=7)
```

```
    for filename in os.listdir(OUTPUT_FOLDER):
        if filename.startswith(FILE_PREFIX) and filename.endswith(FILE_EXTENSION):
            file_path = os.path.join(OUTPUT_FOLDER, filename)

            # 解析文件名中的日期
            file_date_str = filename[len(FILE_PREFIX):-len(FILE_EXTENSION)]
            file_date = datetime.strptime(file_date_str, "%Y%m%d")

            # 删除过期文件
            if file_date < seven_days_ago:
                os.remove(file_path)
                print(f"已删除过期文件: {file_path}")

except Exception as e:
    print(f"文件清理失败: {str(e)}")
```

（4）定义核心任务函数。定义名为 daily_report_task 的函数，该函数功能为查询数据库并生成所需的报表，将报表导出为 Excel 文件，然后调用 clean_old_files 函数清理 7 天前的输出文件。

在 daily_report_task 函数中，首先生成带日期的文件名，使用当前日期确保文件唯一性，便于管理文件。然后进行数据库操作，连接数据库并执行 SQL 查询，使用 pandas 读取查询结果数据，转换为 DataFrame 格式，并将数据导出为 Excel 格式文件，最后调用 clean_old_files 函数。若整个流程中出现操作失败，打印执行失败提示并抛出失败原因。具体代码如下：

```
def daily_report_task():
    """每日定时任务：生成报表并清理过期文件"""
    try:
        # 生成带日期的文件名
        current_date = datetime.now().strftime("%Y%m%d")
        output_file = os.path.join(OUTPUT_FOLDER,
                            f"{FILE_PREFIX}{current_date}{FILE_EXTENSION}")

        # 连接数据库
        conn = sqlite3.connect(DB_PATH)

        # 统计前一天销售额最高的前 10 个产品信息
        yesterday = (datetime.now() - timedelta(days=1)).strftime('%Y-%m-%d')
        query_top_products = f'''
            SELECT p.product_name, SUM(o.payment_amount) as total_sales
            FROM {TABLE_PRODUCT} p
            JOIN {TABLE_ORDER} o ON p.product_id = o.product_id
            WHERE o.order_date = '{yesterday}'
            GROUP BY p.product_name
            ORDER BY total_sales DESC
            LIMIT 10
        '''
        df_top_products = pd.read_sql_query(query_top_products, conn)

        # 统计前一天支付金额最高的前 5 个客户信息
```

```
    query_top_customers = f'''
        SELECT c.customer_name, SUM(o.payment_amount) as total_payment
        FROM {TABLE_CUSTOMER} c
        JOIN {TABLE_ORDER} o ON c.customer_id = o.customer_id
        WHERE o.order_date = '{yesterday}'
        GROUP BY c.customer_name
        ORDER BY total_payment DESC
        LIMIT 5
    '''
    df_top_customers = pd.read_sql_query(query_top_customers, conn)

    conn.close()

    # 保存为 Excel 文件
    with pd.ExcelWriter(output_file, engine='openpyxl') as writer:
        df_top_products.to_excel(writer, sheet_name='Top 10 Products', index=False)
        df_top_customers.to_excel(writer, sheet_name='Top 5 Customers', index=False)

    print(f"成功生成文件：{output_file}")

    # 清理旧文件
    clean_old_files()

except Exception as e:
    print(f"任务执行失败：{str(e)}")
```

（5）定时任务调度。主要功能已经开发完成，设置一个每天凌晨 1 点运行的定时任务，通过 schedule 库实现，运行时打印日志，运行后保持程序持续运行，每秒检查一次任务执行状态，等待下一次时间到来。具体代码如下：

```
def main():
    # 设置每天 1 点执行任务
    schedule.every().day.at("01:00").do(daily_report_task)

    print("定时任务已启动...")
    while True:
        schedule.run_pending()
        time.sleep(1)

if __name__ == "__main__":
    main()
```

完整代码如下：

```
import sqlite3
import schedule
import time
import os
from datetime import datetime, timedelta
import pandas as pd


# 数据库配置
DB_PATH = r'C:\Users\anqi_\Desktop\timing\sales.db'  # 数据库路径
TABLE_PRODUCT = 'products'
```

```python
TABLE_ORDER = 'orders'
TABLE_CUSTOMER = 'customers'

# 文件配置
OUTPUT_FOLDER = r'C:\Users\anqi_\Desktop\timing\output'  # 输出目录
FILE_PREFIX = '统计结果_'   # 文件前缀
FILE_EXTENSION = '.xlsx'  # 文件扩展名
def create_tables():
    conn = sqlite3.connect(DB_PATH)
    cursor = conn.cursor()

    # 创建商品表
    cursor.execute(f'''
        CREATE TABLE IF NOT EXISTS {TABLE_PRODUCT} (
            product_id INTEGER PRIMARY KEY AUTOINCREMENT,
            product_name TEXT NOT NULL,
            price REAL NOT NULL
        )
    ''')

    # 创建订单表
    cursor.execute(f'''
        CREATE TABLE IF NOT EXISTS {TABLE_ORDER} (
            order_id INTEGER PRIMARY KEY AUTOINCREMENT,
            product_id INTEGER NOT NULL,
            customer_id INTEGER NOT NULL,
            order_date TEXT NOT NULL,
            payment_amount REAL NOT NULL,
            FOREIGN KEY (product_id) REFERENCES {TABLE_PRODUCT}(product_id),
            FOREIGN KEY (customer_id) REFERENCES {TABLE_CUSTOMER}(customer_id)
        )
    ''')

    # 创建客户表
    cursor.execute(f'''
        CREATE TABLE IF NOT EXISTS {TABLE_CUSTOMER} (
            customer_id INTEGER PRIMARY KEY AUTOINCREMENT,
            customer_name TEXT NOT NULL
        )
    ''')

    conn.commit()
    conn.close()

def insert_sample_data():
    conn = sqlite3.connect(DB_PATH)
    cursor = conn.cursor()

    # 插入商品数据
    products = [
        ('Product A', 10.0),
        ('Product B', 20.0),
        ('Product C', 30.0),
        ('Product D', 40.0),
        ('Product E', 50.0),
```

```
    ]
    cursor.executemany(f'INSERT INTO {TABLE_PRODUCT} (product_name, price) VALUES
(?,?)', products)

    # 插入客户数据
    customers = [
        ('Customer 1',),
        ('Customer 2',),
        ('Customer 3',),
        ('Customer 4',),
        ('Customer 5',),
    ]
    cursor.executemany(f'INSERT INTO {TABLE_CUSTOMER} (customer_name) VALUES (?)',
customers)

    # 插入订单数据
    yesterday = (datetime.now() - timedelta(days=1)).strftime('%Y-%m-%d')
    orders = [
        (1, 1, yesterday, 10.0),
        (2, 2, yesterday, 20.0),
        (3, 3, yesterday, 30.0),
        (4, 4, yesterday, 40.0),
        (5, 5, yesterday, 50.0),
    ]
    cursor.executemany(f'INSERT  INTO  {TABLE_ORDER}  (product_id,  customer_id,
order_date, payment_amount) VALUES (?,?,?,?)', orders)

    conn.commit()
    conn.close()

create_tables()
insert_sample_data()

def clean_old_files():
    """清理 7 天前的旧文件"""
    try:
        seven_days_ago = datetime.now() - timedelta(days=7)

        for filename in os.listdir(OUTPUT_FOLDER):
            if filename.startswith(FILE_PREFIX) and filename.endswith(FILE_EXTENSION):
                file_path = os.path.join(OUTPUT_FOLDER, filename)

                # 解析文件名中的日期
                file_date_str = filename[len(FILE_PREFIX):-len(FILE_EXTENSION)]
                file_date = datetime.strptime(file_date_str, "%Y%m%d")

                # 删除过期文件
                if file_date < seven_days_ago:
                    os.remove(file_path)
                    print(f"已删除过期文件: {file_path}")

    except Exception as e:
        print(f"文件清理失败: {str(e)}")

def daily_report_task():
    """每日定时任务: 生成报表并清理过期文件"""
```

```python
    try:
        # 生成带日期的文件名
        current_date = datetime.now().strftime("%Y%m%d")
        output_file = os.path.join(OUTPUT_FOLDER,
                        f"{FILE_PREFIX}{current_date}{FILE_EXTENSION}")

        # 连接数据库
        conn = sqlite3.connect(DB_PATH)

        # 统计前一天销售额最高的前 10 个产品信息
        yesterday = (datetime.now() - timedelta(days=1)).strftime('%Y-%m-%d')
        query_top_products = f'''
            SELECT p.product_name, SUM(o.payment_amount) as total_sales
            FROM {TABLE_PRODUCT} p
            JOIN {TABLE_ORDER} o ON p.product_id = o.product_id
            WHERE o.order_date = '{yesterday}'
            GROUP BY p.product_name
            ORDER BY total_sales DESC
            LIMIT 10
        '''
        df_top_products = pd.read_sql_query(query_top_products, conn)

        # 统计前一天支付金额最高的前 5 个客户信息
        query_top_customers = f'''
            SELECT c.customer_name, SUM(o.payment_amount) as total_payment
            FROM {TABLE_CUSTOMER} c
            JOIN {TABLE_ORDER} o ON c.customer_id = o.customer_id
            WHERE o.order_date = '{yesterday}'
            GROUP BY c.customer_name
            ORDER BY total_payment DESC
            LIMIT 5
        '''
        df_top_customers = pd.read_sql_query(query_top_customers, conn)

        conn.close()

        # 保存为 Excel 文件
        with pd.ExcelWriter(output_file, engine='openpyxl') as writer:
            df_top_products.to_excel(writer, sheet_name='Top 10 Products', index=False)
            df_top_customers.to_excel(writer, sheet_name='Top 5 Customers', index=False)

        print(f"成功生成文件：{output_file}")

        # 清理旧文件
        clean_old_files()

    except Exception as e:
        print(f"任务执行失败：{str(e)}")

def main():
    # 设置每天 1 点执行任务
    schedule.every().day.at("01:00").do(daily_report_task)

    print("定时任务已启动...")
    while True:
        schedule.run_pending()
```

```
        time.sleep(1)

if __name__ == "__main__":
    main()
```

以上完整代码中的创建数据库表部分和插入数据部分只需运行一次，用于生成样例数据。修改代码中的路径为本地实际路径后，运行以上代码，在 output 文件夹下生成 Excel 数据报表，生成的报表包含两个工作表，打开后两个工作表的统计结果分别如图 23-1 所示。

	A	B
1	product_name	total_sales
2	Product E	50
3	Product D	40
4	Product C	30
5	Product B	20
6	Product A	10

	A	B
1	customer_name	total_payment
2	Customer 5	50
3	Customer 4	40
4	Customer 3	30
5	Customer 2	20
6	Customer 1	10

（a）销售额最高的前 10 个产品（部分）　　　　　（b）支付金额最高的前 5 个客户

图 23-1　运行结果

23.2　定时监控系统资源：资源使用更清晰

23.2.1　需求描述

为了更好地使用计算机进行办公，需要掌握计算机资源（如 CPU、内存和硬盘存储等）的使用情况，当计算机卡顿时，可以快速定位原因并进行问题诊断和排查。

本节的目标是制作一个定时监控系统资源使用情况的工具。通过 Python 结合第三方库 psutil，实现定时获取系统资源信息（如 CPU、内存、磁盘使用情况以及网络 I/O 状态），并将结果输出到控制台。进一步地，使用 Python 和 Tkinter 库开发一个简单的桌面应用程序，实时显示系统资源的使用情况，从而更直观、全面地监控系统运行状态。

23.2.2　实战案例

为了实现监控系统资源的功能，需要安装 psutil 库。psutil 是一个跨平台的库，能够方便地获取系统资源的详细信息。可以使用以下命令进行安装：

```
pip install psutil
```

同时，为了创建桌面应用程序，还需要确保已安装 Tkinter 库，这个库在之前章节也曾用到。

环境具备之后，编写具体代码。首先导入 psutil 库，编写所需监控的四个参数，分别用四个函数封装，还要编写实现其他功能的代码，具体说明如下。

（1）编写获取CPU 使用率的代码，示例如下。

```python
import psutil

def get_cpu_usage():
    """
    获取 CPU 使用率
    :return: CPU 使用率百分比
    """
    cpu_percent = psutil.cpu_percent(interval=1)
    return cpu_percent
```

上述代码定义了一个函数 get_cpu_usage，使用 psutil.cpu_percent()方法获取 CPU 在过去 1 秒内的平均使用率，并返回该百分比数值。

（2）编写获取内存使用率的代码，示例如下：

```python
def get_memory_usage():
    """
    获取内存使用率
    :return: 内存使用率百分比
    """
    memory = psutil.virtual_memory()
    mem_percent = memory.percent
    return mem_percent
```

get_memory_usage 函数通过 psutil.virtual_memory 获取系统内存的详细信息，然后提取其中的内存使用率百分比并返回。

（3）编写获取磁盘使用情况的代码，示例如下：

```python
def get_disk_usage():
    """
    获取磁盘使用情况
    :return: 磁盘使用率百分比
    """
    disk = psutil.disk_usage('/')
    # 这里以根目录（C 盘在 Windows 中一般为根目录）为例，可根据需要修改
    disk_percent = disk.percent
    return disk_percent
```

get_disk_usage 函数使用 psutil.disk_usage()方法获取指定磁盘分区（这里以根目录为例）的使用情况，返回磁盘的使用率百分比。

（4）编写获取网络I/O情况的代码，示例如下：

```python
def get_network_io():
    """
    获取网络 I/O 情况
    :return: 接收字节数，发送字节数
    """
    net_io = psutil.net_io_counters()
    bytes_recv = net_io.bytes_recv
```

```
    bytes_sent = net_io.bytes_sent
    return bytes_recv, bytes_sent
```

get_network_io 函数通过 psutil.net_io_counters 获取网络 I/O 的统计信息，返回接收到的字节数和发送出去的字节数。至此，监控参数相关代码都已编写完成。

（5）编写定时监控并输出的代码，示例如下。

```
import time

def monitor_resources(interval, duration):
    """
    定时获取系统资源信息并输出到控制台
    :param interval: 监控间隔时间（秒）
    :param duration: 监控持续时间（秒）
    """
    end_time = time.time() + duration
    while time.time() < end_time:
        cpu_percent = get_cpu_usage()
        mem_percent = get_memory_usage()
        disk_percent = get_disk_usage()
        bytes_recv, bytes_sent = get_network_io()

        print(f"CPU 使用率: {cpu_percent}%")
        print(f"内存 使用率: {mem_percent}%")
        print(f"磁盘 使用率: {disk_percent}%")
        print(f"网络接收字节数: {bytes_recv}")
        print(f"网络发送字节数: {bytes_sent}")

        time.sleep(interval)
```

monitor_resources 函数按照指定的间隔时间（interval）和持续时间（duration），循环调用前面定义的函数以获取各种系统资源信息，并将这些信息输出到控制台。

（6）调用主程序。在主程序部分，调用 monitor_resources()函数，可以设置监控间隔，例如设置为每5秒输出一次，持续监控30秒。

```
if __name__ == "__main__":
    monitor_resources(interval=5, duration=30)
```

以上代码合并后完整代码如下：

```
import psutil
import time

def get_cpu_usage():
    """
    获取 CPU 使用率
    :return: CPU 使用率百分比
    """
    cpu_percent = psutil.cpu_percent(interval=1)
    return cpu_percent
```

```python
def get_memory_usage():
    """
    获取内存使用率
    :return: 内存使用率百分比
    """
    memory = psutil.virtual_memory()
    mem_percent = memory.percent
    return mem_percent


def get_disk_usage():
    """
    获取磁盘使用情况
    :return: 磁盘使用率百分比
    """
    # 这里以根目录（C 盘在 Windows 下一般为根目录）为例，可根据需要修改
    disk = psutil.disk_usage('/')
    disk_percent = disk.percent
    return disk_percent


def get_network_io():
    """
    获取网络 I/O 情况
    :return: 接收字节数，发送字节数
    """
    net_io = psutil.net_io_counters()
    bytes_recv = net_io.bytes_recv
    bytes_sent = net_io.bytes_sent
    return bytes_recv, bytes_sent


def monitor_resources(interval, duration):
    """
    定时获取系统资源信息并输出到控制台
    :param interval: 监控间隔时间（秒）
    :param duration: 监控持续时间（秒）
    """
    end_time = time.time() + duration
    while time.time() < end_time:
        cpu_percent = get_cpu_usage()
        mem_percent = get_memory_usage()
        disk_percent = get_disk_usage()
        bytes_recv, bytes_sent = get_network_io()

        print(f"CPU 使用率: {cpu_percent}%")
        print(f"内存 使用率: {mem_percent}%")
        print(f"磁盘 使用率: {disk_percent}%")
        print(f"网络接收字节数: {bytes_recv}")
        print(f"网络发送字节数: {bytes_sent}")

        time.sleep(interval)

if __name__ == "__main__":
    # 定时监控并输出到控制台
```

```
monitor_resources(interval=5, duration=30)
```

运行以上代码，开启系统资源监控，在控制台输出如下监控信息：

```
CPU 使用率: 27.7%
内存 使用率: 56.8%
磁盘 使用率: 34.5%
网络接收字节数: 1997639214
网络发送字节数: 80112667
```

在使用计算机时，更希望监控窗口是可调大小且可调位置的一个小窗口，可以使用 Python 和 Tkinter 创建实时系统监控小工具，实现 GUI 界面的效果。

将以上代码输入 CodeGeeX 中，并在提问框中输入：希望增加该代码的功能，即使用 Tkinker 增加 GUI 的系统资源使用情况展示。

CodeGeeX 反馈的代码如下。

（1）创建窗口和初始化标签的代码。

```
import tkinter as tk

class RealtimeMonitor:
    def __init__(self, interval):
        self.interval = interval  # 更新间隔时间（毫秒）

        self.root = tk.Tk()
        self.root.title("实时系统监控")

        self.label_cpu = tk.Label(self.root, text="CPU 使用率: ")
        self.label_cpu.pack()

        self.label_memory = tk.Label(self.root, text="内存 使用率: ")
        self.label_memory.pack()

        self.label_disk = tk.Label(self.root, text="磁盘 使用率: ")
        self.label_disk.pack()

        self.label_network_recv = tk.Label(self.root, text="网络接收字节数: ")
        self.label_network_recv.pack()

        self.label_network_sent = tk.Label(self.root, text="网络发送字节数: ")
        self.label_network_sent.pack()
```

上述代码定义了 RealtimeMonitor 类，在 __init__ 方法中创建了一个 Tkinter 窗口，并初始化了五个标签，分别用于显示 CPU 使用率、内存使用率、磁盘使用率、网络接收字节数和网络发送字节数。

（2）更新标签内容和调用主程序的代码。

```
import psutil

class RealtimeMonitor:
    # 省略前面已有的 __init__ 方法代码
```

```
    def update_labels(self):
        """更新标签内容"""
        cpu_percent = get_cpu_usage()
        mem_percent = get_memory_usage()
        disk_percent = get_disk_usage()
        bytes_recv, bytes_sent = get_network_io()

        self.label_cpu.config(text=f"CPU 使用率: {cpu_percent}%")
        self.label_memory.config(text=f"内存 使用率: {mem_percent}%")
        self.label_disk.config(text=f"磁盘 使用率: {disk_percent}%")
        self.label_network_recv.config(text=f"网络接收字节数: {bytes_recv}")
        self.label_network_sent.config(text=f"网络发送字节数: {bytes_sent}")

        self.root.after(self.interval, self.update_labels)  # 每隔 interval 毫秒更新一次

if __name__ == "__main__":
    monitor = RealtimeMonitor(interval=1000)                # 更新间隔时间为 1 秒
    monitor.root.mainloop()
```

在 update_labels 方法中，调用前面定义的获取系统资源信息的函数，获取最新的资源使用数据，然后更新相应标签的文本内容，并设置每隔 interval 毫秒再次调用该方法以实现实时更新。

在主程序部分，创建 RealtimeMonitor 类的实例，设置更新间隔为 1 秒，并启动 Tkinter 的主循环，使窗口保持显示状态并实时更新资源信息。全部功能的完整代码合并如下：

```
import psutil
import tkinter as tk
import time

def get_cpu_usage():
    """
    获取 CPU 使用率
    :return: CPU 使用率百分比
    """
    cpu_percent = psutil.cpu_percent(interval=1)
    return cpu_percent

def get_memory_usage():
    """
    获取内存使用率
    :return: 内存使用率百分比
    """
    memory = psutil.virtual_memory()
    mem_percent = memory.percent
    return mem_percent

def get_disk_usage():
    """
    获取磁盘使用情况
    :return: 磁盘使用率百分比
```

```
    """
    # 这里以根目录（C 盘在 Windows 下一般为根目录）为例，可根据需要修改
    disk = psutil.disk_usage('/')
    disk_percent = disk.percent
    return disk_percent

def get_network_io():
    """
    获取网络 I/O 情况
    :return: 接收字节数, 发送字节数
    """
    net_io = psutil.net_io_counters()
    bytes_recv = net_io.bytes_recv
    bytes_sent = net_io.bytes_sent
    return bytes_recv, bytes_sent

def monitor_resources(interval, duration):
    """
    定时获取系统资源信息并输出到控制台
    :param interval: 监控间隔时间（秒）
    :param duration: 监控持续时间（秒）
    """
    end_time = time.time() + duration
    while time.time() < end_time:
        cpu_percent = get_cpu_usage()
        mem_percent = get_memory_usage()
        disk_percent = get_disk_usage()
        bytes_recv, bytes_sent = get_network_io()

        print(f"CPU 使用率: {cpu_percent}%")
        print(f"内存 使用率: {mem_percent}%")
        print(f"磁盘 使用率: {disk_percent}%")
        print(f"网络接收字节数: {bytes_recv}")
        print(f"网络发送字节数: {bytes_sent}")

        time.sleep(interval)

class RealtimeMonitor:
    def __init__(self, interval):
        self.interval = interval   # 更新间隔时间（毫秒）

        self.root = tk.Tk()
        self.root.title("实时系统监控")

        self.label_cpu = tk.Label(self.root, text="CPU 使用率: ")
        self.label_cpu.pack()

        self.label_memory = tk.Label(self.root, text="内存 使用率: ")
        self.label_memory.pack()

        self.label_disk = tk.Label(self.root, text="磁盘 使用率: ")
        self.label_disk.pack()

        self.label_network_recv = tk.Label(self.root, text="网络接收字节数: ")
        self.label_network_recv.pack()
```

```
        self.label_network_sent = tk.Label(self.root, text="网络发送字节数: ")
        self.label_network_sent.pack()

        self.update_labels()   # 更新标签内容
        self.root.mainloop()

    def update_labels(self):
        """更新标签内容"""
        cpu_percent = get_cpu_usage()
        mem_percent = get_memory_usage()
        disk_percent = get_disk_usage()
        bytes_recv, bytes_sent = get_network_io()

        self.label_cpu.config(text=f"CPU 使用率: {cpu_percent}%")
        self.label_memory.config(text=f"内存 使用率: {mem_percent}%")
        self.label_disk.config(text=f"磁盘 使用率: {disk_percent}%")
        self.label_network_recv.config(text=f"网络接收字节数: {bytes_recv}")
        self.label_network_sent.config(text=f"网络发送字节数: {bytes_sent}")

        self.root.after(self.interval, self.update_labels)   # 每隔 interval 毫秒更新一次

if __name__ == "__main__":
    # 定时监控并输出到控制台
    monitor_resources(interval=5, duration=30)

    # 创建实时监控窗口
    monitor = RealtimeMonitor(interval=1000)
```

运行以上代码，除了在控制台打印资源监控信息，还会弹出一个小窗口实时监控系统资源情况，如图 23-2 所示。

读者可以根据自己的需求对代码进行进一步的扩展和定制，例如监控更多的系统资源指标或优化界面显示等。也可将该工具打包成可执行文件，分享给其他人使用。

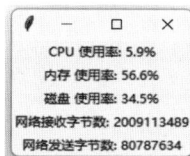

图 23-2　系统资源监控

23.3　定时清除计算机垃圾：释放空间提性能

随着计算机使用时间的增长，可能会遇到磁盘空间不足的问题，这时需要删除无用的文件来释放空间。通过编写代码，可以实现定时一键清理无用文件的功能。

对于什么是垃圾文件，每个用户的定义是不同的。有些用户认为除了个别明确有用的文件外，其他都可以删除。也有用户觉得系统产生的临时文件属于垃圾文件，自己保存的文件不应包含在内。笔者根据自己的理解来编写如下代码，读者需按照实际理解调整删除的文件的位置和类型。

以 Windows 系统为例，下面将自动清理 Windows 系统垃圾的代码分解为多个步骤，并对每个步骤的代码和功能进行详细说明。请确保按照您的实际需求调整代码，以避免

误删重要文件。

（1）安装和导入必要的库。首先，需要安装 schedule 库，并导入程序运行所需的库，这些库提供了文件操作、定时任务等功能。可以使用以下命令进行安装：

```
pip install schedule
```

导入所需库的代码如下：

```
import os
import shutil
import time
import schedule
```

- os 库提供了与操作系统进行交互的功能，例如文件和目录操作、环境变量获取等。
- shutil 库提供了高级的文件和目录操作功能，如文件复制、文件移动、目录删除等。
- time 库用于处理时间相关的操作，在定时任务中会用到。
- schedule 库用于创建和管理定时任务。

（2）定义清理常用文件夹的函数。定义一个函数来清理常用的 C 盘文件夹（默认 Windows 系统盘为 C 盘），包括系统临时文件夹、用户本地临时文件夹、预取文件夹和 Windows 临时文件夹，用户可根据自己对垃圾文件的理解调整以下代码。

```
def clean_common_folders():
    """清理 Windows 系统中常用的临时文件夹"""
    # 定义需要清理的系统文件夹列表
    common_folders = [
        os.getenv('TEMP'),  # 系统临时文件夹（%TEMP%）
        os.path.join(os.getenv('LOCALAPPDATA'), 'Temp'),     # 用户本地临时文件夹
        os.path.join(os.getenv('WINDIR'), 'Prefetch'),       # Windows 预取文件夹
        os.path.join(os.getenv('WINDIR'), 'Temp')            # Windows 临时文件夹
    ]

    # 遍历每个目标文件夹
    for folder in common_folders:
        # 检查文件夹是否存在
        if os.path.exists(folder):
            try:
                # 递归遍历文件夹内的所有内容
                for root, dirs, files in os.walk(folder):
                    # 处理文件
                    for file in files:
                        file_path = os.path.join(root, file)
                        try:
                            # 删除文件并输出成功信息
                            os.remove(file_path)
                            print(f"Deleted: {file_path}")
                        except Exception as e:
                            # 捕获文件删除异常并输出错误信息
                            print(f"Error deleting {file_path}: {e}")
                    # 处理子目录
                    for dir in dirs:
```

```
                        dir_path = os.path.join(root, dir)
                        try:
                            # 递归删除目录并输出成功信息
                            shutil.rmtree(dir_path)
                            print(f"Deleted directory: {dir_path}")
                        except Exception as e:
                            # 捕获目录删除异常并输出错误信息
                            print(f"Error deleting {dir_path}: {e}")
            except Exception as e:
                # 捕获文件夹访问异常（如权限不足）
                print(f"Error accessing {folder}: {e}")
```

这段代码定义了一个名为 clean_common_folders 的函数，用于清理 Windows 系统中常用的临时文件夹。主要操作如下：

列出了几个常见的可清理的 Windows 系统文件夹，包括系统临时文件夹、用户本地临时文件夹、预取文件夹和 Windows 临时文件夹。对每个文件夹进行检查，如果文件夹存在，则尝试清理其中的内容。对文件夹内的每个文件，尝试删除它，并打印删除成功信息；若删除失败，打印错误信息。对文件夹内的每个子目录，尝试递归删除它，并打印删除成功信息；若删除失败，打印错误信息。在清理过程中，若遇到文件夹访问异常（如权限不足），打印相应的错误信息。

（3）定义定时清理函数。定义一个函数来设置定时清理任务，使用 schedule 库来实现定时功能。

```
def schedule_cleaning(interval):
    schedule.every(interval).hours.do(clean_common_folders)
    while True:
        schedule.run_pending()
        time.sleep(1)
```

schedule.every(interval).hours.do(clean_common_folders)表示每隔 interval 小时执行一次 clean_common_folders 函数。使用 while True 循环不断检查是否有定时任务需要执行，使用 schedule.run_pending 函数执行待执行的任务，使用 time.sleep(1)函数让程序每隔 1 秒检查一次。

（4）最后，在主程序中设置清理的时间间隔，立即清理一次，并调用定时清理函数启动定时清理任务。

```
if __name__ == "__main__":
clean_common_folders()
    # 设定定时清理的时间间隔（小时）
    cleaning_interval = 24
    schedule_cleaning(cleaning_interval)
```

cleaning_interval 变量指定了清理的时间间隔，这里设置为 24 小时。调用 schedule_cleaning 函数启动定时清理任务。

将上述步骤的代码组合起来，得到完整的自动清理 Windows 系统垃圾的代码如下：

```
import os
import shutil
import time
import schedule


def clean_common_folders():
    # 常用的可清理的 C 盘文件夹列表
    common_folders = [
        os.getenv('TEMP'),  # 系统临时文件夹
        os.path.join(os.getenv('LOCALAPPDATA'), 'Temp'),    # 用户本地临时文件夹
        os.path.join(os.getenv('WINDIR'), 'Prefetch'),      # 预取文件夹
        os.path.join(os.getenv('WINDIR'), 'Temp')           # Windows 临时文件夹
    ]

    for folder in common_folders:
        if os.path.exists(folder):
            try:
                for root, dirs, files in os.walk(folder):
                    for file in files:
                        file_path = os.path.join(root, file)
                        try:
                            os.remove(file_path)
                            print(f"Deleted: {file_path}")
                        except Exception as e:
                            print(f"Error deleting {file_path}: {e}")
                    for dir in dirs:
                        dir_path = os.path.join(root, dir)
                        try:
                            shutil.rmtree(dir_path)
                            print(f"Deleted directory: {dir_path}")
                        except Exception as e:
                            print(f"Error deleting {dir_path}: {e}")
            except Exception as e:
                print(f"Error accessing {folder}: {e}")


def schedule_cleaning(interval):
    schedule.every(interval).hours.do(clean_common_folders)
    while True:
        schedule.run_pending()
        time.sleep(1)


if __name__ == "__main__":
    clean_common_folders()
    # 设定定时清理的时间间隔（小时）
    cleaning_interval = 24
    schedule_cleaning(cleaning_interval)
```

✔ **注意**

部分文件或目录可能因权限问题无法删除，程序会输出相应的错误信息，但不会导致清理中断。若要修改清理的时间间隔，可调整 cleaning_interval 变量的值。

读者调整完需要清理的文件目录后，就可以运行代码清理系统垃圾文件了。按 Ctrl+C 键可以终止程序运行。

23.4　本 章 小 结

本章聚焦定时任务在数据处理与系统管理中的实践，通过 Python 实现三大核心功能：利用 sqlite3 与 schedule 构建自动化报表系统，每日凌晨生成含日期的 Excel 报表并清理 7 天前旧文件，解决人工统计易错、存储冗余问题；借助 psutil 与 Tkinter 开发系统资源监控工具，实时显示 CPU、内存等使用情况；基于 os 库实现 Windows 系统垃圾定时清理，释放磁盘空间。案例覆盖数据处理、系统监控与运维优化，展现定时任务在提升效率、规范管理中的重要作用。

第 24 章 获取公开数据

在数字化时代，数据是驱动决策的核心力量。网络上的公开数据犹如一座"信息宝库"，蕴藏着无限价值。本章将深入探讨获取公开数据的方法与实践，从基础的采集需求、多样的采集方法，到招投标、求职岗位等具体场景的采集案例，帮助读者掌握高效采集公开数据的技能，让数据为工作赋能。

24.1 网络公开数据采集介绍

24.1.1 网络公开数据采集需求

在日常工作中，数据采集就像"信息搬砖"——把散落在网络上的有用信息，搬到表格、报告或系统里。无论是统计竞品价格、整理客户评价，还是监控行业动态，掌握基础的数据采集方法，能提升工作效率。

日常工作中的数据采集需求有很多，包括如下具体场景。

（1）市场分析：竞品监控与用户洞察。

电商运营小王每天需要统计 10 个竞品店铺的爆款价格和销量，手动复制粘贴耗时 2 小时。如果能用工具自动抓取，就能腾出时间分析价格策略。

社交媒体编辑小李要汇总微博评论里的用户反馈，手动筛选 1000 条评论需要半天时间，而数据采集可以快速提取关键词（如"物流慢"或"包装差"），以生成舆情报告。

（2）运营支持：数据报表自动化。

某 APP 运营每周要整理各应用商店的下载量、评分和评论，这些数据分散在苹果商店、华为应用市场等多个平台，手动汇总容易出错，自动化采集能实现"一键生成周报"。

招聘专员小陈需要从 5 个招聘网站抓取 Python 岗位的薪资范围、经验要求，手动复制处理 50 条信息需要 1 小时，用工具可压缩到 5 分钟。

（3）行业研究：碎片化信息整合。

分析师老张跟踪新能源汽车行业，需要定期收集政府补贴政策（官网公告）、企业财报（PDF）、行业报告（第三方网站），数据采集能把这些分散的信息整合成结构化表格，方便对比分析。

24.1.2　网络公开数据采集方法

网络公开数据采集方法主要可分为技术工具和服务平台两类。技术工具类采集方法如下。

（1）零代码可视化工具。

- 八爪鱼采集器：通过单击页面元素自动生成采集规则，支持动态加载页面和 JavaScript 渲染内容，内置多种行业模板（如电商商品、招聘信息）。
- Excel Power Query：直接抓取网页表格数据，适合统计局、行业报告等结构化数据。

（2）轻代码工具链。

- Python 爬虫库：requests+BeautifulSoup，少量代码实现静态网页解析（如公司新闻列表），适合新手入门。
- Scrapy：基于异步框架 Twisted，支持分布式爬取和复杂反爬策略，日均采集量可达百万级。
- Selenium：通过代码操控真实浏览器，支持验证码识别和动态渲染页面，适合电商详情页采集。

服务平台类采集方法如下。

（1）API 平台。

- 聚合数据：提供天气、物流、金融等 2000 多个 API，支持按次付费，适合快速验证业务需求。
- 数说聚合：专注于互联网数据（如电商评论、社交媒体舆情），提供清洗后的结构化数据，降低数据处理成本。

（2）数据开放平台。

- 政府数据平台：如上海市公共数据开放平台、常州市政府数据开放平台，提供人口、经济、环境等权威数据，可直接下载使用。
- 学术数据库：如 Kaggle、UCI 机器学习库，提供标注好的数据集（如房价预测、医疗影像），适合研究人员快速启动项目。

24.2　招投标信息采集

24.2.1　网站分析与采集策略

数据采集的目标网站是 http://www.ccgp.gov.cn/cggg/zygg/gkzb/，要采集的是该网站上

显示的招标信息，包括链接、标题、发布时间、地域和采购人，如图 24-1 所示。

图 24-1　需采集的网站信息

通过单击网站下方的翻页按钮，观察网站的分页情况，发现第一页的 URL 是 http://www.ccgp.gov.cn/cggg/zygg/gkzb/index.htm，后续页面的 URL 是 http://www.ccgp.gov.cn/cggg/zygg/gkzb/index_{页码}.htm，可以根据这个规律生成不同页码的 URL。

接下来分析 HTML 的结构，使用浏览器的开发者工具（例如 Chrome 浏览器的开发者工具，按 F12 键打开）查看网页的 HTML 结构，找到招标信息包含在\<ul\>标签中，其 class 属性为 c_list_bid，每条招标信息包含在\<li\>标签中。进一步分析\<li\>标签内的结构，发现链接和标题信息在\<a\>标签中，发布时间、地域和采购人信息在\<em\>标签中。网页的 HTML 结构示例如下：

```
<ul class="c_list_bid">

 <li> <a href="./202504/t20250420_24470851.htm" target="_blank" title="昆明铁路公
安局 2025-2026 年度办公用品、通用耗材定点采购项目公开招标公告">昆明铁路公安局 2025-2026 年度办
公用品、通用耗材定点采购项目公开招标公告</a>
 发布时间：<em>2025-04-20 14:34</em> 地域：<em>云南</em> 采购人：<em>昆明铁路公安局</em>
 </li>

 <li> <a href="./202504/t20250420_24470815.htm" target="_blank" title="山东大学趵
突泉校区高等医学教学科研综合楼电梯设备采购及安装招标公告">山东大学趵突泉校区高等医学教学科研综合
楼电梯设备采购及安装招标公告</a>
 发布时间：<em>2025-04-20 13:03</em> 地域：<em>山东</em> 采购人：<em>山东大学</em>
 </li>

 <li> <a href="./202504/t20250420_24470779.htm" target="_blank" title="哈尔滨工业
大学新建学生宿舍连廊二期工程项目招标公告">哈尔滨工业大学新建学生宿舍连廊二期工程项目招标公告
 </a>
 发布时间：<em>2025-04-20 10:44</em>　 地域：<em>黑龙江</em>　 采购人：<em>哈尔滨工业大学
```

```
</em>
 </li>

  </ul>
```

以上网页源码里的链接不是完整的 URL，需要根据当前页面的 URL 补全链接，确保链接可以正常访问。

考虑到网络请求可能失败、HTML 结构可能发生变化等情况，添加异常处理代码，确保程序在出现异常时能给出相应的提示信息，而不是直接崩溃。

最后需要将采集到的数据保存到 Excel 文件中，方便后续的查看和分析。

24.2.2　代码编写

（1）导入必要的库。

● requests：用于发送 HTTP 请求，从网页获取内容，通过 pip 安装。

```
pip install requests
```

● BeautifulSoup：用于解析 HTML 或 XML 文档，方便提取所需信息，通过 pip 安装。

```
pip install beautifulsoup4
```

● Workbook：openpyxl 库中的类，用于创建和操作 Excel 工作簿。示例代码如下：

```
import requests
from bs4 import BeautifulSoup
from openpyxl import Workbook
```

（2）模拟浏览器请求头。为了避免被网站识别为爬虫而拒绝访问，模拟浏览器的请求头，告诉网站这是一个正常的浏览器请求。示例代码如下：

```
headers = {
    "User-Agent": "Mozilla/5.0 (Windows NT 10.0; Win64; x64) AppleWebKit/537.36
(KHTML, like Gecko) Chrome/91.0.4472.124 Safari/537.36"
}
```

（3）创建 Excel 工作簿和工作表并添加表头。首先使用 wb=Workbook()创建一个新的 Excel 工作簿，然后 ws=wb.active 获取工作簿的活动工作表。在工作表的第一行添加表头"链接""标题""发布时间""地域""采购人"。示例代码如下：

```
wb = Workbook()
ws = wb.active
ws.append(['链接', '标题', '发布时间', '地域', '采购人'])
```

（4）循环爬取指定页数的内容。设置要爬取的页面数量为 4 页，可以根据需求调整页数。通过 for 循环遍历每一页，根据页码生成对应的 URL。第一页的 URL 是特殊的，不需要页码后缀。示例代码如下：

```
page_num = 4
for i in range(page_num):
    if i == 0:
        url = "http://www.ccgp.gov.cn/cggg/zygg/gkzb/index.htm"
    else:
        url = f"http://www.ccgp.gov.cn/cggg/zygg/gkzb/index_{i}.htm"
```

（5）发送请求并处理响应。使用 requests 库发送 GET 请求，获取网页内容，如果请求的状态码不是 200，抛出异常。设置响应内容的编码为 UTF-8，确保中文内容正常显示。代码如下：

```
try:
    response = requests.get(url, headers=headers)
    response.raise_for_status()
    response.encoding = 'utf-8'
```

（6）解析页面内容。使用 BeautifulSoup 解析 HTML 内容，找到包含所有招标信息的<ul>标签，然后获取其中的所有<li>标签，每个<li>标签代表一条招标信息。代码如下：

```
soup = BeautifulSoup(response.text, 'html.parser')
items = soup.find('ul', class_='c_list_bid').find_all('li')
```

（7）提取每条招标信息的详细内容。将上文分析的网页源码结构发送给 CodeGeeX，让它帮忙生成提取相关的代码，如图 24-2 所示。

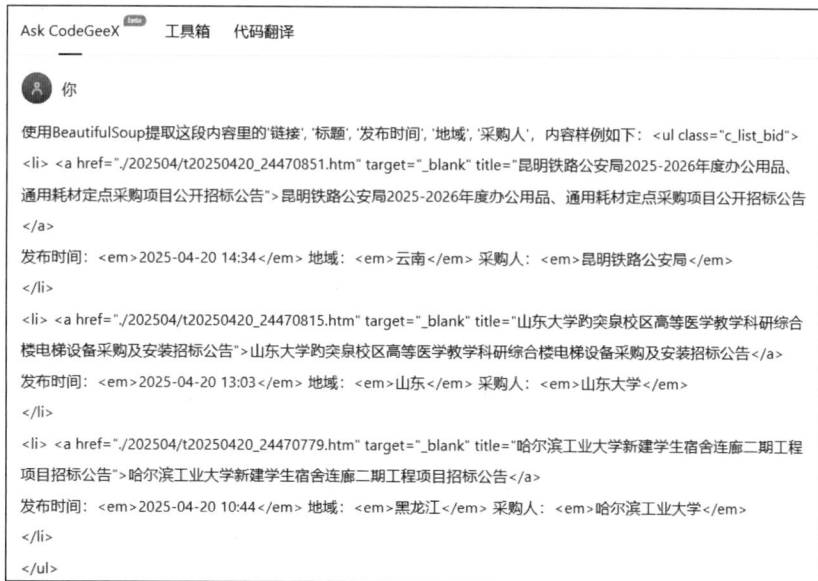

图 24-2　向 CodeGeeX 提问

在 CodeGeeX 反馈的代码上进行优化，对于每个<li>标签，执行如下操作。

- 提取链接：如果链接不是以 http 开头，补全链接。
- 提取标题：从<a>标签的 title 属性中获取。
- 提取发布时间、地域和采购人信息：从<em>标签中获取，如果没有找到相应信息，使用默认提示。
- 打印提取的信息，并将其添加到 Excel 工作表中。代码如下：

```
for item in items:
    link = item.find('a')['href']
    if not link.startswith('http'):
        base_url = url.rsplit('/', 1)[0]
        link = base_url + link[1:]
    title = item.find('a')['title']
    release_time = item.find('em').text if item.find('em') else '未找到发布时间'
    region = item.find_all('em')[1].text if len(item.find_all('em')) > 1 else '未找到地域信息'
    purchaser = item.find_all('em')[2].text if len(item.find_all('em')) > 2 else '未找到采购人信息'

    print(f"链接: {link}")
    print(f"标题: {title}")
    print(f"发布时间: {release_time}")
    print(f"地域: {region}")
    print(f"采购人: {purchaser}")
    print("-" * 50)

    ws.append([link, title, release_time, region, purchaser])
```

（8）异常处理，处理请求过程中可能出现异常，如网络连接错误、请求超时等。处理解析 HTML 内容时可能出现属性错误，如找不到特定的标签。代码如下：

```
except requests.RequestException as e:
    print(f"请求 {url} 出错: {e}")
except AttributeError as e:
    print(f"解析 {url} 数据出错: {e}")
```

（9）保存 Excel 文件。将包含所有招标信息的工作簿保存为 tendering_info.xlsx 文件，并打印保存成功的提示信息。代码如下：

```
wb.save('tendering_info.xlsx')
print("数据已成功保存到 tendering_info.xlsx 文件中。")
```

将以上代码合并后，完整代码如下：

```
import requests
from bs4 import BeautifulSoup
from openpyxl import Workbook

# 模拟浏览器请求头
headers = {
    "User-Agent": "Mozilla/5.0 (Windows NT 10.0; Win64; x64) AppleWebKit/537.36
```

```
(KHTML, like Gecko) Chrome/91.0.4472.124 Safari/537.36"
}

# 创建一个新的工作簿和工作表
wb = Workbook()
ws = wb.active
# 添加表头
ws.append(['链接', '标题', '发布时间', '地域', '采购人'])

# 假设要爬取前 4 页，可根据实际情况修改
page_num = 4
for i in range(page_num):
    if i == 0:
        url = "http://www.ccgp.gov.cn/cggg/zygg/gkzb/index.htm"
    else:
        url = f"http://www.ccgp.gov.cn/cggg/zygg/gkzb/index_{i}.htm"

    try:
        # 发送 GET 请求
        response = requests.get(url, headers=headers)
        response.raise_for_status()  # 如果请求失败，抛出异常
        response.encoding = 'utf-8'

        # 使用 BeautifulSoup 解析页面
        soup = BeautifulSoup(response.text, 'html.parser')

        # 找到所有招标信息的列表项
        items = soup.find('ul', class_='c_list_bid').find_all('li')

        for item in items:
            # 提取链接
            link = item.find('a')['href']
            if not link.startswith('http'):
                base_url = url.rsplit('/', 1)[0]
                link = base_url + link[1:]  # 补全链接
            # 提取标题
            title = item.find('a')['title']
            # 提取发布时间
            release_time = item.find('em').text if item.find('em') else '未找到发布时间'
            # 提取地域
            region = item.find_all('em')[1].text if len(item.find_all('em')) > 1
else '未找到地域信息'
            # 提取采购人
            purchaser = item.find_all('em')[2].text if len(item.find_all('em')) > 2
else '未找到采购人信息'

            print(f"链接: {link}")
            print(f"标题: {title}")
            print(f"发布时间: {release_time}")
            print(f"地域: {region}")
            print(f"采购人: {purchaser}")
            print("-" * 50)

            # 将数据添加到工作表中
            ws.append([link, title, release_time, region, purchaser])
```

```
    except requests.RequestException as e:
        print(f"请求 {url} 出错: {e}")
    except AttributeError as e:
        print(f"解析 {url} 数据出错: {e}")

# 保存工作簿为Excel 文件
wb.save('tendering_info.xlsx')
print("数据已成功保存到 tendering_info.xlsx 文件中。")
```

运行以上代码后，打印采集的信息，打印样式如下：

```
链接: http://www.ccgp.gov.cn/cggg/zygg/gkzb/202504/t20250420_24470851.htm
标题: 昆明铁路公安局 2025-2026 年度办公用品、通用耗材定点采购项目公开招标公告
发布时间: 2025-04-20 14:34
地域: 云南
采购人: 昆明铁路公安局
--------------------------------------------------
链接: http://www.ccgp.gov.cn/cggg/zygg/gkzb/202504/t20250420_24470815.htm
标题: 山东大学趵突泉校区高等医学教学科研综合楼电梯设备采购及安装招标公告
发布时间: 2025-04-20 13:03
地域: 山东
采购人: 山东大学
--------------------------------------------------
链接: http://www.ccgp.gov.cn/cggg/zygg/gkzb/202504/t20250420_24470779.htm
标题: 哈尔滨工业大学新建学生宿舍连廊二期工程项目招标公告
发布时间: 2025-04-20 10:44
地域: 黑龙江
采购人: 哈尔滨工业大学
```

运行完成后，采集的信息被保存在 Excel 文件中，打开 tendering_info.xlsx 文件，内容如图 24-3 所示，采集完成。

	A	B	C	D	E	F
1	链接	标题	发布时间	地域	采购人	
2	http://ww	昆明铁路	2025-04-2	云南	昆明铁路公安局	
3	http://ww	山东大学	2025-04-2	山东	山东大学	
4	http://ww	哈尔滨工	2025-04-2	黑龙江	哈尔滨工业大学	
5	http://ww	一带一路	2025-04-1	福建	福建省地震局	
6	http://ww	中国儿童	2025-04-1	北京	中国儿童中心	
7	http://ww	中山大学	2025-04-1	广东	中山大学	
8	http://ww	中山大学	2025-04-1	广东	中山大学附属口腔医院	
9	http://ww	西安电子	2025-04-1	陕西	西安电子科技大学	
10	http://ww	南京航空	2025-04-1	江苏	南京航空航天大学	
11	http://ww	南京航空	2025-04-1		南京航空航天大学	

图 24-3　采集保存的文件

24.3　求职岗位信息采集

24.3.1　网站分析与采集策略

数据采集的目标网站是 https://www.zhipin.com/web/geek/job?query=python，要采集的

是该网站上与 Python 相关的职位信息，包括职位名称、薪资、公司名称、工作地点、经验要求和学历要求。如图 24-4 所示。

图 24-4　需采集信息

通过观察网站的分页情况，发现 URL 中的 page 参数控制着页码，第一页 URL 为 https://www.zhipin.com/web/geek/job?query=python&page=1，修改 page 的参数值可以控制页码，根据这个规律生成不同页码的 URL。

接下来分析 HTML 结构，使用浏览器的开发者工具（如 Chrome 的开发者工具，按 F12 键打开）查看网页的 HTML 结构，找到包含职位信息的元素。每个职位信息包含在一个 .job-card-left 元素中，如图 24-5 所示。

图 24-5　分析网页的 HTML 结构

　　进一步分析该元素内的结构，发现职位名称、薪资、公司名称等信息分别位于不同的子元素中，可以使用 CSS 选择器来定位这些元素。

　　这种招聘信息网站会有反爬虫措施，可以使用 selenium 库来采集数据，通过控制 Chrome 浏览器绕过反爬。由于网页可能是动态加载的，通过控制浏览器打开网页时，由于网速等原因，元素可能不会立即出现，因此使用显式等待和隐式等待来确保元素加载完成后再进行信息提取操作。显式等待用于等待特定元素的出现，隐式等待用于在查找元素时提供一定的缓冲时间。

　　考虑到网络请求可能失败、HTML 结构可能发生变化等情况，添加异常处理代码，确保程序在出现异常时能给出相应的提示信息，而不是直接崩溃。

　　最后，将采集到的数据保存到 Excel 文件，方便后续查看和分析。

24.3.2　代码编写

　　（1）导入必要的库，本案例需要用到 selenium 相关模块，该模块用于自动化浏览器操作，模拟用户在浏览器中的行为。通过以下命令安装：

```
pip install selenium
```

　　openpyxl：用于创建和操作 Excel 工作簿；logging：用于记录程序运行过程中的信息和错误，方便调试和监控。导入库的代码如下：

```
from selenium import webdriver
from selenium.webdriver.common.by import By
from selenium.webdriver.chrome.service import Service
from selenium.webdriver.chrome.options import Options
from openpyxl import Workbook
from selenium.webdriver.support.ui import WebDriverWait
from selenium.webdriver.support import expected_conditions as EC
import logging
```

　　（2）配置日志记录，设置日志记录的基本配置，日志级别为 INFO，日志格式包含时间、日志级别和具体信息。代码如下：

```
logging.basicConfig(level=logging.INFO, format='%(asctime)s - %(levelname)s - %(message)s')
```

　　（3）配置 Chrome 浏览器选项，创建 Options 对象来配置 Chrome 浏览器的选项。代码如下：

```
chrome_options = Options()
# chrome_options.add_argument('--headless')  # 无头模式，不显示浏览器窗口
chrome_options.add_argument('--disable-gpu')
chrome_options.add_argument('--no-sandbox')
```

　　disable-gpu：禁用 GPU 加速，避免在某些环境下出现兼容性问题。no-sandbox：禁用

沙盒模式，在某些服务器环境中可能需要此选项。

（4）初始化 Chrome 浏览器驱动。需要先下载 ChromeDriver，在网站 https:// googlechromelabs.github.io/chrome-for-testing/找到和你的计算机 Chrome 同版本 ChromeDriver，如果你的计算机未安装 Chrome，先安装 Chrome，如图 24-6 所示。

Stable

Version: 135. 0. 7049. 95 (r1427262)

Binary	Platform	URL	HTTP status
chrome	linux64	https://storage.googleapis.com/chrome-for-testing-public/135.0.7049.95/linux64/chrome-linux64.zip	200
chrome	mac-arm64	https://storage.googleapis.com/chrome-for-testing-public/135.0.7049.95/mac-arm64/chrome-mac-arm64.zip	200
chrome	mac-x64	https://storage.googleapis.com/chrome-for-testing-public/135.0.7049.95/mac-x64/chrome-mac-x64.zip	200
chrome	win32	https://storage.googleapis.com/chrome-for-testing-public/135.0.7049.95/win32/chrome-win32.zip	200
chrome	win64	https://storage.googleapis.com/chrome-for-testing-public/135.0.7049.95/win64/chrome-win64.zip	200
chromedriver	linux64	https://storage.googleapis.com/chrome-for-testing-public/135.0.7049.95/linux64/chromedriver-linux64.zip	200
chromedriver	mac-arm64	https://storage.googleapis.com/chrome-for-testing-public/135.0.7049.95/mac-arm64/chromedriver-mac-arm64.zip	200
chromedriver	mac-x64	https://storage.googleapis.com/chrome-for-testing-public/135.0.7049.95/mac-x64/chromedriver-mac-x64.zip	200
chromedriver	win32	https://storage.googleapis.com/chrome-for-testing-public/135.0.7049.95/win32/chromedriver-win32.zip	200
chromedriver	win64	https://storage.googleapis.com/chrome-for-testing-public/135.0.7049.95/win64/chromedriver-win64.zip	200

图 24-6　下载适配版本的 chromedriver

在浏览器中打开下载链接后，下载并解压安装文件，复制路径，使用 Service 类指定 ChromeDriver 的路径，按照 ChromeDriver 的本地具体路径来配置。创建 webdriver.Chrome 实例，传入服务和浏览器选项。使用 try-except 块捕获启动浏览器时可能出现的异常，并记录相应的日志。代码如下：

```
try:
    service = Service(r'C:\Users\anqi_\Downloads\chromedriver-win64\chromedriver-
win64\chromedriver.exe')
    driver = webdriver.Chrome(service=service, options=chrome_options)
    logging.info("成功启动 Chrome 浏览器")
except Exception as e:
    logging.error(f"启动 Chrome 浏览器时出错: {e}")
    raise
```

（5）设置隐式等待。设置隐式等待时间为 30 秒，这个可以根据实际运行速度进行调整，在查找元素时，如果元素未立即出现，浏览器会等待最多 30 秒，直到元素出现或超时。代码如下：

```
driver.implicitly_wait(30)
```

（6）创建 Excel 工作簿和工作表并添加表头。首先创建一个新的 Excel 工作簿和一个活动工作表。然后在工作表的第一行添加表头。代码如下：

```
wb = Workbook()
```

```
ws = wb.active
ws.append(['职位名称', '薪资', '公司名称', '工作地点', '经验要求', '学历要求'])
```

（7）循环爬取指定页数的内容。设置要爬取的页面数量为 3 页，这个可以根据实际需求进行调整，建议在调试时设置较少的页数。然后定义基础 URL，通过循环生成不同页码的 URL。使用 driver.get(url)访问每个页面，并记录访问成功的日志。代码如下：

```
page_count = 3
base_url = 'https://www.zhipin.com/web/geek/job?query=python&page='

for page in range(1, page_count + 1):
    url = base_url + str(page)
    try:
        driver.get(url)
        logging.info(f"成功访问页面: {url}")
```

（8）显式等待元素加载。使用 WebDriverWait 进行显式等待，最多等待 10 秒，这个时间可以根据实际操作进行调整，直到至少有一个.job-card-body 元素出现在页面上。代码如下：

```
WebDriverWait(driver, 10).until(
    EC.presence_of_all_elements_located((By.CSS_SELECTOR, '.job-card-body'))
)
```

（9）提取职位信息。使用 CSS 选择器 find_elements()方法找到所有.job-card-body 元素，每个元素代表一个职位信息。遍历每个职位元素，提取职位名称、薪资、公司名称、工作地点、经验要求和学历要求。打印提取的信息，并将其添加到 Excel 工作表中。代码如下：

```
job_list = driver.find_elements(By.CSS_SELECTOR, '.job-card-body')
for job in job_list:
    job_name = job.find_element(By.CSS_SELECTOR, '.job-card-left .job-title .job-
name').text
    salary = job.find_element(By.CSS_SELECTOR, '.job-card-left .job-info .salary').
text
    company_name = job.find_element(By.CSS_SELECTOR, '.job-card-right .company-
info .company-name a').text
    work_location = job.find_element(By.CSS_SELECTOR, '.job-card-left .job-title .
job-area-wrapper').text
    work_experience = job.find_element(By.CSS_SELECTOR, '.job-card-left .job-info .
tag-list li:nth-child(1)').text
    degree = job.find_element(By.CSS_SELECTOR, '.job-card-left .job-info .tag-list
li:nth-child(2)').text

    print(f"职位名称: {job_name}")
    print(f"薪资: {salary}")
    print(f"公司名称: {company_name}")
    print(f"工作地点: {work_location}")
    print(f"经验要求: {work_experience}")
    print(f"学历要求: {degree}")
    print("-" * 50)
```

```
    ws.append([job_name,  salary,  company_name,  work_location,  work_experience,
degree])
```

（10）异常处理。考虑到可能发生的异常，捕获在访问页面或解析数据时可能出现的异常，并记录相应的错误日志。代码如下：

```
except Exception as e:
    logging.error(f"第 {page} 页数据解析出错：{e}")
```

（11）关闭浏览器。采集完成后，使用 driver.quit() 关闭浏览器，并记录关闭成功的日志，同时处理关闭浏览器时可能出现的异常。代码如下：

```
try:
    driver.quit()
    logging.info("成功关闭 Chrome 浏览器")
except Exception as e:
    logging.error(f"关闭 Chrome 浏览器时出错：{e}")
```

（12）保存 Excel 文件。将包含所有职位信息的工作簿保存为 python_jobs.xlsx 文件，并记录保存成功的日志，同时处理保存文件时可能出现的异常。代码如下：

```
try:
    wb.save('python_jobs.xlsx')
    logging.info("数据已成功保存到 python_jobs.xlsx 文件中。")
except Exception as e:
    logging.error(f"保存 Excel 文件时出错：{e}")
```

完整代码如下：

```
from selenium import webdriver
from selenium.webdriver.common.by import By
from selenium.webdriver.chrome.service import Service
from selenium.webdriver.chrome.options import Options
from openpyxl import Workbook
from selenium.webdriver.support.ui import WebDriverWait
from selenium.webdriver.support import expected_conditions as EC
import time
import logging

# 配置日志记录
logging.basicConfig(level=logging.INFO, format='%(asctime)s - %(levelname)s - %
(message)s')

# 配置 Chrome 浏览器选项
chrome_options = Options()
# chrome_options.add_argument('--headless')   # 无头模式，不显示浏览器窗口
chrome_options.add_argument('--disable-gpu')
chrome_options.add_argument('--no-sandbox')

# 初始化 Chrome 浏览器驱动
try:
```

```
    service = Service(r'C:\Users\anqi_\Downloads\chromedriver-win64\chromedriver-
win64\chromedriver.exe')
    driver = webdriver.Chrome(service=service, options=chrome_options)
    logging.info("成功启动 Chrome 浏览器")
except Exception as e:
    logging.error(f"启动 Chrome 浏览器时出错: {e}")
    raise

# 设置隐式等待，最长等待 30 秒
driver.implicitly_wait(30)

# 创建 Excel 工作簿和工作表，并添加表头
wb = Workbook()
ws = wb.active
ws.append(['职位名称', '薪资', '公司名称', '工作地点', '经验要求', '学历要求'])

# 假设爬取前 3 页，可根据需要修改
page_count = 3
base_url = 'https://www.zhipin.com/web/geek/job?query=python&page='

for page in range(1, page_count + 1):
    url = base_url + str(page)
    try:
        driver.get(url)
        logging.info(f"成功访问页面: {url}")

        # 显式等待，直到至少有一个.job-card-left 元素出现，最长等待 10 秒
        WebDriverWait(driver, 10).until(
            EC.presence_of_all_elements_located((By.CSS_SELECTOR, '.job-card-body'))
        )

        job_list = driver.find_elements(By.CSS_SELECTOR, '.job-card-body')
        for job in job_list:
            job_name = job.find_element(By.CSS_SELECTOR, '.job-card-left .job-title .
job-name').text
            salary = job.find_element(By.CSS_SELECTOR, '.job-card-left .job-info .
salary').text
            company_name = job.find_element(By.CSS_SELECTOR, '.job-card-right .company-
info .company-name a').text
            work_location = job.find_element(By.CSS_SELECTOR, '.job-card-left .job-
title .job-area-wrapper').text
            work_experience = job.find_element(By.CSS_SELECTOR, '.job-card-left .
job-info .tag-list li:nth-child(1)').text
            degree = job.find_element(By.CSS_SELECTOR, '.job-card-left .job-info .
tag-list li:nth-child(2)').text

            print(f"职位名称: {job_name}")
            print(f"薪资: {salary}")
            print(f"公司名称: {company_name}")
            print(f"工作地点: {work_location}")
            print(f"经验要求: {work_experience}")
```

```
            print(f"学历要求: {degree}")
            print("-" * 50)

            ws.append([job_name, salary, company_name, work_location, work_experience,
degree])
    except Exception as e:
        logging.error(f"第 {page} 页数据解析出错: {e}")

# 关闭浏览器
try:
    driver.quit()
    logging.info("成功关闭 Chrome 浏览器")
except Exception as e:
    logging.error(f"关闭 Chrome 浏览器时出错: {e}")

# 保存 Excel 文件
try:
    wb.save('python_jobs.xlsx')
    logging.info("数据已成功保存到 python_jobs.xlsx 文件中。")
except Exception as e:
    logging.error(f"保存 Excel 文件时出错: {e}")
```

运行代码，在控制台打印如下信息：

```
2025-04-20 17:56:14,696 - INFO - 成功启动 Chrome 浏览器
2025-04-20 17:56:16,213 - INFO - 成功访问页面: https://www.zhipin.com/web/geek/
job?query=python&page=1
职位名称: python C++少儿编程老师
薪资: 11-18K
公司名称: 伯乐码少儿编程
工作地点: 上海·青浦区·青浦城区
经验要求: 3-5 年
学历要求: 本科
--------------------------------------------------
职位名称: Java C++ C# Python
薪资: 15-30K·14 薪
公司名称: 华为
工作地点: 上海·青浦区·金泽
经验要求: 经验不限
学历要求: 本科
--------------------------------------------------
职位名称: TapTap Python 开发-测试平台（上海）
薪资: 30-35K·15 薪
公司名称: TapTap
工作地点: 上海·静安区·大宁
经验要求: 3-5 年
学历要求: 学历不限
--------------------------------------------------
```

运行完成后，生成 python_jobs.xlsx 文件，打开该文件，发现招聘信息采集完成，如图 24-7 所示。

	A	B	C	D	E	F
1	职位名称	薪资	公司名称	工作地点	经验要求	学历要求
2	python C++少儿编程老师	11-18K	伯乐码少儿编程	上海·青浦区·青浦城区	3-5年	本科
3	Java C++ C# Python	15-30K·14薪	华为	上海·青浦区·金泽	经验不限	本科
4	TapTap Python 开发-测试平台（上海）	30-35K·15薪	TapTap	上海·静安区·大宁	3-5年	学历不限
5	Python web/网站开发实习生	150-200元/天	美知教育	上海·长宁区·古北	3天/周	5个月
6	Python 开发	12-24K	微杨科技	上海·杨浦区·东外滩	在校/应届	硕士
7	Python 开发工程师	15-23K·14薪	TacFinTech	上海·浦东新区·张江	3-5年	本科
8	python/scratch讲师	6-11K·13薪	火岩数字	上海·浦东新区·新场	1年以内	本科
9	Python/C/C++	20-40K	华为	上海·青浦区·金泽	经验不限	本科
10	Python 开发实习生	200-400元/天	光轮智能	上海·嘉定区·安亭	3天/周	3个月
11	Python 开发工程师	8-13K	上海抉隐信息科技	上海·普陀区·梅川路	1-3年	本科
12	Python Web工程师	9-14K	担路网	上海·松江区·九亭	在校/应届	本科
13	Python Developer	25-50K·15薪	乐鑫	上海·浦东新区·张江	3-5年	本科
14	Python 开发工程师	20-40K	上海猫小鼬信息科	上海·杨浦区·五角场	3-5年	本科
15	资深 python 后端开发工程师	25-30K·13薪	汉逸智能科技	上海·杨浦区·五角场	5-10年	本科
16	Python 实习生【可转正】	200-250元/天	上海简文	上海·浦东新区·陆家嘴	4天/周	6个月
17	Python/Django web开发工程师	12-20K·13薪	上海萃图	上海·浦东新区·洋泾	3-5年	本科
18	Python 高级工程师（AIGC方向，非外包）	10-15K	曜旷	上海·浦东新区·上南	3-5年	本科
19	Python/Scratch/Wedo/C++编程老师高薪	10-15K	斯坦星球	上海·静安区·曹家渡	经验不限	本科
20	MES系统开发工程师（Python）	10-15K	上海中云开源数据	上海·浦东新区·滴水湖临	3-5年	本科

图 24-7　招聘岗位信息

24.4　本 章 小 结

　　本章聚焦公开数据获取，系统阐述了网络公开数据采集的需求与方法。通过招投标信息、求职岗位信息采集的实战案例，展示了从网站分析、策略制订到代码编写的完整流程。涵盖零代码工具、Python 爬虫等技术手段，强调应对反爬与异常处理的重要性。掌握这些知识，能有效提升数据采集效率，助力市场分析、运营支持与行业研究等工作的高效开展。

第 25 章　多工具结合的复杂场景

在实际工作场景中，常需整合多种工具解决复杂问题。本章聚焦多工具结合的复杂场景，以 Python 为核心，联动 Excel、PPT、数据库等，实现自动化数据处理、图表生成与汇报展示，还涉及公开数据采集和入库以及定时邮件推送，助力提升工作效率。

25.1　自动化数据处理与汇报展示

25.1.1　需求分析

在日常工作中，可能需要在 Excel 中做数据统计，然后生成一些可视化图，最后将图放在 PPT 中，向领导汇报工作。如果这是一个日常性的工作，完全可以将其自动化实现，解放员工的生产力。现有一份电商销售明细数据，如表 25-1 所示。

表 25-1　电商销售明细数据

商品名称	类别	日期	销量	单价（元）
无线耳机 Pro	电子产品	2025-1-1	150	1 299
智能手表 S5	电子产品	2025-1-1	120	1 999
快充充电器	电子产品	2025-1-1	200	99
机械键盘 K8	电子产品	2025-1-1	80	399
游戏鼠标 M3	电子产品	2025-1-1	100	149
空气净化器 C2	家居用品	2025-1-1	60	899
智能台灯 T1	家居用品	2025-1-1	90	199
扫地机器人 R1	家居用品	2025-1-1	40	1 999

以上表格中只展示部分数据，还有一份 PPT 汇报模板，如图 25-1 所示。

现需要每天使用当天的电商销售明细数据统计和制作三张图，分别展示销量随日期的变化趋势的折线图、各商品类别的销量占比的饼图和对比各商品的销量的柱状图。希望能够通过 Python 自动化实现。

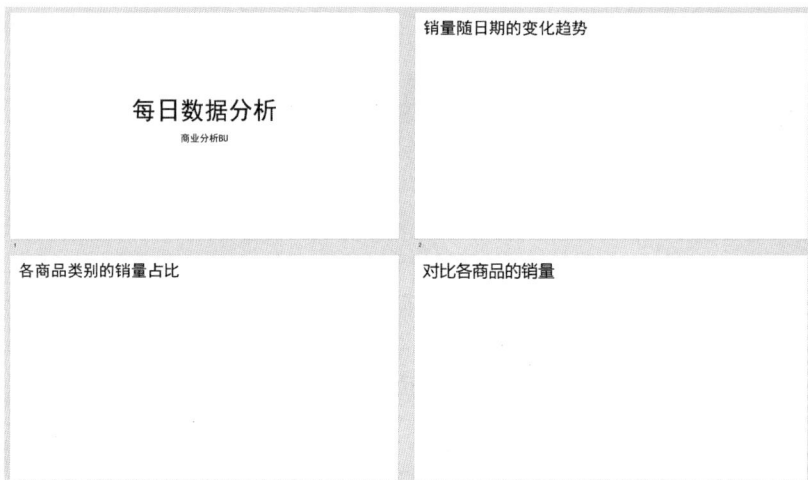

图 25-1　PPT 汇报模板

25.1.2　代码实现

（1）导入相关模块。其中，pandas 是一个强大的数据处理和分析库，pd 是其常用的别名。openpyxl 是一个用于读写 Excel 2010 xlsx/xlsm/xltx/xltm 文件的 Python 库。导入相关模块的代码如下：

```
import pandas as pd
import openpyxl
from openpyxl.chart import LineChart, Reference, BarChart, PieChart
from pptx import Presentation
from pptx.util import Inches
import os
import xlwings as xw
from PIL import Image
```

从 openpyxl 的 chart 模块中导入特定的类：LineChart 用于创建折线图，BarChart 用于创建柱状图，PieChart 用于创建饼图，Reference 则用于引用 Excel 表格中的数据，以便在图表中展示。

python-pptx 库提供了 Presentation 类，用于创建、修改和保存 PowerPoint 演示文稿。

Inches 是 python-pptx 库中的一个实用工具，用于将长度单位转换为 PowerPoint 所使用的单位（英寸），在设置图片位置和大小时会用到。

os 模块提供了与操作系统进行交互的功能，例如获取文件路径、创建目录等。

xlwings 是一个用于在 Python 中操作 Excel 的库，它可以直接与 Excel 应用程序进行交互。

PIL（Python Imaging Library）是 Python 中常用的图像处理库，这里使用它来打开和获取图片的尺寸，以便后续将图片按比例插入 PPT 中。

（2）Excel 数据处理与图表生成。该步骤的目标为：清洗数据并生成三张图表，为截图展示做准备。

首先是数据读取与初步处理，首先使用 pandas 读取原始 Excel 文件，强制解析日期列为日期格式（避免 Excel 中显示为数字序列），生成新的 Excel 文件以存储处理后的数据，避免覆盖原始文件。然后生成以下三张图表。

- 折线图：展示销量随日期的变化趋势，数据列选择"销量"（第 4 列），分类轴为"日期"（第 3 列）。
- 饼图：展示各商品类别的销量占比，需先对数据按"类别"分组求和，生成类别-销量汇总数据后创建图表。
- 柱状图：对比各商品的销量，分类轴为"商品名称"（第 1 列），数据列仍为"销量"。

最后保存含图表的 Excel 文件，调用 wb.save(new_excel_path)保存修改后的 Excel，此时文件中已包含三种大尺寸图表，为后续截图提供了基础。

代码如下：

```python
def process_excel_data(excel_file_path):
    """
    处理 Excel 文件，生成包含图表的新 Excel 文件，并记录图表所在区域。
    :param excel_file_path: 原始 Excel 文件的路径
    :return: 包含图表的新 Excel 文件路径和图表区域字典
    """
    # 读取 Excel 文件
    df = pd.read_excel(excel_file_path, parse_dates=['日期'])
    # 获取输出目录
    output_dir = os.path.dirname(excel_file_path)
    # 生成新 Excel 文件的路径
    new_excel_path = os.path.join(output_dir, "processed_data.xlsx")
    # 将数据写入新 Excel 文件
    df.to_excel(new_excel_path, index=False)

    # 加载新 Excel 文件
    wb = openpyxl.load_workbook(new_excel_path)
    ws = wb.active

    # 定义图表区域
    chart_regions = {
        "line_chart": "G1:U25",
        "pie_chart": "G31:U55",
        "bar_chart": "G61:U85"
    }

    # 创建折线图
    line_chart = LineChart()
```

```
line_chart.title = "商品销量趋势图"
data = Reference(ws, min_col=4, min_row=1, max_col=4, max_row=ws.max_row)
cats = Reference(ws, min_col=3, min_row=2, max_row=ws.max_row)
line_chart.add_data(data, titles_from_data=True)
line_chart.set_categories(cats)
# 调整折线图大小
line_chart.width = 28
line_chart.height = 12.5
# 将折线图添加到工作表
ws.add_chart(line_chart, chart_regions["line_chart"].split(":")[0])

# 创建饼图
category_sales = df.groupby('类别')['销量'].sum().reset_index()
for idx, (cat, sales) in enumerate(category_sales.values, start=2):
    ws.cell(row=idx, column=6, value=cat)
    ws.cell(row=idx, column=7, value=sales)
pie_chart = PieChart()
pie_chart.title = "类别销量占比图"
pie_data = Reference(ws, min_col=7, min_row=1, max_col=7, max_row=len(category_
sales)+1)
pie_labels = Reference(ws, min_col=6, min_row=2, max_row=len(category_sales)
+1)
pie_chart.add_data(pie_data, titles_from_data=True)
pie_chart.set_categories(pie_labels)
# 调整饼图大小
pie_chart.width = 28
pie_chart.height = 12.5
# 将饼图添加到工作表
ws.add_chart(pie_chart, chart_regions["pie_chart"].split(":")[0])

# 创建柱状图
bar_chart = BarChart()
bar_chart.title = "商品销量对比图"
bar_data = Reference(ws, min_col=4, min_row=1, max_col=4, max_row=ws.max_row)
bar_cats = Reference(ws, min_col=1, min_row=2, max_row=ws.max_row)
bar_chart.add_data(bar_data, titles_from_data=True)
bar_chart.set_categories(bar_cats)
# 调整柱状图大小
bar_chart.width = 28
bar_chart.height = 12.5
# 将柱状图添加到工作表
ws.add_chart(bar_chart, chart_regions["bar_chart"].split(":")[0])

# 保存新 Excel 文件
wb.save(new_excel_path)
return new_excel_path, chart_regions
```

以上代码中的关键点如下。

- parse_dates=['日期']确保日期列正确显示为 2025-XX-XX 格式，避免因格式错误导致图表数据异常。

- 新 Excel 文件命名为 processed_data.xlsx，与原始文件同目录，便于后续操作。

- 通过 line_chart.width = 28 和 height = 12.5 将图表放大（单位为 Excel 中的

"磅"），使图表在 Excel 中占据更大区域（如折线图位于 G1:U25，覆盖 15 列×25 行），确保截图包含更多像素信息，提升清晰度。

- 定义 chart_regions 字典记录每个图表的左上角到右下角单元格范围（如 G1:U25），确保截图时完整捕获图表，避免遗漏标题或坐标轴。

（3）图表区域截图。目标：将 Excel 中的图表区域按原始比例截取为 PNG 图片，避免压缩失真。使用 xlwings 定位区域，然后批量生成截图文件。代码如下：

```python
def insert_chart_screenshots_to_ppt(excel_path, ppt_template_path, chart_regions):
    # 启动 Excel 并打开文件
    app = xw.App(visible=False, add_book=False)
    wb = app.books.open(excel_path)
    sheet = wb.sheets[0]

    # 截图并保存
    output_dir = os.path.dirname(excel_path)
    img_paths = []
    for chart_name, region in chart_regions.items():
        img_path = os.path.join(output_dir, f"{chart_name}.png")
        sheet.range(region).to_png(img_path)  # 直接保存区域为高清图片
        img_paths.append(img_path)
```

使用 xlwings 的 range(region).to_png(img_path)直接将指定单元格区域保存为图片，相比传统截图方式（如复制到剪贴板），可保留更高分辨率，且兼容 macOS 和 Windows 系统。

根据 chart_regions 中的坐标（如 G1:U25），代码自动识别图表所在区域，确保截图范围精准。然后遍历 chart_regions，为每个图表生成对应的 PNG 文件（如 line_chart.png），保存到与 Excel 同目录的输出目录，便于后续插入 PPT。

（4）插入图片到 PPT 指定页面。目标：将三张截图按顺序插入 PPT 的第 2、3、4 页，保持原始比例并居中占满页面。首先加载已有 PPT 并检查页数，计算图片缩放比例，逐页插入图片。代码如下：

```python
# 打开 PPT 并准备插入
prs = Presentation(ppt_template_path)
while len(prs.slides) < 4:  # 确保有 4 页
    prs.slides.add_slide(prs.slide_layouts[5])  # 空白布局

# 按页插入图片（第 2~4 页对应索引 1~3）
for slide_idx, img_path in zip([1, 2, 3], img_paths):
    slide = prs.slides[slide_idx]
    img = Image.open(img_path)
    # 计算缩放比例（保持原始比例）
    ratio = min(prs.slide_width / img.width, prs.slide_height / img.height)
    new_width, new_height = int(img.width * ratio), int(img.height * ratio)
    # 居中插入
    slide.shapes.add_picture(img_path, (prs.slide_width - new_width) // 2,
                             (prs.slide_height - new_height) // 2,
                             width=new_width, height=new_height)
```

以上代码中，使用 Presentation(ppt_template_path)读取用户提供的 PPT，通过 while len(prs.slides)＜4 确保 PPT 至少有 4 页，若原 PPT 不足 4 页，自动添加空白页，避免插入时索引越界。

通过 Image.open(img_path)获取图片的原始宽高（img_width, img_height），对比 PPT 页面尺寸（prs.slide_width, prs.slide_height），取宽度和高度比例的较小值作为缩放比例 ratio，确保图片按最小比例缩放，避免拉伸变形。

根据缩放后的宽高，计算图片在 PPT 中的位置 left 和 top，使图片水平、垂直居中，((页面宽度−图片宽度)//2)，提升视觉效果。

PPT 页面索引从 0 开始，第 1 页对应索引 0，第 2 页对应索引 1，因此通过 zip([1, 2, 3], img_paths)将三张图片依次插入索引为 1、2、3 的页（即第 2、3、4 页）。每张幻灯片使用空白布局（slide_layouts[5]），避免模板元素干扰，通过 slide.shapes.add_picture 插入图片，指定缩放后的宽高和位置，确保图片完整且居中。

（5）关闭 Excel 与保存 PPT。PPT 制作完成后，关闭 Excel 文件和应用程序，保存新 PPT 文件。代码如下：

```
# 关闭 Excel 文件和应用程序
wb.close()
app.quit()
# 保存新 PPT 文件
output_ppt_path = os.path.join(output_dir, "output_report.pptx")
prs.save(output_ppt_path)
return output_ppt_path
```

wb.close()关闭当前打开的 Excel 文件 processed_data.xlsx，释放文件句柄，避免后续操作因文件被占用而报错。app.quit()退出 xlwings 启动的 Excel 应用程序进程。若不调用此方法，Excel 会在后台持续运行，积累进程导致资源浪费，尤其在批量处理时可能引发内存泄漏。

os.path.join(output_dir, "output_report.pptx")将新 PPT 文件保存至原始 Excel 所在目录，命名为 output_report.pptx。使用 os.path.join 确保路径在不同操作系统下能正确拼接。

（6）主程序入口。完成路径设置和分阶段执行。代码如下：

```
if __name__ == "__main__":
    # 原始 Excel 文件路径
    excel_file_path = "/Users/wangdawei/Downloads/data.xlsx"
    # 原始 PPT 文件路径
    ppt_template_path = "/Users/wangdawei/Downloads/your_ppt_template.pptx"

    # 处理 Excel 文件，生成包含图表的新 Excel 文件
    processed_excel_path, chart_regions = process_excel_data(excel_file_path)
    if processed_excel_path:
        # 将图表截图插入 PPT 中
        insert_chart_screenshots_to_ppt(processed_excel_path,    ppt_template_path,
```

```
chart_regions)
```

读者需将 excel_file_path 和 ppt_template_path 替换为实际文件路径，支持绝对路径（如代码示例中）或相对路径（如 "./data.xlsx"）。先调用 process_excel_data 生成含图表的 Excel，返回文件路径和图表区域信息；通过 if processed_excel_path 确保 Excel 处理成功（非空路径）后，再执行 PPT 插入，避免无效操作。

完整代码如下：

```python
import pandas as pd
import openpyxl
from openpyxl.chart import LineChart, Reference, BarChart, PieChart
from pptx import Presentation
from pptx.util import Inches
import os
import xlwings as xw
from PIL import Image

def process_excel_data(excel_file_path):
    """
    处理 Excel 文件，生成包含图表的新 Excel 文件，并记录图表所在区域。
    :param excel_file_path: 原始 Excel 文件的路径
    :return: 包含图表的新 Excel 文件路径和图表区域字典
    """
    # 读取 Excel 文件
    df = pd.read_excel(excel_file_path, parse_dates=['日期'])
    # 获取输出目录
    output_dir = os.path.dirname(excel_file_path)
    # 生成新 Excel 文件的路径
    new_excel_path = os.path.join(output_dir, "processed_data.xlsx")
    # 将数据写入新 Excel 文件
    df.to_excel(new_excel_path, index=False)

    # 加载新 Excel 文件
    wb = openpyxl.load_workbook(new_excel_path)
    ws = wb.active

    # 定义图表区域
    chart_regions = {
        "line_chart": "G1:U25",
        "pie_chart": "G31:U55",
        "bar_chart": "G61:U85"
    }

    # 创建折线图
    line_chart = LineChart()
    line_chart.title = "商品销量趋势图"
    data = Reference(ws, min_col=4, min_row=1, max_col=4, max_row=ws.max_row)
    cats = Reference(ws, min_col=3, min_row=2, max_row=ws.max_row)
    line_chart.add_data(data, titles_from_data=True)
    line_chart.set_categories(cats)
    # 调整折线图大小
    line_chart.width = 28
    line_chart.height = 12.5
```

```python
    # 将折线图添加到工作表
    ws.add_chart(line_chart, chart_regions["line_chart"].split(":")[0])

    # 创建饼图
    category_sales = df.groupby('类别')['销量'].sum().reset_index()
    for idx, (cat, sales) in enumerate(category_sales.values, start=2):
        ws.cell(row=idx, column=6, value=cat)
        ws.cell(row=idx, column=7, value=sales)
    pie_chart = PieChart()
    pie_chart.title = "类别销量占比图"
    pie_data = Reference(ws, min_col=7, min_row=1, max_col=7, max_row=len(category_
sales)+1)
    pie_labels = Reference(ws, min_col=6, min_row=2, max_row=len(category_sales)
+1)
    pie_chart.add_data(pie_data, titles_from_data=True)
    pie_chart.set_categories(pie_labels)
    # 调整饼图大小
    pie_chart.width = 28
    pie_chart.height = 12.5
    # 将饼图添加到工作表
    ws.add_chart(pie_chart, chart_regions["pie_chart"].split(":")[0])

    # 创建柱状图
    bar_chart = BarChart()
    bar_chart.title = "商品销量对比图"
    bar_data = Reference(ws, min_col=4, min_row=1, max_col=4, max_row=ws.max_row)
    bar_cats = Reference(ws, min_col=1, min_row=2, max_row=ws.max_row)
    bar_chart.add_data(bar_data, titles_from_data=True)
    bar_chart.set_categories(bar_cats)
    # 调整柱状图大小
    bar_chart.width = 28
    bar_chart.height = 12.5
    # 将柱状图添加到工作表
    ws.add_chart(bar_chart, chart_regions["bar_chart"].split(":")[0])

    # 保存新 Excel 文件
    wb.save(new_excel_path)
    return new_excel_path, chart_regions

def insert_chart_screenshots_to_ppt(excel_path, ppt_template_path, chart_regions):
    """
    截取 Excel 图表的截图，并将其插入 PPT 的第 2 页到第 4 页。
    :param excel_path: 包含图表的 Excel 文件路径
    :param ppt_template_path: 原始 PPT 文件的路径
    :param chart_regions: 图表区域字典
    :return: 包含图表截图的新 PPT 文件路径
    """
    # 启动 Excel 应用程序
    app = xw.App(visible=False, add_book=False)
    # 打开 Excel 文件
    wb = app.books.open(excel_path)
    sheet = wb.sheets[0]

    # 获取输出目录
    output_dir = os.path.dirname(excel_path)
    img_paths = []
```

```
# 截取每个图表的截图并保存为 PNG 文件
for chart_name, region in chart_regions.items():
    img_path = os.path.join(output_dir, f"{chart_name}.png")
    range_to_capture = sheet.range(region)
    range_to_capture.to_png(img_path)
    img_paths.append(img_path)

# 打开 PPT 文件
prs = Presentation(ppt_template_path)
slide_layout = prs.slide_layouts[5]

# 确保 PPT 至少有 4 页
while len(prs.slides) < 4:
    prs.slides.add_slide(slide_layout)

# 将截图插入 PPT 的第 2 页到第 4 页
for slide_idx, img_path in zip([1, 2, 3], img_paths):
    slide = prs.slides[slide_idx]
    img = Image.open(img_path)
    img_width, img_height = img.size
    ppt_width = prs.slide_width
    ppt_height = prs.slide_height
    # 计算缩放比例, 保持原始比例
    ratio = min(ppt_width / img_width, ppt_height / img_height)
    new_width = int(img_width * ratio)
    new_height = int(img_height * ratio)
    left = (ppt_width - new_width) // 2
    top = (ppt_height - new_height) // 2
    # 将图片插入幻灯片
    slide.shapes.add_picture(img_path, left, top, width=new_width, height=new_
height)

    # 关闭 Excel 文件和应用程序
    wb.close()
    app.quit()
    # 保存新 PPT 文件
    output_ppt_path = os.path.join(output_dir, "output_report.pptx")
    prs.save(output_ppt_path)
    return output_ppt_path

if __name__ == "__main__":
    # 原始 Excel 文件路径
    excel_file_path = "/Users/wangdawei/Downloads/data.xls"
    # 原始 PPT 文件路径
    ppt_template_path = "/Users/wangdawei/Downloads/your_ppt_template.pptx"

    # 处理 Excel 文件, 生成包含图表的新 Excel 文件
    processed_excel_path, chart_regions = process_excel_data(excel_file_path)
    if processed_excel_path:
        # 将图表截图插入 PPT 中
        insert_chart_screenshots_to_ppt(processed_excel_path,  ppt_template_path,
chart_regions)
```

将原始数据文件 data.xls 和 PPT 模板文件 your_ppt_template.pptx 放在指定路径, 运

行该代码，生成 output_report.pptx，打开该文件，发现生成了可用于汇报的可视化图表，如图 25-2 所示。

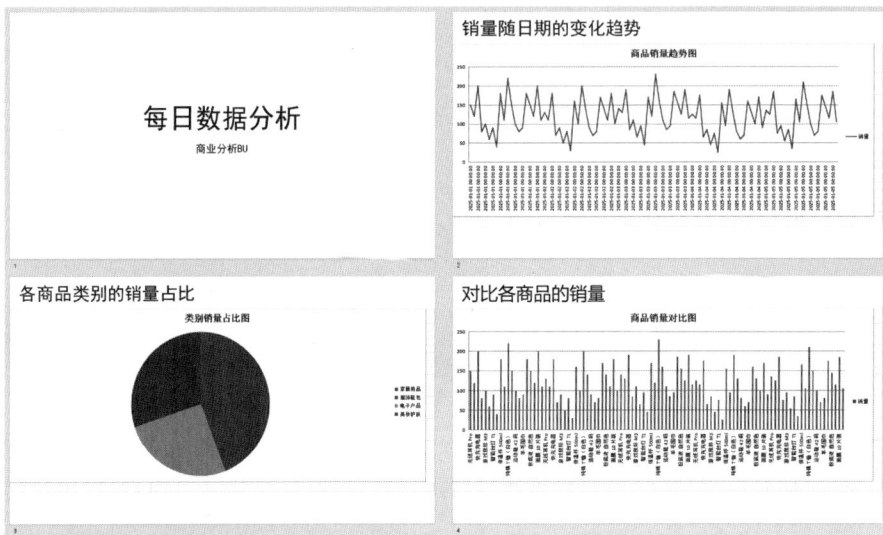

图 25-2　可视化图表文件

25.2　定制一键采集公开数据并入库存储

25.2.1　需求分析

作为一家玩具公司，需要采集各大公开网站的玩具商品信息，现需要采集某网站玩具商品信息，网址为 https://www.snapdeal.com/products/car-toys，需要采集的信息为玩具商品的标题、价格、评论数、星星数、商品详情页链接等信息，如图 25-3 所示。

25.2.2　数据采集部分

（1）导入必要的库。requests 库用于发送 HTTP 请求，获取网页的 HTML 内容。BeautifulSoup 库用于解析 HTML 内容，方便提取所需的数据。导入库的代码如下：

```
import requests
from bs4 import BeautifulSoup
```

（2）定义获取商品信息的函数 get_product_info。为了模拟浏览器访问，避免被网站识别为爬虫而拒绝请求，设置了 User-Agent 请求头。然后使用 requests.get()方法发送 GET

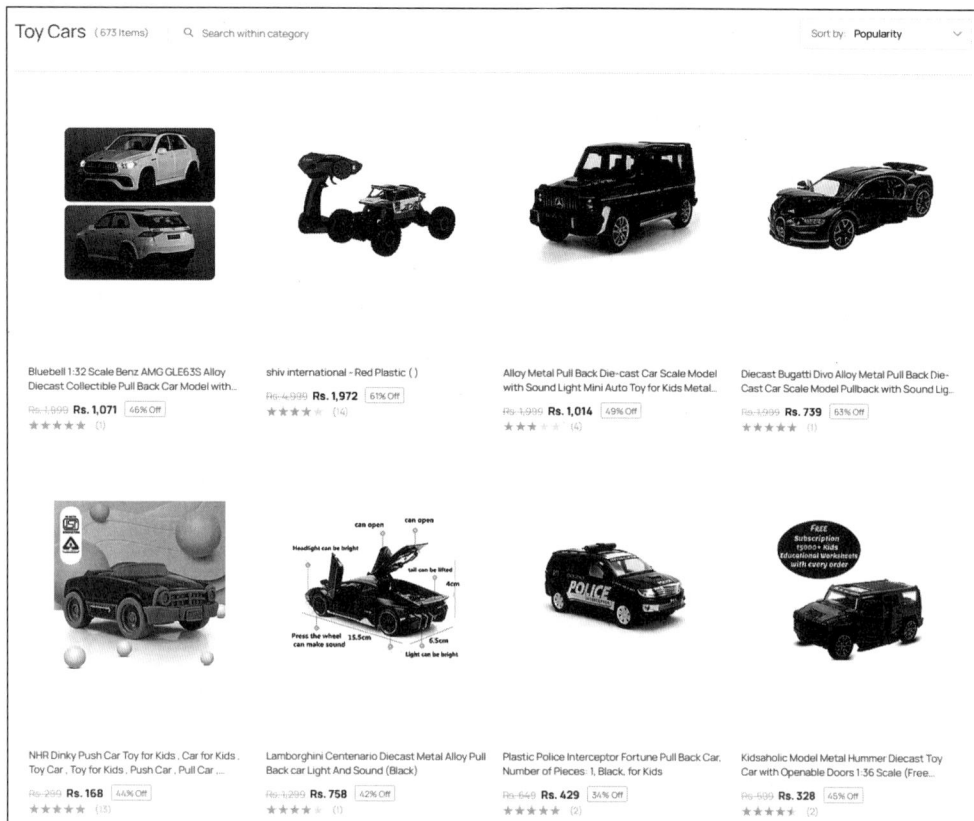

图 25-3　网站商品页面

请求以获取网页内容。使用 response.raise_for_status()方法检查请求是否成功，如果请求失败（状态码不是 200），会抛出异常并进行相应的错误处理，最终返回一个空列表。代码如下：

```python
def get_product_info(url):
    headers = {
        'User-Agent': 'Mozilla/5.0 (Windows NT 10.0; Win64; x64) AppleWebKit/537.36
(KHTML, like Gecko) Chrome/58.0.3029.110 Safari/537.3'}
    try:
        response = requests.get(url, headers=headers)
        response.raise_for_status()
    except requests.RequestException as e:
        print(f"请求出错: {e}")
        return []
```

（3）网页分析与 HTML 解析。接下来进行网页分析，在浏览器中打开目标网页 https://www.snapdeal.com/products/car-toys，使用开发者工具（如 Chrome 的开发者工具，按 F12

键打开）查看网页的 HTML 结构。发现每个商品信息都被包含在一个<div>标签中，且该
<div>标签的类名为 product-tuple-listing。如图 25-4 所示。

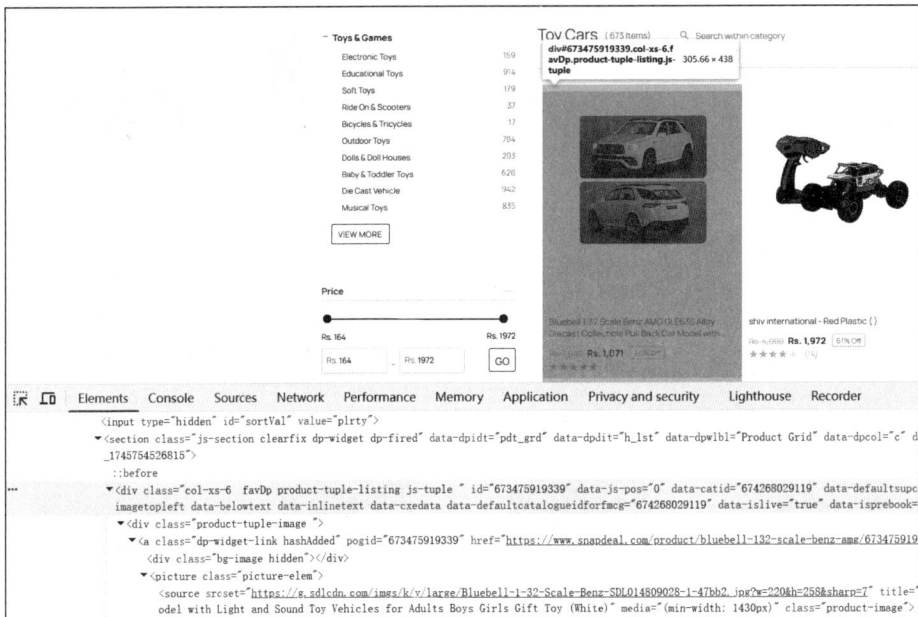

图 25-4　网页结构分析

可以使用 BeautifulSoup 将获取到的 HTML 内容解析为一个可操作的对象 soup。接下
来定位商品容器，使用 soup.find_all()方法找到所有类名为 product-tuple-listing 的<div>标
签，将它们存储在 product_containers 列表中，每个元素代表一个商品的信息容器。代码
如下：

```
soup = BeautifulSoup(response.text, 'html.parser')
products = []
product_containers = soup.find_all('div', class_='product-tuple-listing')
```

（4）提取每个商品的信息。需要提取商品的标题、价格、评论数、星星数、商品详
情页链接等信息，可以将网页结构发送给 CodeGeeX，让它辅助我们编写提取代码。

首先分析提取商品标题：在商品信息容器中，使用 find()方法找到类名为 product-title
的 p 标签，该标签包含了商品的标题。使用 text 属性获取标签内的文本内容，并使用
strip()方法去除首尾的空白字符。代码如下：

```
title = container.find('p', class_='product-title').text.strip()
```

接下来提取商品价格：在商品信息容器中，使用 find()方法找到类名为 lfloat product-price 的<span>标签，该标签包含了商品的价格。同样使用 text 属性获取文本内容并去除首尾空白字符。代码如下：

```
price = container.find('span', class_='lfloat product-price').text.strip()
```

然后提取商品评论数：在商品信息容器中，使用 find()方法找到类名为 product-rating-count 的 p 标签，该标签包含了商品的评论数。获取文本内容后，使用 strip()方法去除首尾空白字符，并使用 replace()方法去除括号。代码如下：

```
review_count = container.find('p', class_='product-rating-count').text.strip().
replace('(', '').replace(')', '')
```

接下来提取商品星星数：在商品信息容器中，使用 find()方法找到类名为 filled-stars 的 div 标签。该标签的 style 属性中包含了星星数的百分比信息，通过 split(':')[1]提取出百分比部分，再使用 strip()方法去除首尾空白字符，并使用 replace()方法去除百分号和分号。代码如下：

```
stars = container.find('div', class_='filled-stars')['style'].split(':')[1].strip().
replace('%;', '')
```

最后提取商品详情页链接：在商品信息容器中，使用 find()方法找到类名为 dp-widget-link 的 a 标签，该标签的 href 属性即为商品详情页的链接。代码如下：

```
product_link = container.find('a', class_='dp-widget-link')['href']
```

在提取信息的过程中，如果某个标签不存在（会引发 AttributeError）或者某个属性不存在（会引发 KeyError），则跳过该商品，继续处理下一个商品，最终返回提取到的商品信息列表。将该函数代码合并后如下：

```
def get_product_info(url):
    headers = {
        'User-Agent': 'Mozilla/5.0 (Windows NT 10.0; Win64; x64) AppleWebKit/537.36
(KHTML, like Gecko) Chrome/58.0.3029.110 Safari/537.3'}
    try:
        response = requests.get(url, headers=headers)
        response.raise_for_status()
    except requests.RequestException as e:
        print(f"请求出错: {e}")
        return []

    soup = BeautifulSoup(response.text, 'html.parser')
    products = []
    product_containers = soup.find_all('div', class_='product-tuple-listing')

    for container in product_containers:
        try:
            title = container.find('p', class_='product-title').text.strip()
            price = container.find('span', class_='lfloat product-price').text.
strip()
            review_count = container.find('p', class_='product-rating-count').text.
```

```
strip().replace('(', '').replace(')', '')
        stars = container.find('div', class_='filled-stars')['style'].split(':')
[1].strip().replace('%;', '')
        product_link = container.find('a', class_='dp-widget-link')['href']
        product = {
            '标题': title,
            '价格': price,
            '评论数': review_count,
            '星星数': stars,
            '商品详情页链接': product_link
        }
        products.append(product)
    except (AttributeError, KeyError):
        continue

    return products
```

函数执行完毕后，返回包含所有商品信息的列表。

25.2.3　数据存储部分

（1）建表函数。首先要导入 sqlite3，代码如下：

```
import sqlite3
```

根据需要采集的数据情况在数据库中建表，编写 create_table 函数在 SQLite 数据库里创建一个名为 products 的表，若该表已存在则不会重复创建。代码如下：

```
def create_table(conn):
    cursor = conn.cursor()
    create_table_query = """
    CREATE TABLE IF NOT EXISTS products (
        id INTEGER PRIMARY KEY AUTOINCREMENT,
        title TEXT,
        price TEXT,
        review_count TEXT,
        stars TEXT,
        product_link TEXT
    );
    """
    cursor.execute(create_table_query)
    conn.commit()
```

以上代码中 conn 是数据库连接对象，借助 conn.cursor()方法创建一个游标对象 cursor。游标用于执行 SQL 语句并获取结果。利用游标对象 cursor 执行创建表的 SQL 语句。对数据库的修改操作（像创建表）需要提交事务才能生效，conn.commit()用于提交当前事务。

（2）插入数据函数。编写 insert_products 函数把爬取到的商品信息插入 products 表中。代码如下：

```
def insert_products(conn, products):
```

```
cursor = conn.cursor()
insert_query = """
INSERT INTO products (title, price, review_count, stars, product_link)
VALUES (?,?,?,?,?);
"""
for product in products:
    cursor.execute(insert_query, (
        product['标题'], product['价格'], product['评论数'], product['星星数'],
product['商品详情页链接']))
    conn.commit()
```

以上代码中，同样创建一个游标对象 cursor，用于执行 SQL 语句。然后编写一个插入数据的 SQL 语句，然后遍历 products 列表，执行插入语句，插入商品的具体信息。最终提交事务，使插入操作生效。

25.2.4　主程序部分

主程序部分代码是程序的入口，主要完成爬取数据、连接数据库、创建表、插入数据以及关闭数据库连接等操作。代码如下：

```
if __name__ == "__main__":
    url = 'https://www.snapdeal.com/products/car-toys'
    product_info = get_product_info(url)

    # 连接到 SQLite 数据库
    conn = sqlite3.connect('snapdeal_products.db')
    # 创建表
    create_table(conn)
    # 插入数据
    insert_products(conn, product_info)

    # 关闭数据库连接
    conn.close()

    print("数据已成功存入 SQLite3 数据库。")
```

将以上代码全部合并，得到数据采集和入库的完整代码如下：

```
import requests
from bs4 import BeautifulSoup
import sqlite3


def get_product_info(url):
    headers = {
        'User-Agent': 'Mozilla/5.0 (Windows NT 10.0; Win64; x64) AppleWebKit/537.36
(KHTML, like Gecko) Chrome/58.0.3029.110 Safari/537.3'}
    try:
        response = requests.get(url, headers=headers)
        response.raise_for_status()
    except requests.RequestException as e:
```

```
        print(f"请求出错：{e}")
        return []

    soup = BeautifulSoup(response.text, 'html.parser')
    products = []
    product_containers = soup.find_all('div', class_='product-tuple-listing')

    for container in product_containers:
        try:
            title = container.find('p', class_='product-title').text.strip()
            price = container.find('span', class_='lfloat product-price').text.
strip()
            review_count = container.find('p', class_='product-rating-count').text.
strip().replace('(', '').replace(')', '')
            stars = container.find('div', class_='filled-stars')['style'].split(':')
[1].strip().replace('%;', '')
            product_link = container.find('a', class_='dp-widget-link')['href']
            product = {
                '标题': title,
                '价格': price,
                '评论数': review_count,
                '星星数': stars,
                '商品详情页链接': product_link
            }
            products.append(product)
        except (AttributeError, KeyError):
            continue

    return products

def create_table(conn):
    cursor = conn.cursor()
    create_table_query = """
    CREATE TABLE IF NOT EXISTS products (
        id INTEGER PRIMARY KEY AUTOINCREMENT,
        title TEXT,
        price TEXT,
        review_count TEXT,
        stars TEXT,
        product_link TEXT
    );
    """
    cursor.execute(create_table_query)
    conn.commit()

def insert_products(conn, products):
    cursor = conn.cursor()
    insert_query = """
    INSERT INTO products (title, price, review_count, stars, product_link)
    VALUES (?,?,?,?,?);
    """
    for product in products:
        cursor.execute(insert_query, (
            product['标题'], product['价格'], product['评论数'], product['星星数'],
product['商品详情页链接']))
    conn.commit()
```

```
if __name__ == "__main__":
    url = 'https://www.snapdeal.com/products/car-toys'
    product_info = get_product_info(url)

    # 连接到 SQLite 数据库
    conn = sqlite3.connect('snapdeal_products.db')
    # 创建表
    create_table(conn)
    # 插入数据
    insert_products(conn, product_info)

    # 关闭数据库连接
    conn.close()

    print("数据已成功存入 SQLite3 数据库。")
```

将以上代码保存为 Python 文件并运行，运行成功后提示数据已成功存入 SQLite3 数据库。

25.2.5　查询数据库信息

编写 query_products 函数用于查询数据库中存放的商品信息，代码如下：

```
import sqlite3

def query_products():
    # 连接到 SQLite 数据库
    conn = sqlite3.connect('snapdeal_products.db')
    cursor = conn.cursor()

    try:
        # 执行查询语句，选择所有记录
        select_query = "SELECT * FROM products"
        cursor.execute(select_query)

        # 获取所有查询结果
        results = cursor.fetchall()

        # 打印表头
        print("ID | 标题 | 价格 | 评论数 | 星星数 | 商品详情页链接")
        print("-" * 100)

        # 遍历结果并打印
        for row in results:
            print(f"{row[0]} | {row[1]} | {row[2]} | {row[3]} | {row[4]} | {row[5]}")

    except sqlite3.Error as e:
        print(f"查询数据库时出错: {e}")
    finally:
        # 关闭数据库连接
        conn.close()
```

```
if __name__ == "__main__":
    query_products()
```

这段代码的作用是从 SQLite 数据库 snapdeal_products.db 的 products 表中查询数据并打印。

首先导入 sqlite3 库，定义 query_products 函数，函数内通过 sqlite3.connect 连接到数据库并创建游标。

接着执行 SELECT * FROM products 查询语句以获取所有记录，将结果存储在 results 列表中。

然后打印表头和分隔线，遍历 results，逐行格式化输出各字段数据，通过 try-except 捕获数据库操作中的异常并打印错误信息。

最后在 finally 块中关闭数据库连接以释放资源。主程序通过 if __name__ == "__main__" 判断后调用 query_products 函数执行查询流程，最终将表中数据以表格形式打印在控制台。

运行这段代码，发现在控制台打印出已采集并存储入库的商品信息，具体结果如下：

```
ID | 标题 | 价格 | 评论数 | 星星数 | 商品详情页链接
--------------------------------------------------------------------------------
1 | PANSHUB Deformation Dancing Robot Car with Light and Music All Direction
Movement Dancing Robot Toys for Boys and Girls Age 3+ I Multi Colour I Pack of 1
(Robot Deformation Car) | Rs.  402 | 7 | 100.0% | https://www.snapdeal.com/product/
panshub-deformation-dancing-robot-car/681550348527
2 | VBE - Multicolor Plastic Car ( Pack of 1 ) | Rs.  435 | 12 | 80.0% | https://www.
snapdeal.com/product/vbe-minimarket-3d-concept-super/671011712236
3 | sevriza Diecast Bugatti Divo Alloy Metal Pull Back Die-Cast Car Scale Model
Pullback with Sound Light Mini Auto Toy car for Kids Best Gifts Toys for Kids Boys
(Blue Color) | Rs.  856 | 2 | 100.0% | https://www.snapdeal.com/product/sevriza-
diecast-bugatti-divo-alloy/651875473467
4 | sevriza  1:32 Scale Alloy Metal Collectible Pull Back Die-Cast Vehicle Model
6 Openable Doors Best Gifts Vehicle Toys for Kids (Multi) | Rs.  903 | 2 | 100.0%
| https://www.snapdeal.com/product/sevriza-132-scale-alloy-metal/659841382320
5 | PANSHUB  Inertia Car Toys for Kids Push and go Friction Powered Cars for Kids
- Car Toys (Multi Color) | Rs.  362 | 2 | 90.0% | https://www.snapdeal.com/product/
panshub-inertia-car-toys-for/680361146875
```

至此，完成了数据采集、入库和查询。

25.3　每日新闻邮件自动推送服务

25.3.1　需求分析

需求：每天早上 9 点自动从中国新闻网采集最新新闻标题及链接，整理成带超链接的邮件发送到指定邮箱，用于团队每日晨会前的资讯简报，可以快速了解国内外重要新闻；个人定制化新闻推送，可以聚焦特定领域，如“国内时政”“国际新闻”等；自动化信息收集，避免手动浏览网站，提高办公效率。核心价值如下。

- 定时自动化，不需要人工干预，定时获取并推送信息。
- 结构化呈现，邮件中新闻标题以超链接形式展示，单击可直达原文。
- 跨平台同步，无论身处何地，打开邮箱即可查看最新资讯。

25.3.2　代码实现

（1）导入必要的 Python 库。requests 用于获取网页源代码，BeautifulSoup 解析 HTML 结构，smtplib 和邮件相关库用于构建并发送邮件，schedule 用于设置每天 9 点的定时任务。代码如下：

```
from bs4 import BeautifulSoup  # 解析 HTML 页面
import smtplib  # 实现 SMTP 协议以发送邮件
from email.mime.multipart import MIMEMultipart  # 构建多部分邮件（支持 HTML）
from email.mime.text import MIMEText  # 定义邮件正文内容
import schedule  # 定时任务调度
import time  # 处理时间相关逻辑
import requests  # 发送 HTTP 请求以获取网页数据
```

（2）网页结构分析（关键前置步骤）。打开浏览器访问中国新闻网（https://www.chinanews.com.cn），单击右键，单击“查看网页源代码”，搜索新闻标题关键词，找到新闻列表的父容器为<div class="ywjx-news-list">，内部包含多个<li>标签，每个<li>代表一条新闻，如图 25-5 所示。

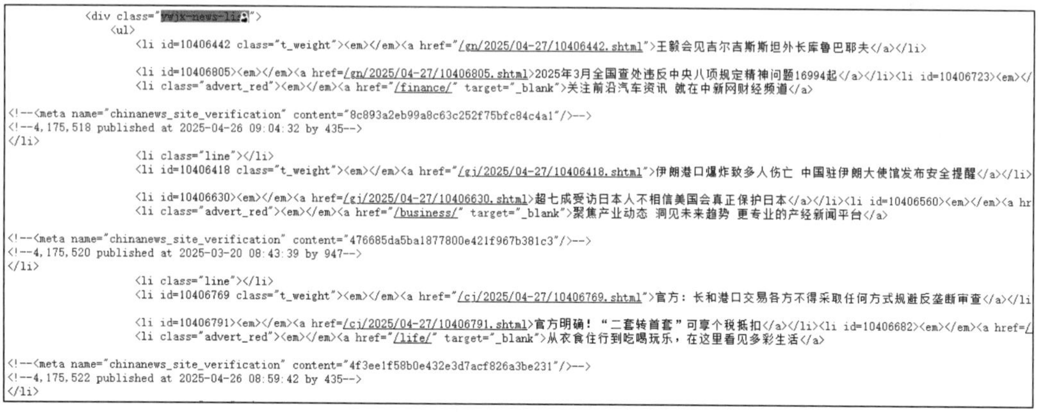

```
        <div class="ywjx-news-list">
            <ul>
                <li id=10406442 class="t_weight"><em></em><a href="/gn/2025/04-27/10406442.shtml">王毅会见吉尔吉斯斯坦外长库鲁巴耶夫</a></li>

                <li id=10406805><em></em><a href=/gn/2025/04-27/10406805.shtml>2025年3月全国查处违反中央八项规定精神问题16994起</a></li><li id=10406723><em></
                <li class="advert_red"><em></em><a href="/finance/" target="_blank">关注前沿汽车资讯 就在中新网财经频道</a>

<!--<meta name="chinanews_site_verification" content="8c893a2eb99a8c63c252f75bfc84c4a1"/>-->
<!--4,175,518 published at 2025-04-26 09:04:32 by 435-->
</li>
                <li class="line"></li>
                <li id=10406418 class="t_weight"><em></em><a href="/gj/2025/04-27/10406418.shtml">伊朗港口爆炸致多人伤亡 中国驻伊朗大使馆发布安全提醒</a></li>

                <li id=10406630><em></em><a href=/gj/2025/04-27/10406630.shtml>超七成受访日本人不相信美国会真正保护日本</a></li><li id=10406560><em></em><a hr
                <li class="advert_red"><em></em><a href="/business/" target="_blank">聚焦产业动态 洞见未来趋势 更专业的产经新闻平台</a>

<!--<meta name="chinanews_site_verification" content="476685da5ba1877800e421f967b381c3"/>-->
<!--4,175,520 published at 2025-03-20 08:43:39 by 947-->
</li>
                <li class="line"></li>
                <li id=10406769 class="t_weight"><em></em><a href="/cj/2025/04-27/10406769.shtml">官方：长和港口交易各方不得采取任何方式规避反垄断审查</a></li

                <li id=10406791><em></em><a href=/cj/2025/04-27/10406791.shtml>官方明确！“二套转首套”可享个税抵扣</a></li><li id=10406682><em></em><a href=/
                <li class="advert_red"><em></em><a href="/life/" target="_blank">从衣食住行到吃喝玩乐，在这里看见多彩生活</a>

<!--<meta name="chinanews_site_verification" content="4f3ee1f58b0e432e3d7acf826a3be231"/>-->
<!--4,175,522 published at 2025-04-26 08:59:42 by 435-->
</li>
```

图 25-5　新闻信息定位

新闻标题和链接位于<li>内的<a>标签中；链接是相对路径（以/开头），需统一处理为完整 URL。通过标签名和类名定位目标区域（div.ywjx-news-list），从父容器到子元素

（li→a）提取所需数据。

（3）定义基础 URL 并获取网页内容。定义目标网站的基础域名 base_url，用于后续拼接新闻的相对 URL。使用 requests.get()发送 HTTP 请求以获取网页内容，通过.decode('utf-8')将二进制数据转为 UTF-8 编码的字符串，确保中文内容正常解析。

```
base_url = 'https://www.chinanews.com.cn'  # 目标网站域名（中国新闻网）
response = requests.get(base_url).content.decode('utf-8')  # 获取网页内容并解码
```

相对 URL（如/gn/xxx.shtml）需拼接 base_url 才能成为完整链接；绝对 URL（如 https://xxx.com/gn/xxx.shtml）可直接使用，无须处理。

中国新闻网网页编码为 UTF-8，解码后避免中文乱码（部分网站可能使用 GBK 等，需针对性处理）。

（4）解析 HTML 并提取新闻数据。定义 fetch_news 函数，使用 BeautifulSoup 解析网页内容。首先通过 find('div', class_='ywjx-news-list')定位新闻列表的父容器，再通过 find_all('li')获取所有新闻条目。遍历每个<li>标签，提取其中的<a>标签，处理标题和链接后存入列表。代码如下：

```
def fetch_news():
    soup = BeautifulSoup(response, 'html.parser')  # 初始化 HTML 解析器
    # 定位新闻列表容器，获取所有新闻条目（li 标签）
    news_items = soup.find('div', class_='ywjx-news-list').find_all('li')
    news_info = []                  # 存储新闻标题和链接的列表

    for item in news_items:
        a_tag = item.find('a')       # 提取 a 标签（包含标题和链接）
        if a_tag:                    # 过滤无效标签（如广告 li 标签可能不含 a 标签）
            title = a_tag.get_text(strip=True)    # 提取标题并去除前后空格
            href = a_tag['href']     # 提取链接

            # 处理相对 URL：以/开头的链接需拼接 base_url，否则直接使用
            full_url = base_url + href if href.startswith('/') else href
            news_info.append((title, full_url))  # 保存为元组（标题，完整链接）

    return news_info                # 返回新闻列表
```

以上代码中使用 find()查找第一个符合条件的标签（此处为新闻列表容器）；使用 find_all()查找所有符合条件的子标签（此处为所有新闻条目<li>）；使用 strip=True 去除标题前后的空白字符（如换行、制表符）；通过条件判断 if a_tag 过滤无效条目（如广告<li>可能没有<a>标签）。使用 href.startswith('/')识别相对路径，拼接 base_url 以生成完整链接，如果是绝对 URL 则直接使用，兼容不同格式的链接。

（5）构建并发送 HTML 格式邮件。定义 send_email 函数，负责构建邮件内容并发送。首先配置发件箱的 SMTP 信息（以 QQ 邮箱为例），然后使用 MIMEMultipart 构建支持 HTML 的邮件，将新闻标题和链接格式化为超链接段落，最后通过 SMTP 服务器发送

邮件。该部分使用前面章节中 CodeGeeX 生成的代码。代码如下：

```python
def send_email(subject, news_list, to_emails):
    # 发件箱配置（以 QQ 邮箱为例，需提前开启 SMTP 服务）
    smtp_server = "smtp.qq.com"        # SMTP 服务器地址
    smtp_port = 587                    # SMTP 端口（TLS 加密端口）
    sender_email = "这里替换成你的QQ邮箱"             # 发件邮箱
    sender_password = "这里替换为你的邮箱授权码"        # 邮箱授权码（非登录密码）

    # 初始化邮件对象（支持多部分内容，如 HTML）
    msg = MIMEMultipart()
    msg['From'] = sender_email          # 发件人
    msg['To'] = ", ".join(to_emails)    # 收件人（多个地址用逗号分隔）
    msg['Subject'] = subject            # 邮件主题

    # 构建 HTML 正文：每个新闻标题为一个超链接段落
    html_body = "<html><body>"
    for title, url in news_list:
        html_body += f'<p><a href="{url}">{title}</a></p>'  # 超链接格式：<a href="链
接">标题</a>
    html_body += "</body></html>"

    # 将 HTML 内容附加到邮件中（指定格式为 html）
    msg.attach(MIMEText(html_body, 'html', 'utf-8'))

    # 连接 SMTP 服务器并发送邮件
    with smtplib.SMTP(smtp_server, smtp_port) as server:
        server.starttls()              # 启用 TLS 加密（保障数据传输安全）
        server.login(sender_email, sender_password)          # 登录发件箱
        server.sendmail(sender_email, to_emails, msg.as_string())  # 发送邮件
```

邮箱配置时先获取授权码，QQ 邮箱需在"账户设置"中开启 SMTP 服务，生成独立的授权码（非邮箱密码）；587 为 TLS 加密端口，465 为 SSL 端口，根据邮箱服务商文档选择（QQ 邮箱推荐 587）。使用<a href>标签实现超链接，收件人可通过直接单击访问新闻页面，提升阅读体验；使用 MIMEText(html_body, 'html')指定邮件正文为 HTML 格式，避免被当作纯文本处理。starttls()对邮件内容进行加密传输，防止中途被截获；with smtplib.SMTP(...) as server 使用上下文管理器，自动关闭连接并释放资源。

（6）定义定时任务并启动程序。定义 job 函数作为定时任务的入口，整合新闻采集和邮件发送逻辑。使用 schedule.every().day.at("09:00") 设置每天 9 点执行任务，通过无限循环 while True 持续检查是否有任务待执行。

```python
def job():
    """定时任务入口：整合新闻采集和邮件发送"""
    subject = "【每日新闻简报】" + time.strftime("%Y-%m-%d") # 动态生成含日期的主题
    news_list = fetch_news()                      # 调用新闻采集函数
    to_emails = ["这里替换成你的QQ邮箱"]              # 收件邮箱（可改为多个地址）
    send_email(subject, news_list, to_emails)     # 调用邮件发送函数

# 配置定时任务：每天上午 9 点执行 job 函数
schedule.every().day.at("09:00").do(job)
```

```
# 保持程序运行，循环检查定时任务
print("程序已启动，每天 9 点发送新闻简报...")
while True:
    schedule.run_pending()     # 检查是否有任务待执行
    time.sleep(1)              # 每秒检查一次，降低 CPU 占用
```

任务调度使用 schedule 库简化定时任务编写，无须手动计算时间间隔；run_pending()检查当前时间是否满足任务触发条件，满足则执行 job 函数。time.strftime("%Y-%m-%d")在邮件主题中添加当前日期，方便区分历史邮件；time.sleep(1)降低循环频率，避免 CPU 占用过高；可通过 Ctrl+C 键手动终止程序（建议部署到服务器时使用 nohup 后台运行）。完整代码如下：

```
base_url = 'https://www.chinanews.com.cn'                  # 目标网站域名（中国新闻网）
response = requests.get(base_url).content.decode('utf-8')  # 获取网页内容并解码
```

QQ 邮箱和授权码需要按照个人实际情况进行替换。运行代码，到预定时间会发现邮箱会收到新闻邮件推送，如图 25-6 所示。

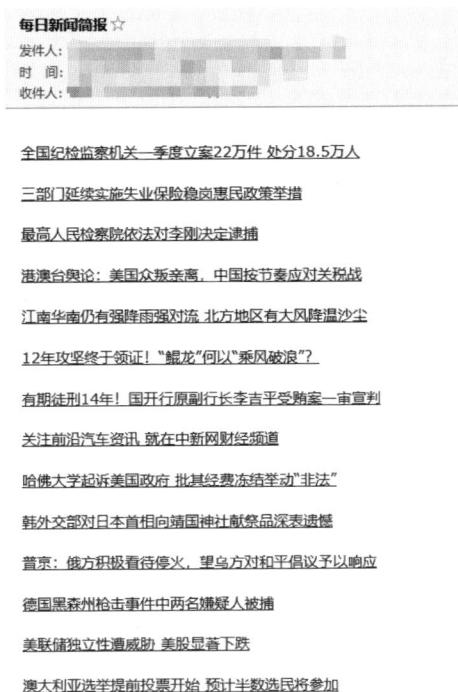

图 25-6　收到新闻推送邮件

整个代码主要分为以下 3 部分。

- 数据获取：通过 requests 从目标网站获取 HTML，BeautifulSoup 解析并提取新闻标题和链接。
- 邮件构建：将新闻数据格式化为 HTML 超链接，使用 smtplib 连接邮箱服务器并发送邮件。
- 定时执行：schedule 库实现每日 9 点自动触发任务，程序持续运行等待执行。

通过以上步骤，实现了从"网页数据采集"到"定时邮件推送"的全自动化流程，适用于需要定期获取网络信息并通知的办公场景（如新闻简报、数据监控等）。

25.4 本章小结

本章围绕多工具结合的复杂场景，通过 Python 实现自动化数据处理与汇报展示，涵盖 Excel 数据清洗、图表生成、PPT 批量插入图片；还介绍了定制数据采集和入库以及定时邮件推送；展现了多工具协同提升效率、减少人工操作的优势，为办公自动化提供实用解决方案。